랑데뷰 N 제

킬러극킬
미 적 분

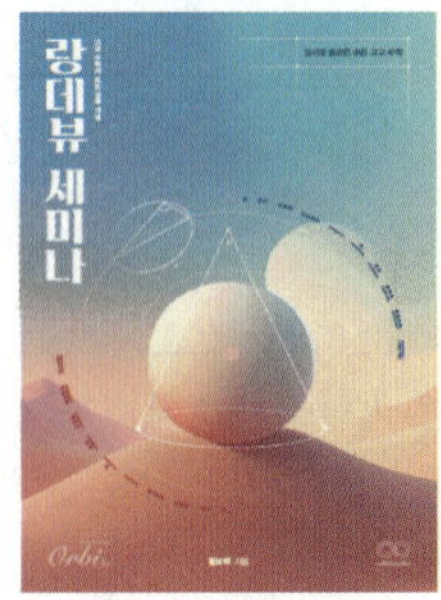

랑데뷰 세미나

저자의
수업노화우가 담겨있는
고교수학의 심화개념서

* 출간 예정

랑데뷰 기출과 변형 (총 5권)

- 1~4등급 추천 (권당 약400~500권)
- Level 1 - 평가원 기출의 쉬운 문제 난이도
- Level 2- 준킬러 이하의 기출+기출변형
- Level 3- 킬러난이도의 기출+기출변형

모든 기출문제 학습 후 효율적인 복습
재수생, 반수생에게 효율적

< 랑데뷰N제 시리즈 >

랑데뷰N제 쉬사준킬

- 1~4등급 추천(권당 약 240문항)

쉬운4점~준킬러 문항 학습에 특화
실전개념 및 스킬 등이 포함된
문제와 해설로 구성

기출문제 학습 후 독학용
또는 학원교재로 적합

랑데뷰N제 킬러극킬

- 1~2등급 추천(권당 약 120문항)

준킬러~킬러 문항 학습에 특화
실전개념 및 스킬 등이 포함된
문제와 해설로 구성

모의고사 1등급 또는 1등급 컷에
근접한 2등급학생의 독학용

랑데뷰 폴포 수학 1,2

- 1~3등급 추천(권당 약 120문항)

공통영역 수1,2에서 출제되는
4점 유형 정리

과목당 엄선된 6가지 테마로 구성
테마별 고퀄리티 20문항

랑데뷰☆수학모의고사
시즌 1~2

매년 8월에 출간되는 봉투모의고사

실전력을 높이기 위한
100분 풀타임 모의고사 연습에 적합

랑데뷰 시리즈는 전국 서점 및 인터넷서점에서 구입이 가능합니다.

수능 대비 수학 문제집 **랑데뷰N제 시리즈**는 다음과 같은 난이도 구분으로 구성됩니다.

1단계 - 랑데뷰 쉬삼쉬사 [pdf : 아톰에서 판매]

⇨ 기출 문제 [교육청 모의고사 기출 3점 위주]와 자작 문제로 구성되었습니다.
어려운 3점, 쉬운 4점 문항

교재 활용 방법

① 오르비 아톰의 전자책 판매에서 pdf를 구매한다.
② 3점 위주의 교육청 모의고사의 기출 문제와 조금 어렵게 제작된 자작문제를 푼다.
③ 3~5등급 학생들에게 추천한다.

2단계 - 랑데뷰 쉬사준킬 [종이책]

⇨ 변형 자작 문항(100%)
쉬운 4점과 어려운 4점, 준킬러급 난이도 변형 자작 문항 (쉬사준킬의 모든 교재의 문항수가 200문제
이상)이 출제유형별로 탑재되어 있음

교재 활용 방법

① 랑데뷰 [기출과 변형] 문제집과 같은 순서로 유형별로 정리되어 기출과 변형을 풀어본 후 과제용으로
   풀어보면 효과적이다.
② [기출과 변형]과 병행해도 좋다. [기출과 변형]의 단원별로 Level1, level2까지만 완료 한 후 쉬사준킬의
   해당 단원 풀기
③ 준킬러 문항을 풀어내는 시간을 단축시키기 위한 교재이다. N회독 하길 바란다.
④ 학원 교재로 사용되면 효과적이다.
⑤ 1~4등급 학생들에게 추천한다.

3단계 - 랑데뷰 킬러극킬 [종이책]

⇨ 변형 자작 문항(100%)
킬러급 난이도 변형 자작 문항(킬러극킬의 모든 교재의 문항수가 100문제 이상)이 탑재되어 있음

교재 활용 방법

① 랑데뷰 [기출과 변형]의 Level3의 문제들을 완벽히 완료한 후 시작하도록 하자.
② 킬러 문항의 해결에 필요한 대부분의 아이디어들이 킬러극킬에 담겨 있다.
③ 1등급 학생들과 그 이상의 실력을 갖춘 학생들에게 추천한다.

조급해하지 말고 자신을 믿고 나아가세요. 길은 있습니다. [휴민고등수학 김상호T]

출제자의 목소리에 귀를 기울이면, 길이 보입니다. [이호진고등수학 이호진T]

부딪혀 보세요. 아직 오지 않은 미래를 겁낼 필요 없어요. [평촌다수인수학학원 도정영T]

괜찮아, 틀리면서 배우는거야 [반포파인만고등관 김경민T]

하기 싫어도 해라. 감정은 사라지고, 결과는 남는다. [떠매수학 박수혁T]

Step by step! 한 계단씩 밟아 나가다 보면 그 끝에 도달할 수 있습니다. [가나수학전문학원 황보성호T]

너의 死活걸고. 수능수학 잘해보자. 반드시 해낸다. [오정화수학 오정화T]

넓은 하늘로의 비상을 꿈꾸며 [장선생수학학원 장세완T]

진인사대천명(盡人事待天命) : 큰 일을 앞두고 사람이 할 수 있는 일을 다한 후에 하늘에 결과를 맡기고 기다린다.
[수학만영어도학원 최수영T]

자신의 능력을 믿어야 한다. 그리고 끝까지 굳세게 밀고 나아가라. [서울대치수학교습소 김 수T]

그래 넌 할 수 있어! 네 꿈은 이루어 질거야! 끝까지 널 믿어! 너를 응원해! [수학공부의장 이덕훈T]

Do It Yourself [강동희수학 강동희T]

인내는 성공의 반이다 인내는 어떠한 괴로움에도 듣는 명약이다 [MQ멘토수학 최현정T]

남을 도울 능력을 갖추게 되면 나를 도울 수 있는 사람을 만나게 된다. [최성훈수학학원 최성훈T]

지금 잠을 자면 꿈을 꾸지만 지금 공부 하면 꿈을 이룬다. [이미지매쓰학원 정일권T]

1등급을 만드는 특별한 습관 랑데뷰수학으로 만들어 드립니다. [이지훈수학 이지훈T]

지나간 성적은 바꿀 수 없지만 미래의 성적은 너의 선택으로 바꿀 수 있다.
그렇다면 지금부터 열심히 해야 되는 이유가 충분하지 않은가? [칼수학학원 강민구T]

작은 물방울이 큰바위를 뚫을수 있듯이 집중된 노력은 수학을 꿰뚫을수 있다. [제우스수학 김진성T]

자신과 타협하지 않는 한 해가 되길 바랍니다. [답길학원 서태욱T]

무슨 일이든 할 수 있다고 생각하는 사람이 해내는 법이다. [대전오엠수학 오세준T]

부족한 2% 채우려 애쓰지 말자. 랑데뷰와 함께라면 저절로 채워질 것이다. [김이김학원 이정배T]

네가 원하는 꿈과 목표를 위해 최선을 다 해봐! 너를 응원하고 있는 사람이 꼭 있다는 걸 잊지 말고~
[매천필즈수학학원 백상민T]

'새는 날아서 어디로 가게 될지 몰라도 나는 법을 배운다'는 말처럼 지금의 배움이 앞으로의 여러분들 날개를 펼치는 힘이 되길 바랍니다. [가나수학전문학원 이소영T]

꿈을향한 도전! 마지막까지 최선을... [서영만학원 서영만T]

앞으로 펼쳐질 너의 찬란한 이십대를 기대하며 응원해. 이 시기를 잘 이겨내길 [굿티쳐강남학원 배용제T]

"최고의 성과를 이루기 위해서는 최악의 상황에서도 최선을 다해야 한다!!" [샤인수학학원 필재T]

지금 내가 랑데뷰에서 푸는 문제가 수능 시험 문제라고 생각하고 집중하고 푸세요.
그리고 성공하면 꼭 다른 사람을 위해서 살아주세요. [오직예수 최병길T]

매일매일 규칙적으로 꼼꼼하게 학습하여 원하는 수학성적을 성취하자. [대치모든수학 박준석T]

수학은 정직하다. [반포파인만고등관 박형민T]

생각한 만큼 실력이다! [인사이트영재학원 전우진T]

출제자들이 하는 말은 표현의 차이일 뿐 우리가 아는 내용임에 틀림 없습니다. 출제자와 싸워서 이깁시다.
[김앤황수학학원 황채범T]

열심히 하는 고통보다 실패의 고통이 더 큽니다. 최선을 다합시다. [방이기적수학학원 장기석T]

랑데뷰
N 제

하루 중 90%는 겸손하게 10%는 자신있게...

랑데뷰
N 제

하루 중 90%는 겸손하게 10%는 자신있게...

수열의 극한

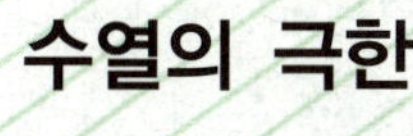

1

01 일차함수 $f(x)$와 y축에 접하고 중심이 A인 원 C_1과 함수 $f(x)$와 x축에 접하고 중심이 B인 원 C_2이 외접하고 있다. 원 C_1의 반지름을 r_1, 원 C_2의 반지름을 r_2라 할 때 A에서 y축에 내린 수선의 발을 A′, B에서 x축에 내린 수선의 발을 B′라 할 때, $\overline{OB'}=1$이다.

$\displaystyle\lim_{n\to\infty}\frac{r_1^{\,n+1}+r_2^{\,n}}{r_1^{\,n}+r_2^{\,n-2}}=\frac{1}{4}$ 를 만족시키는 r_1, r_2에 대하여 $|r_1-r_2|=p$이다. $12p$의 값을 구하시오. (단, O는 원점이고 p는 상수이다.) [4점]

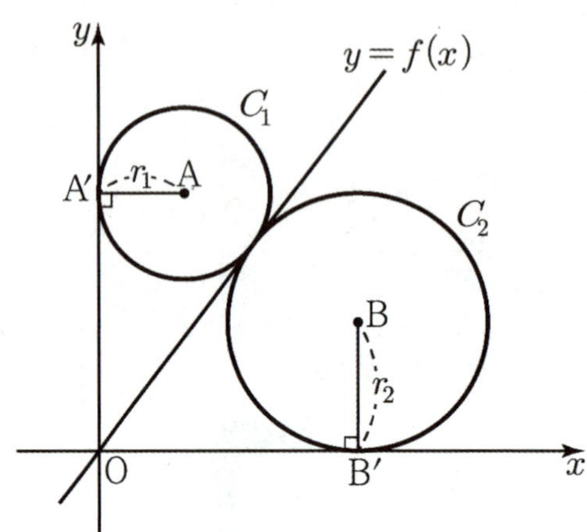

02 첫째항과 공차가 모두 양수인 등차수열 $\{a_n\}$과 $b_1 = 2a_1$인 등차수열 $\{b_n\}$에 대하여

$$\lim_{n \to \infty} \frac{a_n}{b_n} = \left| \lim_{n \to \infty} \left(\sqrt{\sum_{k=1}^{n} a_k} - b_n \right) \right| = 2$$

일 때, $3b_{10}$의 값을 구하시오. [4점]

공비가 0이 아닌 등비수열 $\{a_n\}$의 첫째항부터 제n항까지의 합을 S_n이라 하자. 수열 $\{a_n\}$이 다음 조건을 만족시킨다.

> (가) 모든 자연수 n에 대하여 $0 < S_n \leq S_1$이다.
>
> (나) 모든 자연수 m에 대하여
> $$|a_m|^{m+1} + |a_m|^m |a_{m+1}| = \frac{16}{3} \times \left| \sum_{m=1}^{\infty} a_m \right| \times |a_{m+1}|^m \text{이다.}$$

$a_5 = 1$일 때, $\displaystyle\sum_{n=1}^{5} a_n$의 값을 구하시오. [4점]

04   모든 항이 실수인 두 수열 $\{a_n\}$, $\{b_n\}$이 모든 자연수 n에 대하여

$$\left\{\left(\frac{1}{2}\right)^n (2-i)\right\}^n = a_n + b_n \times i$$

를 만족시킨다.

$$p_n = \frac{a_{n+1}b_{n+1}}{(2a_n + b_n)(a_n - 2b_n)}, \quad q_n = \frac{a_{n+1}^2 - b_{n+1}^2}{(3a_n - b_n)(a_n + 3b_n)}$$

라 할 때, $\displaystyle\lim_{n\to\infty} \dfrac{-4p_n + \left(\dfrac{1}{16}\right)^{n-1}}{q_n + \left(\dfrac{1}{32}\right)^n}$ 의 값을 구하시오. (단, $i = \sqrt{-1}$) [4점]

등비수열 $\{a_n\}$이 다음 조건을 만족시킬 때, 모든 a_1의 값은 $\dfrac{q}{p}$ 이다. $p+q$의 값을 구하시오. (단, p와 q는 서로소인 자연수이다.) [4점]

(가) $a_1 > 0$이고 $\displaystyle\sum_{n=1}^{\infty} a_n = a_1 + 1$이다.

(나) $\displaystyle\lim_{n\to\infty} \frac{(25a_3)^n + (9a_2)^{n+1}}{(25a_3)^{n+1} + (9a_2)^n} = \frac{9}{16}a_1$

06 수열 $\{a_n\}$은 등비수열이고, 수열 $\{b_n\}$을 모든 자연수 n에 대하여

$$b_n = \begin{cases} 1 & (|a_n| \leq 1) \\ \dfrac{1}{a_n} & (|a_n| > 1) \end{cases}$$

이라 할 때, 수열 $\{b_n\}$은 다음 조건을 만족시킨다.

> (가) 급수 $\displaystyle\sum_{n=1}^{\infty} b_{2n-1}$은 수렴하고 그 합은 1이다.
>
> (나) 급수 $\displaystyle\sum_{n=1}^{\infty} b_{2n}$은 수렴하고 그 합은 $\dfrac{5}{2}$이다.

$b_3 = 1$, $b_5 = -\dfrac{3}{4}$일 때, $\left| \displaystyle\sum_{n=1}^{\infty} \dfrac{1}{a_n} \right|$의 값을 구하시오. [4점]

자연수 k와 정의역이 $\{x \mid x \geq 1\}$인 함수

$$f(x) = \sum_{n=1}^{\infty} \frac{k(x-1)^{k-2}}{x^{n+k}}$$

이 다음 조건을 만족시킬 때, 급수 $30 \times \displaystyle\sum_{n=1}^{\infty} \frac{f(k)}{k^{n-2}}$의 합을 구하시오. [4점]

> 어떤 실수 a에 대하여 $\displaystyle\lim_{x \to a+} f(x)$의 값은 존재하고 $\displaystyle\lim_{x \to a+} f(x) - f(a) > 0$이다.

최고차항의 계수가 1이고 $x=-1$에서 최솟값을 갖는 이차함수 $f(x)$에 대하여 함수 $g(x)$를

$$g(x)=\begin{cases} f(x) & (x \leq 0) \\ -f(x) & (x > 0) \end{cases}$$

라 하자. 함수 $g(x)$에 대하여 첫째항이 -2 이하의 정수이고 공비가 음수인 등비수열 $\{a_n\}$이 다음 조건을 만족시킬 때, $a_4 = \dfrac{q}{p}$이다. $p+q$의 값을 구하시오. (단, p와 q는 서로소인 자연수이다.) [4점]

(가) $\displaystyle\lim_{n \to \infty} |g(a_{n+1}) - g(a_n)| = 8$

(나) $g(a_n)$의 최댓값은 존재하지 않고 $g(a_2) = -4$이다.

두 양의 실수 t, a $(a > 1)$에 대하여 삼차함수 $f(x) = a(x-t)(x-4t)^2 - a$가 있다. 함수 $g(x)$를

$$g(x) = \begin{cases} f(x) & (x < 3t) \\ f(6t-x) & (x \geq 3t) \end{cases}$$

라 하고 함수 $h(x)$를

$$h(x) = \lim_{n \to \infty} \frac{a^{2n}\{g(x)-a\}}{\{g(x)\}^{2n} + a^{2n}}$$

라 할 때, 두 함수 $g(x)$와 $h(x)$가 다음 조건을 만족시킨다.

(가) 방정식 $g(x) = a$의 실근의 개수는 3이상이다.
(나) 구간 $(2t, 4t)$에서 함수 $h(x)$는 미분가능하다.

$\lim\limits_{x \to 5t-} h(x) = -4$일 때, $f(a) + g(2a)$의 값을 구하시오. [4점]

10 수열 $\{a_n\}$은 등비수열이고, 수열 $\{b_n\}$을 모든 자연수 n에 대하여

$$b_n = \begin{cases} -\alpha & (a_n \leq -2) \\ a_n & (-2 < a_n < 2) \\ \alpha & (a_n \geq 2) \end{cases}$$

이라 할 때, 수열 $\{b_n\}$은 다음 조건을 만족시킨다.

(가) 급수 $\displaystyle\sum_{n=1}^{\infty} b_{3n-2}$은 수렴하고, 그 합은 $-\dfrac{2}{9}$이다.

(나) 급수 $\displaystyle\sum_{n=1}^{\infty} b_{3n-1}$은 수렴하고, 그 합은 $\dfrac{10}{9}$이다.

(다) 급수 $\displaystyle\sum_{n=1}^{\infty} b_{3n}$은 수렴하고, 그 합은 $-\dfrac{14}{9}$이다.

$b_4 = 2$일 때, $\displaystyle\sum_{n=1}^{\infty} |a_n|$의 최솟값을 구하시오. (단, α는 양의 상수이다.) [4점]

11 $\ x \neq -1$인 모든 실수에서 정의된 함수

$$f(x) = \lim_{n \to \infty} \frac{x^{2n-1} - 3x^{2n} + 2}{2x^{2n-1} + x^{2n} + 1}$$

에 대하여 직선 $y = nx + 2n - 3$이 함수 $y = f(x)$의 그래프와 서로 다른 두 점에서 만날 때, 10보다 작은 자연수 n의 값의 합을 구하시오. [4점]

12 그림과 같이 $\overline{AB_1}=2$, $\overline{B_1C_1}=4$, $\angle AB_1C_1=\dfrac{2\pi}{3}$인 평행사변형 $AB_1C_1D_1$이 있다.

세 점 A, B_1, D_1을 지나는 원이 선분 B_1C_1과 만나는 점 중에서 B_1이 아닌 점을 E_1이라 하자.
점 A를 지나지 않는 호 D_1E_1과 두 선분 E_1C_1, C_1D_1로 둘러싸인 부분과 선분 B_1E_1과
호 B_1E_1으로 둘러싸인 부분에 색칠하여 얻은 그림을 R_1이라 하자. 그림 R_1에서
세 점 A, B_1, D_1을 지나는 원이 선분 AC_1과 만나는 점 중에서 A가 아닌 점을 C_2라 하자.
점 C_2를 지나고 선분 AD_1과 평행한 직선이 선분 AB_1과 만나는 점을 B_2라 하고, 점 C_2를
지나고 선분 AB_1과 평행한 직선이 선분 AD_1과 만나는 점을 D_2라 하자. 세 점 A, B_2, D_2를
지나는 원이 선분 B_2C_2와 만나는 점 중에서 B_2가 아닌 점을 E_2라 하자. 점 A를 지나지 않는
호 D_2E_2와 두 선분 E_2C_2, C_2D_2로 둘러싸인 부분과 선분 B_2E_2과 호 B_2E_2으로 둘러싸인 부분에
색칠하여 얻은 그림을 색칠하여 얻은 그림을 R_2라 하자. 이와 같은 과정을 계속하여 n번째 얻은

그림 R_n에 색칠한 부분의 넓이를 S_n이라 할 때, $\displaystyle\lim_{n\to\infty} S_n=\dfrac{q}{p}\sqrt{r}$이다. $p+q+r$의 값을

구하시오. (단, p와 q는 서로소인 자연수이고 r은 자연수이다.) [4점]

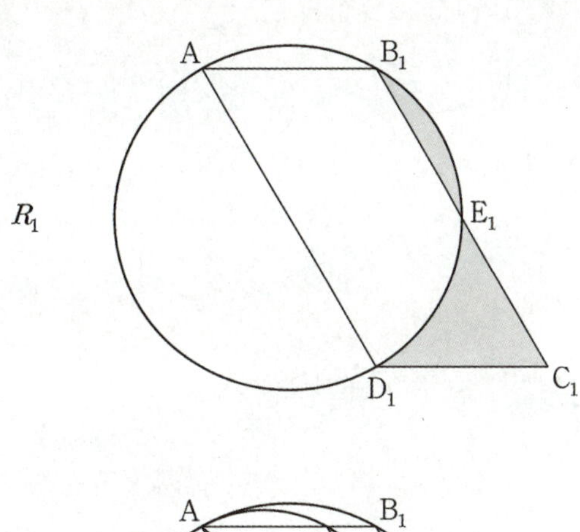

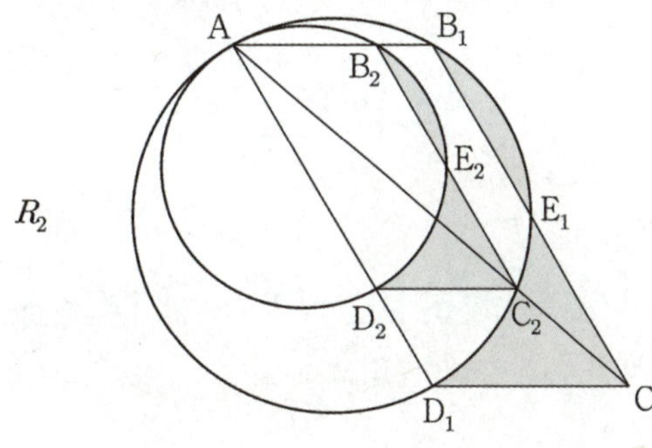

13 이차함수 $f(x)=x^2+a$와 상수 k $(k>0)$에 대하여 함수 $g(x)$를

$$g(x)=\lim_{n\to\infty}\frac{2f(x)}{k|f(x)|^n+1}$$

로 정의하자.

$$\lim_{x\to\alpha}g(x)=2g(\alpha)\ (\text{단, }g(\alpha)\neq 0)$$

를 만족시키는 상수 α가 존재할 때, 함수 $g(x)$가 $x=\beta$에서 불연속이다. 모든 실수 β를 작은 수부터 크기순으로 나열한 것을 $\beta_1,\ \beta_2,\ \cdots,\ \beta_m$ (m은 자연수)라 할 때, $m+g(\beta_m)$의 값을 구하시오. [4점]

실수 a에 대하여 x에 대한 방정식

$$2\sin^2 x + \cos x = a \ (0 \le x < 2\pi)$$

의 서로 다른 실근의 개수를 $f(a)$라 하자. 자연수 n에 대하여 다음 조건을 만족시키는 상수 $p,\ q$가 있다.

(가) $\displaystyle\lim_{n\to\infty} f\!\left(1+\frac{1}{n}\right) + \lim_{n\to\infty} f\!\left(1-\frac{1}{n}\right) + f(1) = p$

(나) $\displaystyle\lim_{n\to\infty} f\!\left(q+\frac{1}{n}\right) + \lim_{n\to\infty} f\!\left(q-\frac{1}{n}\right) + f(q) = 6$

$16(p+q)$의 값을 구하시오. (단, $q>1$) [4점]

그림과 같이 자연수 n에 대하여 곡선

$$T_n : y = \frac{1}{3n}x^2 \ (x \geq 0)$$

위에 있고 원점 O와의 거리가 $2n$인 점을 P_n이라 하고, 점 P_n에서 x축에 내린 수선의 발을 H_n이라 하자. 중심이 P_n이고 점 H_n을 지나는 원을 C_n이라 할 때, 곡선 T_n과 원 C_n의 교점 중 원점에 가까운 점을 A_n이라 하자. 원점을 지나고 원 C_n에 접하는 직선 중 x축이 아닌 직선을 l이라 하고 직선 l과 원 C_n의 교점을 Q_n이라 하자. 중심이 y축 위에 있고 원 C_n과 점 Q_n에서 만나는 원을 D_n이라 할 때, 원 D_n이 y축과 만나는 점 중 O에 가까운 점을 R_n이라 하자. 곡선 T_n, 선분 P_nH_n, 호 A_nH_n으로 둘러싸인 부분의 넓이를 $f(n)$, 선분 OR_n, 호 R_nQ_n, 호 Q_nA_n, 곡선 T_n으로 둘러싸인 부분의 넓이를 $g(n)$이라 할 때,

$$\lim_{n \to \infty} \frac{g(n)-f(n)}{n^2} = \frac{q}{p}\sqrt{3} + \frac{\pi}{r}$$

이다. $p+q+r$의 값을 구하시오. (단, p와 q는 서로소인 자연수이고 r은 0이 아닌 정수이다.) [4점]

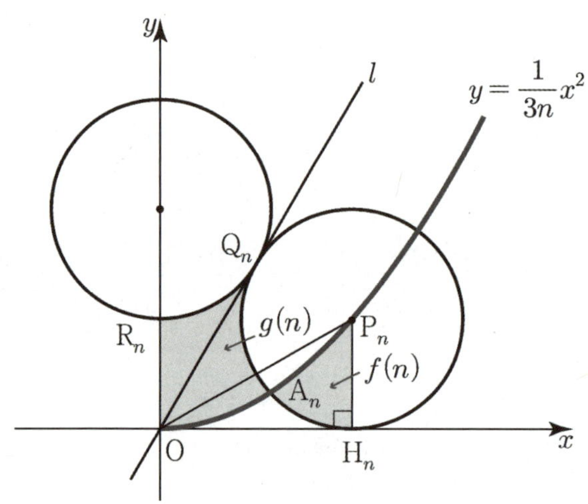

16 수열 $\{a_n\}$이 모든 자연수 n에 대하여 다음 조건을 만족시킨다.

(가) $a_{4n-2} + a_{4n} = \dfrac{1}{4}a_n - 1$

(나) $a_{4n-1} + a_{4n+1} = \dfrac{1}{4}a_n + 1$

$\displaystyle \lim_{n \to \infty} \sum_{k=1}^{1+\sum_{i=1}^{n} 4^i} a_k = 10$일 때, a_1의 값을 구하시오. [4점]

17 모든 항이 1 이상인 수열 $\{a_n\}$에 대하여 수열 $\left\{\sqrt{a_n+\dfrac{a_n}{n^3}}-\sqrt{a_n-\dfrac{a_n}{n^3}}\right\}$이 값이 0이 아닌

값으로 수렴할 때, 수열 $\left\{n^p\times\left(\sqrt{1+\left(\dfrac{1}{a_n}\right)^2}-\sqrt{1-\left(\dfrac{1}{a_n}\right)^2}\right)\right\}$이 수렴하도록 하는 자연수 p의

최댓값을 구하시오. [4점]

함수 $f(x)=-x^2+2x+1$에 대하여 함수 $g(x)$가 다음 조건을 만족시킨다.

(가) $0 \le x < 4$일 때, $g(x)=\begin{cases} f(x) & (0 \le x < 2) \\ -f(4-x)+2 & (2 \le x < 4) \end{cases}$ 이다.

(나) 모든 실수 x에 대하여 $g(x+4)=g(x)$이다.

자연수 n에 대하여 직선 $y=\dfrac{x+1}{2n}$이 함수 $y=g(x)$와 만나는 서로 다른 점의 개수를 a_n이라 하자. $\displaystyle\sum_{n=1}^{\infty} \dfrac{1}{a_n a_{n+1} a_{n+2}}$의 값은? [4점]

① $\dfrac{1}{20}$ ② $\dfrac{1}{30}$ ③ $\dfrac{1}{40}$ ④ $\dfrac{1}{50}$ ⑤ $\dfrac{1}{60}$

자연수 n 에 대하여 다음 조건을 만족시키는 정사각형의 개수를 S_n 이라 하자.

> (가) 정사각형은 한 변의 길이가 1 이고 꼭짓점의 x 좌표와 y 좌표가 모두 정수이다.
>
> (나) 연립부등식 $\sqrt{x} \leq y \leq \sqrt{x+n^2}$, $0 \leq x \leq 4n^2$, $0 \leq y \leq 2n$을 만족시키는 점 (x, y) 중에는 정사각형의 내부에 있는 점이 있다.

$\displaystyle \lim_{n \to \infty} \frac{S_{n+1} - S_n}{n^2}$ 의 값을 구하시오. [4점]

랑데뷰
N 제

하루 중 90%는 겸손하게 10%는 자신있게...

2

미분법

20 음이 아닌 실수 전체 집합에서 연속인 함수 $f(x)$가

$$f(x)=\begin{cases}\pi\tan\dfrac{\pi}{4}x & (0\le x<1)\\[4pt] f(2-x) & (1\le x<2)\end{cases}$$

이고, 모든 자연수 n에 대하여 $2n\le x<2n+2$일 때 $2^n f(x)=f(x-2n)$가 성립한다. 실수 전체의 집합에서 도함수가 연속이고 $g(0)=0$인 함수 $g(x)$가 다음 조건을 만족시킨다.

(가) $|g'(x)|=f(x)$

(나) 4보다 큰 임의의 두 실수 a, b에 대하여 $g'(a)g'(b)\ge 0$이다.

$\displaystyle\lim_{n\to\infty}g(2n)=4\ln 2$일 때, 모든 $g(3)$의 값의 곱은 m이다. $\dfrac{m}{(\ln 2)^2}$의 값을 구하시오. [4점]

21 함수 $f(x) = \sin x + 1 \ (\dfrac{\pi}{2} \leq x \leq \dfrac{5}{2}\pi)$와 원점 O 그리고 좌표평면 위의 점 $A(1, 1)$가 있다.

실수 $t\,(0 < t < 2)$에 대하여 함수 $f(x)$의 그래프와 직선 $y = t$가 만나는 두 점을 각각 P, Q라 하고, 곡선 $y = f(x)$ 위의 점 P에서의 접선과 점 Q에서의 접선의 교점을 R이라 할 때, 삼각형 OAR의 넓이를 $g(t)$라 하자. 함수 $g(t)$가 $t = t_1$에서 극값을 가질 때, $g'\!\left(t_1 + \dfrac{1}{2}\right)$의 값은? [4점]

① $-\dfrac{\sqrt{3}}{3}\pi$ ② $-\dfrac{2\sqrt{3}}{9}\pi$ ③ $-\dfrac{\sqrt{3}}{9}\pi$ ④ $\dfrac{\sqrt{3}}{9}\pi$ ⑤ $\dfrac{2\sqrt{3}}{9}\pi$

?? 최고차항의 계수가 2인 삼차함수 $f(x)$와 실수 전체의 집합에서 정의된 함수

$g(x) = \dfrac{2x-10}{(x-5)^2+1} + 4$가 다음 조건을 만족시킨다.

(가) $f(x)$는 4보다 크거나 같은 극솟값을 갖는다.
(나) 함수 $(g \circ f)(x)$의 모든 극솟값은 서로 같다.
(다) 함수 $f(x)$는 $x = 5$에서 극값을 갖는다.

함수 $h(x) = (f \circ g)(x)$에서 $h(x)$의 극솟값의 개수가 극댓값의 개수보다 많을 때, 함수 $f(x)$의 극댓값은? [4점]

① 3   ② 4   ③ 5   ④ 6   ⑤ 7

23 좌표평면에 $P(\cos\theta, \sin\theta)$ $(0<\theta<\pi)$와 $Q(1,0)$이 있고 점 A는 선분 PQ 위에, 점 B는 선분 OQ 위를 움직이며 선분 AB가 $\triangle$ OPQ의 넓이를 이등분한다. 선분 AB 중 가장 짧은 것의 길이를 l이라고 할 때, $l^2 = f(\theta)$라 하자. $f(\theta)$의 최댓값을 M이라 할 때, $8M$의 값을 구하시오. [4점]

24 함수 $f(x)= x\ln x - x$와 이차함수 $g(x)$에 대하여

$$f'(1)= g'(1), \ f'(e)= g'(e)$$

이고, 다음 조건을 만족시킨다.

> $x > 0$에서 함수 $h(x)= f(g(x))- g(g(x))$가 극솟값 m을 갖고, 방정식 $h(x)= m$의 서로 다른 실근의 개수는 3이다.

$g(0)$의 최솟값은? [4점]

① $\dfrac{e-1}{2e-2}$ ② $\dfrac{e-2}{2e-2}$ ③ $\dfrac{2e}{2e-2}$ ④ $\dfrac{2e-1}{2e-2}$ ⑤ $\dfrac{e-3}{2e-2}$

함수 $f(x) = (a\sin x - 1)^2$ $(0 \le x < 2\pi)$와 이차함수 $g(x) = x^2 + bx$ 가 다음 조건을 만족시킬 때, $g(a-b)$ 의 값을 구하시오. (단, $a > 0$, b 는 상수) [4점]

> (가) $f(x) > f\left(\dfrac{\pi}{2}\right)$ 의 해는 $\dfrac{7\pi}{6} < x < \dfrac{11\pi}{6}$ 이다.
>
> (나) $(g \circ f)(x) = 0$ 의 서로 다른 실근의 개수는 5 이다.

26   함수 $f(x)$가 다음 조건을 만족시킨다.

> (가) $f(x) = x^2 - x$ $(0 \le x < 1)$
> (나) 모든 양의 실수 x에 대하여 $f(x+1) = -2f(x)$이다.

함수 $f(x)$에 대하여 함수 $g(x)$를

$$g(x) = \lim_{h \to 0} \frac{f(x+h) - f(x-h)}{h}$$

라 할 때, 함수 $g(x)$에 대하여 함수 $h(x)$를

$$h(x) = \lim_{t \to 0-} \{g(x+t) - g(x-t)\} + 2g(x)$$

라 하자. $\displaystyle\sum_{n=1}^{\infty} \frac{60}{h(n)}$ 의 값을 구하시오. (단, n은 자연수이다.) [4점]

27 그림과 같이 좌표평면 위의 점 $C(1, 0)$을 지나고 기울기가 -1인 직선을 l, 곡선 $y = ax^2$ $(a > 1)$이 직선 l과 만나는 두 점을 각각 A, B라 하자. $\angle AOB$의 크기를 $\theta(a)$라 할 때, $\theta'(2) = -\dfrac{q}{p}$이다. $p+q$의 값을 구하시오. (단, p와 q는 서로소인 자연수이다.) [4점]

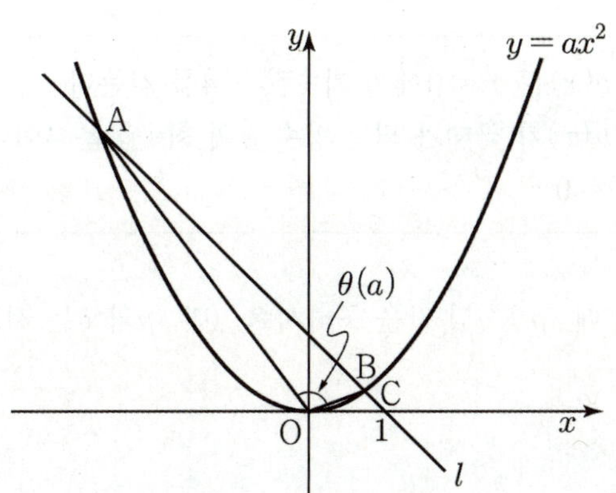

삼차함수 $f(x) = x^3 - 3x$와 최고차항의 계수가 양수인 사차함수 $g(x)$에 대하여 함수 $h(x)$가

$$h(x) = (f \circ g)(x)$$

이다. 함수 $h(x)$가 다음 조건을 만족시킨다.

(가) 함수 $g(x)$는 $x = 0$에서 최솟값 -4를 갖는다.
(나) 함수 $h(x)$가 극대가 되는 양수 x의 최솟값은 4이다.
(다) $h'(3) = 0$

$g(5) = \dfrac{q}{p}$일 때, $p + q$의 값을 구하시오. (단, p와 q는 서로소인 자연수이다.) [4점]

$0 \leq k \leq 8$인 유리수 k에 대하여 함수 $f(x) = 4\cos^2 x + 2k\sin x$가 있다. 함수 $f(x)$의 극댓값이 정수가 되도록 하는 모든 k의 값의 합을 구하시오. [4점]

30   a가 실수 a인 함수 $f(x) = \dfrac{2x}{x^2 + 1}$ 에 대하여 함수 $g(x)$를

$$g(x)= \begin{cases} -ax^2 + 4a & (x < 2) \\ f(x-1)+1 & (x \geq 2) \end{cases}$$

에 대하여 x에 대한 방정식 $g(g(x)) = g(x)$의 실근의 개수를 $h(a)$라 하자. 함수 $h(a)$가 $a = k_1$과 $a = k_2$에서 불연속일 때, $f\!\left(h\!\left(\dfrac{k_1 + k_2}{2}\right)\right) \times \lim\limits_{a \to k_2+} f(h(a)) = \dfrac{q}{p}$ 이다. $p+q$의 값을 구하시오. (단, $k_1 < k_2$이고 p와 q는 서로소인 자연수이다.) [4점]

31 두 함수

$$f(x)=e^{a-x},\ g(x)=-x^2+tx+1$$

이 있다. 실수 t에 대하여 함수 $g(x)-f(x)$의 최댓값이 1이 되도록 하는 a의 값을 $h(t)$라 할 때, $\left|h'\left(-\dfrac{3}{2}\right)\right|$의 값을 구하시오. [4점]

최고차항의 계수가 1인 삼차함수 $f(x)$에 대하여 함수

$$g(x)=\left|f\left(\frac{e^x-e^{-x}}{e^x+e^{-x}}\right)\right|$$

가 실수 전체의 집합에서 미분가능하고 다음 조건을 만족시킨다.

(가) 함수 $g(x)$는 $x=0$에서 0이 아닌 극솟값을 갖는다.
(나) 함수 $g(x)$는 $x=\ln 2$에서 극값을 갖는다.

$\displaystyle\lim_{x\to-\infty}g(x)$의 최솟값을 구하시오. [4점]

33 실수 전체의 집합에서 이계도함수를 갖는 함수 $f(x)$와 일차함수 $g(x)$가 다음 조건을 만족시킬 때, $g(1)$의 값은? [4점]

> (가) 모든 실수 x에 대하여 $e^{3f(x)} - 3e^{2f(x)} + 3e^{f(x)} + g(x) = \dfrac{x+1}{e^x} + 1$이다.
>
> (나) $f(-2)f(2) < 0$

① $\dfrac{1}{e}$ ② $\dfrac{2}{e}$ ③ $\dfrac{3}{e}$ ④ $\dfrac{4}{e}$ ⑤ $\dfrac{5}{e}$

그림과 같이 한 변의 길이가 2인 정사각형 ABCD에서 변 AD와 변 AB의 중점을 각각 M, N이라 하고 변 BC를 지름으로 하는 반원 위의 점 P에 대하여 $\angle$NMP $= \theta$라 하자. 삼각형 MNP의 넓이를 $f(\theta)$라 할 때, $100 \times f'\left(\dfrac{\pi}{4}\right)$의 값을 구하시오. [4점]

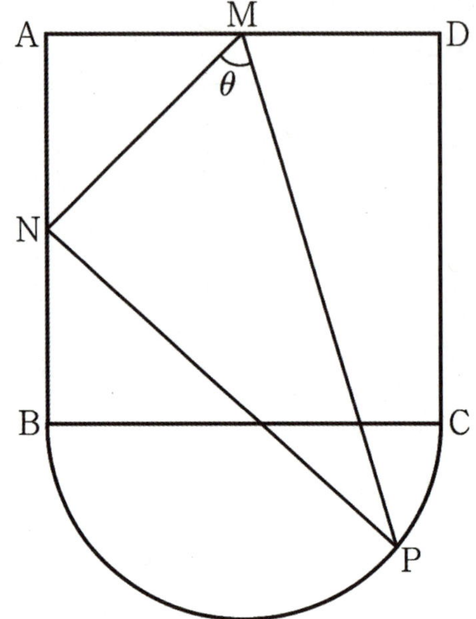

35 최고차항의 계수가 $\frac{1}{2}$ 인 삼차함수 $f(x)$와 상수 a에 대하여 실수 전체의 집합에서 정의된 함수 $g(x)$를

$$g(x)=\begin{cases} \ln|f(x)| & (f(x)\neq 0) \\ a & (f(x)=0) \end{cases}$$

이라 할 때, 함수 $g(x)$가 두 상수 p와 q $(p<q)$에 대하여 다음 조건을 만족시킨다.

(가) 방정식 $g(x)=0$의 서로 다른 실근의 개수는 7이다.
(나) 부등식 $g(x)>0$의 해집합은 $\{x\,|\,x<p$ 또는 $x>q\}$이다.

$p+q=6$일 때, $\{f(a)\}^2$의 값을 구하시오. [4점]

실수 t와 최고차항의 계수가 1인 삼차함수 $f(x)$에 대하여 방정식

$$f(3\cos^2 x) = t$$

의 실근의 개수를 $g(t)$라 하자. 실수 $k\left(0 < k < \dfrac{\pi}{2}\right)$에 대하여 닫힌구간 $[k, 2\pi + k]$에서

함수 $f(3\cos^2 x)$의 최댓값을 α, 최솟값을 β라 할 때, $g(\alpha) = 5$, $g(\beta) = 4$이다. $f'(3) = 0$일 때, $\alpha - \beta$의 값을 구하시오. [4점]

37 함수 $f(x) = a\cos^2 x + b\cos x \ (a > 0, \ -a < b < 0)$에 대하여 닫힌구간 $[-\pi, \pi]$에서 정의된 함수

$$g(x) = \begin{cases} f(x) & (-\pi \le x < 0) \\ e^{f(x)} + c & (0 \le x \le \pi) \end{cases} \qquad \text{(단, } c\text{는 상수이다.)}$$

가 다음 조건을 만족시킨다.

(가) 함수 $g(x)$는 $x = 0$에서 연속이다.

(나) 열린구간 $(-\pi, \pi)$에서 함수 $g(x)$의 극댓값은 1이고 닫힌구간 $[-\pi, \pi]$에서 함수 $g(x)$의 최댓값은 $e^5 + c$이다.

함수 $g(x)$의 최솟값은? [4점]

① $e^{-\frac{1}{3}} + 2 - e$ ② $e^{-\frac{1}{3}} + 1 - e$ ③ $e^{-\frac{1}{3}} - 1 - e$

④ $e^{-\frac{2}{3}} + 2 - e$ ⑤ $e^{-\frac{2}{3}} + 1 - e$

38 다음 그림과 같이 양수 k에 대하여 직선 $y = k\ (0 < k < 1)$가

두 함수 $y = \log_2(1-x)$, $y = \log_2(1+x)$의 그래프와 만나는 점을 각각 A, B라 하고,

점 B를 지나고 x축에 수직인 직선이 $y = \log_2(1-x)$의 그래프와 만나는 점을 C라 하자.

$\lim\limits_{k \to 0+} \dfrac{\overline{BC}}{\overline{AB}}$의 값은? [4점]

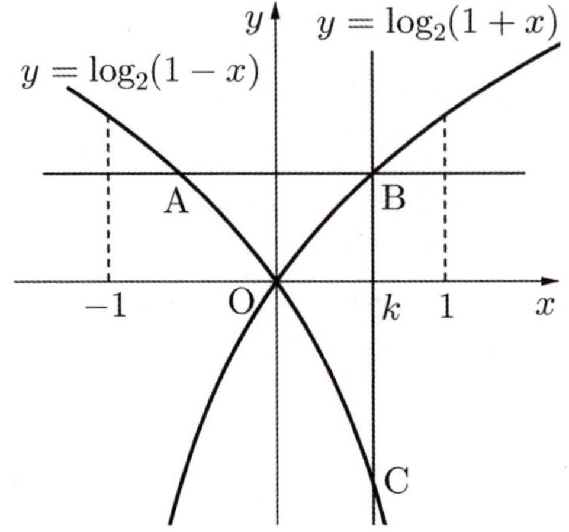

① $\dfrac{1}{2\ln 2}$ ② $\dfrac{1}{\ln 2}$ ③ $\dfrac{2}{\ln 2}$ ④ 1 ⑤ $\ln 2$

상수 k에 대하여 함수 $\left| k\ln x^{\frac{1}{x}} + mx \right|$가 양의 실수 전체의 집합에서 미분가능하도록 하는 m의 최솟값은 $\dfrac{4}{e}$이다. 이때, k^2의 값을 구하시오. $\left(\text{단, } \lim_{x \to \infty} \ln x^{\frac{1}{x}} = 0, \ m > 0 \right)$ [4점]

40 원점 O를 지나는 두 직선 $y = \dfrac{1}{2}x$, $y = -x$와 직선 $y = mx - m - 1$이 만나는 두 점을

각각 A, B라 하고 직선 $y = mx - m - 1$이 x축의 양의 방향과 이루는 각의 크기를 θ라 하자.
점 A는 제1사분면에 있고, 삼각형 OAB가 이등변삼각형이 되도록 하는 모든 θ의 값의 합을 α라
할 때, $\tan\alpha$의 값은? [4점]

① $\dfrac{21 + 10\sqrt{10}}{26}$
② $\dfrac{19 + 10\sqrt{10}}{26}$
③ $\dfrac{9 + 5\sqrt{10}}{13}$
④ $\dfrac{8 + 5\sqrt{10}}{13}$
⑤ $\dfrac{9 + 4\sqrt{10}}{13}$

다음 극한값을 구하시오. [4점]

(1) $\lim\limits_{x \to 0+} \dfrac{2\tan\frac{x}{2} - \tan x}{x^3}$ 의 값은?

① $-\dfrac{1}{8}$　　② $-\dfrac{1}{6}$　　③ $-\dfrac{1}{4}$　　④ $-\dfrac{1}{2}$　　⑤ -1

(2) $\lim\limits_{x \to 0} \dfrac{\cos x - \sqrt{1 - \tan^2 x}}{x^4}$ 의 값은?

① $\dfrac{1}{8}$　　② $\dfrac{1}{6}$　　③ $\dfrac{1}{4}$　　④ $\dfrac{1}{2}$　　⑤ 1

(3) $\lim\limits_{x \to 0+} \dfrac{1}{\sin x}\left(\dfrac{1}{\sin x} - \dfrac{1}{x}\right)$ 의 값은?

① $\dfrac{1}{6}$　　② $\dfrac{1}{3}$　　③ $\dfrac{1}{2}$　　④ $\dfrac{2}{3}$　　⑤ 1

42. 다음 그림과 같이 빗변 AC의 길이가 1이고 $\angle BAC = \theta$인 직각삼각형 ABC가 있다. 점 B를 중심으로 하고 점 C를 지나는 원이 선분 AC와 만나는 점 중 점 C가 아닌 점을 D라 하고, 선분 AB와 만나는 점을 점 E라 하자. 점 A를 중심으로 하고 점 D를 지나는 원이 선분 AB와 만나는 점을 점 F라 할 때, 호DE, 호DF, 선분EF로 둘러싸인 도형의 넓이를 $S(\theta)$라 하자.

$$\lim_{\theta \to 0+} \frac{\frac{1}{4}\pi \sin^2\theta - S(\theta)}{\theta^3}$$

의 값은? $\left(\text{단, } 0 < \theta < \dfrac{\pi}{4}\right)$ [4점]

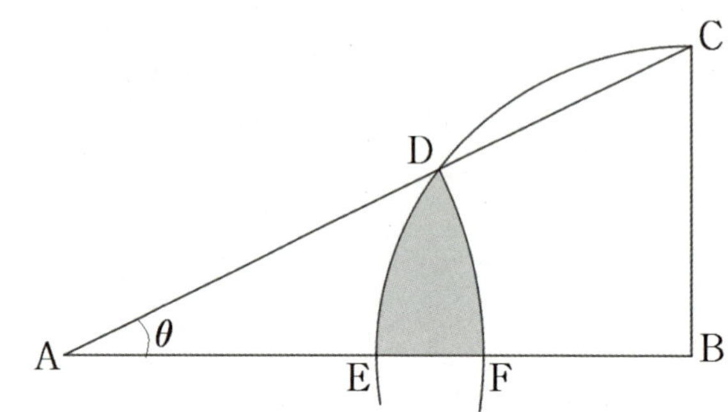

① $\dfrac{1}{3}$ ② $\dfrac{2}{3}$ ③ 1 ④ $\dfrac{4}{3}$ ⑤ $\dfrac{5}{3}$

43 함수

$$f(x) = (x+a)^2 e^x + b$$

가 다음 조건을 만족시킨다.

(가) 함수 $|f(x)|$가 $x = c$에서 극대 또는 극소가 되도록 하는 모든 실수 c의 개수는 5이다.

(나) 닫힌구간 $\left[0, -\dfrac{a}{3}\right]$에서 함수 $|f(x)|$의 최댓값과 닫힌구간 $[0, -a]$에서

함수 $|f(x)|$의 최댓값은 같다.

---

a에 관한 b의 최솟값을 $g(a)$라 할 때, $g'\left(-\dfrac{5}{2}\right) = \alpha e^{\beta}$이다. $\alpha \times \beta$의 값을 구하시오.

(단, $\displaystyle\lim_{x \to -\infty} x^2 e^x = 0$, $a \leq -2$, α, β는 유리수이다.) [4점]

44 홀수 n에 대하여, 양의 실수 전체에서 정의된 함수 $f(x)$를

$$f(x) = (-1)^{\frac{n+1}{2}} \{x^2 - 2nx + n^2 - 1\} \quad (n-1 < x \le n+1)$$

이라 하자. 함수 $g(x) = |f(x)| - f(x)$에 대하여 함수 $h(x)$를

$$h(x) = \lim_{h \to 0+} \left| \frac{g(e^{x+h}) - g(e^x)}{h} \right|$$

이라 할 때, 함수 $h(x)$가 $x = a$에서 미분가능하지 않은 a의 값 중에서 열린구간 $(0,\ \ln t)$에 속하는 모든 값을 작은 수부터 크기순으로 나열한 것을 $a_1, a_2,\ \cdots, a_{10}$이라 하자. $\sum_{k=1}^{10} kh(a_k)$의 값을 구하시오. (단, t는 자연수이다.) [4점]

$-k \le x \le k$에서 정의된 함수 $y = 2\sin x$ 의 그래프를 원점을 중심으로 양의 방향으로 45° 회전시켜서 얻은 곡선은 $-a \le x \le a$에서 정의된 어떤 함수 $y = f(x)$ 의 그래프가 된다. k의 값이 최대일 때, a의 값은? (단, a와 k는 양수이다.) [4점]

① $\dfrac{\sqrt{2}\,\pi}{3}$

② $\dfrac{\sqrt{6}}{3} - \dfrac{\sqrt{2}\,\pi}{6}$

③ $\dfrac{\sqrt{6}}{3} + \dfrac{\sqrt{2}\,\pi}{6}$

④ $\dfrac{\sqrt{6}}{2} - \dfrac{\sqrt{2}\,\pi}{6}$

⑤ $\dfrac{\sqrt{6}}{2} + \dfrac{\sqrt{2}\,\pi}{6}$

46 양의 실수 t의 함수 $f(x) = \cos\left(\dfrac{\pi}{5}x\right)$에 대하여 점 $(t, f(t))$를 지나고 x축에 평행한 직선이 곡선 $y = f(x)$와 만나는 점 중에서 x좌표가 t보다 큰 점의 x좌표의 최솟값을 t_1이라 할 때, $g(t) = t_1 - t$라 하자. 함수 $g(t)$와 곡선 $y = e^{t-k} + 9$의 교점의 개수가 2이게 하는 모든 자연수 k의 값을 크기순으로 나열한 수를 k_1, k_2, $\cdots$, k_m이라 할 때, $m \times f'\left(\dfrac{3k_1}{k_m}\right)$의 값은? [4점]

① $-\dfrac{2\sqrt{2}\,\pi}{5}$ ② $-\dfrac{\sqrt{2}\,\pi}{2}$ ③ $-\dfrac{4\sqrt{2}\,\pi}{15}$

④ $-\dfrac{4\sqrt{3}\,\pi}{15}$ ⑤ $-\dfrac{\sqrt{3}\,\pi}{2}$

47 세 상수 a, b, c에 대하여 함수

$$f(x)=\begin{cases} \dfrac{1}{9}e^{3x-3}-\dfrac{2}{3}ae^{2x-2}+a^2e^{x-1} & (x<c) \\[2mm] x^3-(3a-1)x^2+(3a^2-2a)x+b & (x\geq c) \end{cases}$$

가 다음 조건을 만족시킨다.

> (가) 함수 $f(x)$는 실수 전체의 집합에서 연속이다.
> (나) 함수 $f(x)$의 역함수가 존재한다.

$f(2)$의 값은? [4점]

① 2 ② $\dfrac{20}{9}$ ③ $\dfrac{22}{9}$ ④ $\dfrac{8}{3}$ ⑤ $\dfrac{26}{9}$

48 함수 $f(x)=\cos\dfrac{\pi}{2}x$와 세 실수 a, b, c $(a>0,\ b\neq 0,\ c>1)$에 대하여 함수 $g(x)$를

$$g(x)=a\ln(f(x)+c)+b\,f(x)$$

라 하자. 함수 $g(x)$가 모든 정수 n에 대하여 다음 조건을 만족시킨다.

(가) $g'(n)=0$

(나) 함수 $g(x)$의 극댓값은 $2a$이고 두 극솟값의 합은 $4\ln(e^4-1)$이다.

$g\left(\dfrac{bc}{a}\right)$의 값을 구하시오. [4점]

49 $x \geq 0$에서 정의된 함수 $f(x)$가 다음 조건을 만족시킨다.

> (가) $0 \leq x < 1$ 일 때, $f(x) = \sin 2\pi x$이다.
> (나) 모든 자연수 n에 대하여 $2^{n-1} - 1 \leq x < 2^n - 1$ 일 때, $f(x) = f(2x+1)$

최고차항의 계수가 1인 사차함수 $g(x)$에 대하여 함수 $h(x) = g(f(x))$는 양의 실수 전체의 집합에서 이계도함수 $h''(x)$를 갖고, $h''(x)$는 양의 실수 전체의 집합에서 연속이다.

함수 $h(x)$가 $x = 6$에서 극대일 때, $g'(1)$의 값으로 가능한 모든 자연수의 합을 구하시오. [4점]

60 최고차항의 계수가 π인 이차함수 $f(x)$에 대하여 함수 $g(x)=\dfrac{2}{3-\sin(f(x))}$이 $x=\alpha$에서 극대 또는 극소일 때, $g(x)$는 다음 조건을 만족시킨다.

(가) $g(\alpha)=\dfrac{4}{5}$

(나) $g'(1+x)+g'(1-x)=0$

$\dfrac{g'(3)}{g'(0)}=\dfrac{q}{p}$라 할 때, $p+q$의 값을 구하시오. $\left(\text{단, } 0<f(\alpha)<\dfrac{\pi}{2},\ p,\ q\text{는 서로소인}\right.$

자연수이다. $\Big)$ [4점]

최고차항의 계수가 $a\,(a>0)$인 이차함수 $f(x)$에 대하여 $g(x)=f'(x)\ln f(x)$ 이 다음 조건을 만족시킨다.

> (가) $f(0)=f(2)$
> (나) 모든 실수 x에 대하여 $f'(x)\{g(x)-f'(x)\}\geq 0$이다.

함수 $f(x)$의 최솟값을 m이라 할 때, $\displaystyle\int_{m}^{b}g(x)dx \geq 0$을 만족시키는 실수 b의

최댓값은 $pe+q$이다. p^2+q^2의 값을 구하시오. (단, $b<m$, p, q는 정수이다.) [4점]

$f(0)=1$, $f'(0)=0$인 사차함수 $f(x)$와 함수 $g(x)=\dfrac{ax}{x^2+1}$가 다음 조건을 만족시킨다.

(가) 함수 $f(x)$의 치역은 $\{y\,|\,y\le M\}$이고 방정식 $f(x)=1$의 서로 다른 실근의 개수는 2이며 $x>0$에서 부등식 $f(x)-x\ge 1$의 해가 존재한다.

(나) 함수 $|f(x)-g(f(x))|$는 $x=\alpha$에서 미분가능하지 않다.

(다) 함수 $|kg(x)-f(kg(x)-1)|$는 $x=\beta$에서 미분가능하지 않다.

α의 개수가 5가 되도록 하는 함수 $g(x)$에 대하여 $|k|>1$이면 β의 개수가 3이다. $f(b)=M$일 때, $g(b)=\dfrac{q}{p}$이다. $p+q$의 값을 구하시오. (단, p, q는 서로소인 자연수이다.) [4점]

53 함수 $g(x)=-\dfrac{2e^x}{e^{2x}+1}+k$에 대하여 함수 $f(x)$를

$$f(x)=x^2+g(t)$$

라 하자. 모든 실수 t에 대하여 방정식 $f(f(x))=x$의 실근의 개수가 2일 때, $80k^2$의 값을 구하시오. [4점]

54 함수 $f(x)=x^2-1$와 실수 전체의 집합에서 미분가능한 역함수가 존재하는

함수 $g(x)=2e^{ax^3+bx}-1$이 있다. 함수 $g(x)$의 역함수 $g^{-1}(x)$에 대하여 함수 $h(x)$를

$$h(x)=\begin{cases}(f\circ g^{-1})(x) & (x<0 \text{ or } x>1)\\[2mm] x^2+cx & (0\leq x\leq 1)\end{cases}$$

이라 하자. 함수 $h(x)$는 실수 전체의 집합에서 미분가능하다. $\ln(g(2)+1)$의 값을 구하시오.
(단, a, b, c는 상수이고 $a>0$이다.) [4점]

최고차항의 계수가 1인 다항함수 $f(x)$와 집합 $X=\{x\,|\,x$는 $0,1$이 아닌 모든 실수$\}$에서 정의된 함수 $g(x)=\ln\{xf(x)\}$가 다음 조건을 만족시킨다.

(가) $\displaystyle\lim_{x\to 1}\frac{(x-1)^3}{f(x)}$ 이 존재한다.

(나) 방정식 $f(x)=0$의 실근은 0과 1뿐이고 허근은 존재하지 않는다.

(다) 함수 $|xg'(x)|$는 $x=\dfrac{1}{2}$에서 연속이고 미분가능하지 않다.

함수 $g(x)$의 극대점이 $(\alpha,\,k)$라 할 때, $\alpha\times e^{-k}$의 값을 구하시오. [4점]

56 양수 k에 대하여 $x > 0$에서 정의된 함수 $f(x) = k(x+1)e^{-x}$의 역함수를 $g(x)$라 하자. 두 곡선 $y = f(x)$와 $y = g(x)$의 교점의 개수가 1이기 위한 k의 최댓값은? [4점]

① 1

② $\dfrac{\sqrt{5}+1}{2}$

③ $e^{\frac{\sqrt{5}+1}{2}}$

④ $\dfrac{\sqrt{5}+1}{2}e^{\frac{\sqrt{5}-1}{2}}$

⑤ $\dfrac{\sqrt{5}-1}{2}e^{\frac{\sqrt{5}+1}{2}}$

57 실수 k에 대하여 함수

$$f(x) = e^x + ex + k$$

의 역함수를 $g(x)$라 하자. 방정식

$$\{f'(g(x)) - e\}\{2f'(x) - 2e^x + x^2 - e\} = x[\{f'(g(x)) - e\}^2 + e]$$

가 닫힌구간 $[1,\ e]$에서 실근을 갖기 위한 k의 최솟값을 m, 최댓값을 M이라 할 때, $M + m$의 값은? [4점]

① e ② $1 - e$ ③ $2e - 1$

④ $2 - 3e$ ⑤ $-e$

58 최고차항의 계수가 1인 사차함수 $f(x)$와 최고차항의 계수가 양수인 삼차함수 $g(x)$가 다음 조건을 만족시킨다.

> (가) 방정식 $f(x) - g(x) = 0$의 실근은 $x = 0$과 $x = \alpha$ 뿐이다. (단, $\alpha \neq 0$)
> (나) 모든 실수 x에 대하여 $f(x) \geq g(x)$이다.
> (다) $\displaystyle\lim_{x \to 0} \frac{f(\sin x)}{g(1 - \cos x)} = -1$

$f(\alpha)$의 값은? [4점]

① 13   ② 14   ③ 15   ④ 16   ⑤ 17

59 실수 a에 대하여 $f(a) > 0$이고, 최고차항의 계수가 -1인 삼차함수 $f(x)$가 있다.
구간 (a, ∞)에서 정의된 함수 $g(x)$를

$$g(x) = \frac{f(x)}{x-a}$$

라 할 때, 두 함수 $f(x)$, $g(x)$가 다음 조건을 만족시킨다.

(가) 함수 $f(x)$는 $x = \dfrac{5}{3}$에서 극솟값을 갖는다.

(나) 곡선 $y = f(x)$위의 점 $(1, f(1))$에서의 접선과 점 $(5, f(5))$에서의 접선은
　　점 $(a, 0)$을 지난다.

(다) 방정식 $|g(x)| + g(t) = 0$이 서로 다른 세 실근을 갖게 하는 실수 t의 개수는
　　2이다.

$f(1) < 0$일 때, $f(a) - f'(a)$의 값을 구하시오. [4점]

60 최고차항의 계수가 a $(a > 0)$인 삼차함수 $f(x)$는 다음 조건을 만족시킨다.

> (가) $f(0) = f(k) = f'(k) = 0$이다.
>
> (나) $\displaystyle\int_0^k f(x)dx = 1$
>
> (다) $x_1 < x_2$인 임의의 두 실수 x_1, x_2에 대하여 $f(x_2) - f(x_1) + 3ax_2 - 3ax_1 \geq 0$이다.

$f(6)$의 최솟값을 구하시오. (단, $k \neq 0$) [4점]

61 최고차항의 계수가 1인 삼차함수 $f(x)$와 함수 $f(x)$를 평행이동하여 얻은 함수 $g(x)$는 다음 조건을 만족시킨다.

> (가) 1이 아닌 모든 실수 x에 대하여 $f(\pi^x) > f(\pi)$이다.
>
> (나) 임의의 실수 x에 대하여 $f'(x)$의 최솟값이 $-\dfrac{16}{27}\pi^2$이다.
>
> (다) 함수 $h(x) = \begin{cases} f(x) & (x < 0) \\ g(x) & (x \geq 0) \end{cases}$ 는 실수 전체에서 미분가능하고 역함수를 갖는다.

이때, $h\left(\dfrac{5}{9}\pi\right) - h\left(-\dfrac{\pi}{3}\right) = \dfrac{q}{p}\pi^3$이다. $q-p$의 값을 구하시오. (단, p, q는 서로소인 자연수이다.)

[4점]

62 최고차항의 계수가 $\dfrac{1}{8}$인 사차함수 $f(x)$에 대하여 함수 $g(x)=e^{f(x)}-f(x)$는 다음 조건을 만족시킨다.

> (가) $g(1)=1$
> (나) 함수 $g(x)$는 $x=\alpha$, $x=0$, $x=\beta$ $(\alpha<0<\beta)$에서만 극값을 갖는다.
> (다) 함수 $y=|g(x)-g(\gamma)|$가 미분가능하지 않은 점의 개수가 1이 되는 γ $(\gamma>\beta)$가 존재한다.

$f(\gamma)=2$일 때, $f(5\beta)$의 값을 구하시오. [4점]

63 $-\dfrac{\pi}{2} < x < \dfrac{\pi}{2}$ 에서 증가하고 미분가능한 함수 $f(x)$는 곡선 위의 점 $\left(0, \dfrac{1}{2}\right)$에서 x축에 평행한 접선을 갖는다. 상수 a와 함수 $f(\tan x)$의 역함수 $g(x)$가 다음 조건을 만족시킨다.

$$
\begin{array}{l}
\text{(가) 함수 } g(x) \text{는 } x \neq a \text{인 모든 실수 } x \text{에서 미분가능하다.} \\
\text{(나) } g(0) + g(1) = 0 \\
\text{(다) } \displaystyle\lim_{x \to 0} \frac{g(x+1) - \dfrac{\pi}{4}}{g(x) + \dfrac{\pi}{4}} = \dfrac{1}{2}
\end{array}
$$

$f'(-1) = 2$일 때, $f'(2a)$의 값을 구하시오. [4점]

64 함수 $f(x) = \begin{cases} x\,e^x & (x < 0) \\ x\,e^{-x} & (x \geq 0) \end{cases}$ 의 실수 a에 대하여

$$f(a) - f(t) = f'(a)(a - t)$$

를 만족시키는 서로 다른 실수 t의 개수를 $g(a)$라 하자. 함수 $g(a)$가 $a = \alpha$에서 불연속인 모든 α를 작은 수부터 크기순으로 나열한 것을 α_1, α_2, $\cdots$, α_m(m은 자연수)라 할 때, $f(\alpha_m) - f(\alpha_1)$의 값은? [4점]

① $\dfrac{4}{e}$　　　② $\dfrac{3}{e^2}$　　　③ $\dfrac{1}{e^2}$　　　④ $\dfrac{4}{e^2}$　　　⑤ $\dfrac{5}{e}$

65 최고차항의 계수가 1인 사차함수 $f(x)$에 대하여 함수 $g(x)$는

$$g(x)= \begin{cases} xf(x) & (x \geq 0) \\ xf(-x) & (x < 0) \end{cases}$$

이고 $g(x)$의 역함수를 $h(x)$라 할 때, $g(x)$와 $h(x)$는 다음 조건을 만족시킨다.

(가) 함수 $|g(x)-h(x)|$는 실수 전체에서 미분가능하다.

(나) 방정식 $g(x)-h(x)=0$의 근을 작은 수부터 차례대로 나열하면 α_1, α_2, α_3 이다.

(다) $k(x)=\{h(x)\}^2$이라 할 때, $k'(\alpha_3)=\dfrac{4}{3}$이다.

$f(1)=2$일 때, $9f(2)$의 값을 구하시오. [4점]

최고차항의 계수가 1인 이차함수 $f(x)$에 대하여 함수 $g(x)$를

$$g(x)= f(x)e^{x-1}$$

이라 하자.

실수 t에 대하여 함수 $y=|g(x)-g(t)|$가 미분가능하지 않은 실수 x의 개수를 $h(t)$라 할 때, 함수 $h(t)$는 $t=\alpha$에서만 불연속이고 $g(\alpha)=2$이다. 함수 $y=|g(x)-t|$가 미분가능하지 않은 실수 x의 개수를 $k(t)$라 하자. 함수 $k(t)$가 불연속인 t의 값을 크기가 작은 수부터 차례로 $\beta_1,\ \beta_2,\ \cdots,\ \beta_n$이라 할 때, $\beta_n \times f(\alpha-\beta_1)$의 값을 구하시오. [4점]

67 자연수 n에 대하여 열린구간 $(3n-3,\ 3n)$에서 함수

$$f(x)= (2x-3n)\cos 2x + (2x^2 - 6nx + 4n^2 - 1)\sin 2x$$

가 $x = \alpha$에서 극대 또는 극소가 되는 모든 α의 개수를 a_n이라 하자.

$a_m = 1$이 되도록 하는 자연수 m을 작은 수부터 크기순으로 나열한 것을 $m_1,\ m_2,\ m_3,\ \cdots$이라

할 때, $\displaystyle\sum_{k=1}^{m_2} a_k$의 값은? (단, $\pi \fallingdotseq 3.14$) [4점]

① 29   ② 31   ③ 33   ④ 35   ⑤ 37

68 함수 $p(x)=\ln(ax+2)$와 함수 $q(x)=b\left(x+\dfrac{1}{a}\right)^2+c$에 대하여 열린구간 $\left(-\dfrac{2}{a},\ \infty\right)$에서 정의된 함수 $f(x)$는

$$f(x)=\begin{cases} p(x) & (p(x) \geq q(x)) \\ q(x) & (p(x) < q(x)) \end{cases}$$ 이고 정의된 구간에서 연속이다.

$\displaystyle\lim_{h\to 0}\dfrac{f(k+h)-f(k-h)}{h}=0$을 만족시키는 모든 실수 k의 값의 합이 0일 때, c의 값은?

(단, $a>0$, $b<0$) [4점]

① $\ln 3$　　② $\ln 3+\dfrac{1}{6}$　　③ $\ln 3+\dfrac{1}{3}$　　④ $\ln 3+\dfrac{1}{2}$　　⑤ $\ln 3+1$

69 최고차항의 계수가 1인 삼차함수 $f(x)$와 함수 $g(x) = e^x f(x)$는 다음 조건을 만족시킨다.

> (가) $g(x)$는 $x = 0$에서 극값을 갖는다.
> (나) $|g(x) - g(2)|$는 $x = a\ (a < 0)$에서만 미분가능하지 않다.
> (다) $0 \leq x_1 < x_2 \leq 2$인 임의의 두 실수 x_1, x_2에 대하여
> $$g(x_2) - kx_2 \leq g(x_1) - kx_1 \text{이다.}$$

이때, k의 최솟값을 m이라 하면 $g(2) \times m = -pe^q$이다. $p^2 + q^2$의 값을 구하시오. (단, p, q는 자연수이다.) [4점]

70 이차함수 $f(x)$와 음이 아닌 두 실수 a, b에 대하여 실수 전체의 집합에서 정의된 함수 $g(x)$는

$$g(x)=\ln(f(x)+a)+e^{-f(x)}-b$$

이다. 함수 $f(x)$와 $g(x)$가 다음 조건을 동시에 만족시킨다.

> (가) $f(1)=f'(1)=0$
> (나) 모든 $x_1,\ x_2\in[c,\ \infty)$에 대하여 $(x_1-x_2)(g(x_1)-g(x_2))\geq 0$을 만족시키는 상수 c의 최솟값은 2이다.
> (다) 모든 실수 x에 대하여 $g(x)\geq 0$이다.

이때, a와 b의 곱 ab의 최댓값이 $p\left(e^2-\dfrac{1}{e^2}\right)+q$이다. $f(pq)$의 값을 구하시오.

(단, $f(x)$의 최고차항의 계수와 p, q는 정수이다.) [4점]

71

그림과 같이 사각형 ACDB 가 한 원에 내접하고 있다.

$\overline{CD} = \sqrt{7}$ 이고, $\angle CBD = \alpha$, $\angle ADC = \beta$라 할 때, $\cos\alpha = \dfrac{3}{4}$, $\sin\beta = \dfrac{3}{4}$ 이다.

선분 AC와 점 D를 포함하지 않는 호 AC에 내접하는 원 T의 넓이의 최댓값이 $\pi\left(\dfrac{q}{p} - \dfrac{\sqrt{7}}{2}\right)$일 때, $p+q$의 값을 구하시오. (단, p, q는 서로소인 자연수이고 $\angle CBD = \alpha$, $\angle ADC = \beta$은 예각이다.) [4점]

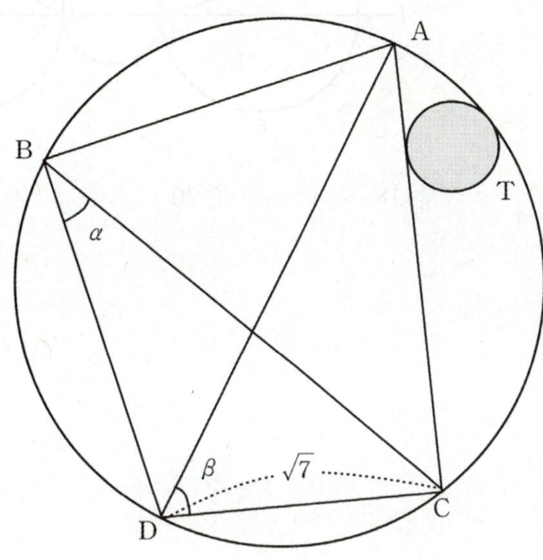

72 그림과 같이 직선 l 위에 중심이 있고 반지름의 길이가 각각 2, 1, 2인 세 원 C_1, C_2, C_3가 있다.

두 원 C_1과 C_2는 점 M에서만 만나고 두 원 C_2와 C_3는 점 N에서만 만난다.

원 C_1 위의 점 P와 원 C_3 위의 점 Q에 대하여 직선 MP와 직선 NQ의 교점을 R이라 하면

$\angle\mathrm{PRQ}=\theta$이다. $\overline{\mathrm{MP}}\times\overline{\mathrm{NQ}}\times\cos\theta$의 최댓값을 M, 최솟값을 m이라 하자. $M-m$의 값은?

[4점]

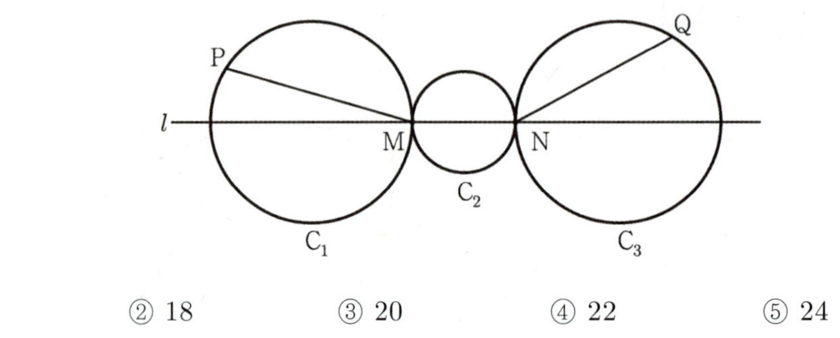

① 16 ② 18 ③ 20 ④ 22 ⑤ 24

실수 전체의 집합에서 미분가능한 함수 $f(x)$가 모든 실수 x에 대하여 다음 조건을 만족시킨다.

(가) $f(x) > 0$

(나) $\{f(x)\}^3 = \dfrac{2x\,f(x)}{x^2+1} + af(x) - 2$

실수 a의 최솟값을 구하시오. [4점]

74 $g(x)-ue^{x} \quad e^{bx} \left(-\dfrac{1}{4} \leq r < \dfrac{1}{4}\right)$인 함수 $g(x)$가 $g(x+1)=g(x)+\dfrac{18}{2+\cos x}$을

만족시킨다. 함수 $f(x)=\dfrac{|x-1|}{e^{|x|}}$에 대하여 함수 $h(x)$가 $h(x)=(g \circ f)(x)$일 때,

함수 $h''(x)$는 실수 전체의 집합에서 연속이다. 이때, $a \times b \times g(1)$의 값을 구하시오. (단, a, b는 양의 실수이다.) [4점]

75 이차함수 $f(x)$에 대하여 실수 전체의 집합에서 정의된 함수

$$g(x) = \frac{1}{2}x + \ln f(x)$$

가 다음 조건을 만족시킨다.

(가) 함수 $|\,g(x) - 3\ln 2\,|$ 는 실수 전체의 집합에서 미분가능하다.
(나) 모든 실수 x에 대하여 $g'(x) - g'(2) \leq 0$이 성립한다.

$\dfrac{f(-4)}{e}$ 의 값을 구하시오. [4점]

76 양의 실수 전체의 집합에서 정의된 함수

$$f(x)= \begin{cases} e^x - 1 & (0 < x \le 2) \\ \sqrt{x-2} + t & (x > 2) \end{cases}$$

와 함수 $g(x) = ax - 1$이 있다. 모든 양의 실수 x에 대하여 $(x-2)\{f(x) - g(x)\} \le 0$를 만족시키는 a의 최댓값을 $h(t)$라 하자. 함수 $h(t)$의 정의역이 $\{t \mid t \le \alpha\}$일 때, α의 최댓값은? (단, a, t는 실수) [4점]

① $\dfrac{1}{10}$ ② $2e - \dfrac{1}{4e} - 1$ ③ 1

④ $2e - \dfrac{1}{4e}$ ⑤ $2e + \dfrac{1}{4e}$

77 함수 $f(x)$가 다음 조건을 만족시킨다.

> (가) $f(x)=\dfrac{5x}{x^2+1}\ (-2 \le x < 2)$
>
> (나) 모든 실수 x에 대하여 $f(x)=f(x+4)$이다.

함수 $f(x)$와 최고차항의 계수가 1인 사차함수 $g(x)$에 대하여 함수 $|g(|f(x)|)|$가 열린구간 $(4n,\ 4n+4)$에서 미분가능하다. $g(0)=g(2)=0$이고 $g(-1)>30$일 때, $g(1)$의 최댓값을 M이라 하자. $4M^2$의 값을 구하시오. (단, n은 정수이다.) [4점]

실수 전체의 집합에서 미분가능한 함수 $f(x)$가 다음 조건을 만족한다.

(가) $f(x) = \sin x \ (\,|x| \leq p)$

(나) $f(x + 2p) = f(x) + 2\sin p$

(다) $f(x)$의 모든 극값의 곱은 0이다.

방정식 $f(x) = 0$의 양수인 해의 개수가 3일 때 $p = p_1$, 해의 개수가 7일 때 $p = p_2$라 하자.

이때, $\cos(p_1 - p_2) = \dfrac{3\sqrt{a} + b}{32}$ 이다. 자연수 a, b의 합 $a + b$의 값을 구하시오.

(단, $0 \leq p < \pi$) [4점]

79   함수 $f(x)=\left|\,e^x-1\,\right|$ 과 다음 조건을 만족하는 사차함수 $g(x)$가 있다.

$$g(2)\times g(3) \leq 0$$

함수 $f(x)-f(g(x))$가 모든 실수 x에서 미분가능할 때, $g(-1)$의 최솟값을 m, 최댓값을 M이라 한다. $4(M-m)$의 값을 구하시오. [4점]

다음 그림은 $y = \dfrac{3\sqrt{2}}{4(x^2+1)}$ 의 그래프를 나타낸 것이다.

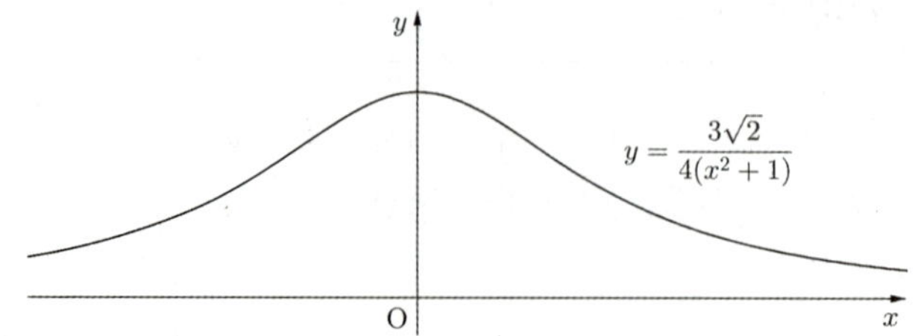

위 그래프를 원점을 중심으로 시계방향으로 $45°$ 회전시킨 함수를 $f(x)$라 하고
함수 $g(x) = x^3 - x^2 - 4x + 4$라 할 때, 함수 $f(x)$와 $g(x)$에 대하여 함수 $p(x)$와 $q(x)$을

$$p(x) = g(f(x)), \quad q(x) = f(g(x))$$

라 하자. $\displaystyle\lim_{x\to\infty} \dfrac{p(x)+q(x)}{g(x)} = a$, $\{p(q(a+1))\}' = b$일 때, $a+b$의 값을 구하시오. [4점]

최고차항의 계수가 양수인 사차함수 $f(x)$에 대하여 함수 $g(x)$, $h(x)$, $p(x)$, $q(x)$는 다음과 같이 정의된다.

$$g(x)=\begin{cases} f(x) & (x \geq 0) \\ -h(x) & (x < 0) \end{cases}, \qquad h(x)=\begin{cases} g(x-1) & (x \geq 0) \\ -g(-x) & (x < 0) \end{cases}$$

$$p(x)=\begin{cases} f(x) & (f'(x) \geq 0) \\ q(x) & (f'(x) < 0) \end{cases}, \qquad q(x)=\begin{cases} f(x) & (f'(x) \geq 0) \\ \{p(x)\}^2 + p(x) - 4 & (f'(x) < 0) \end{cases}$$

함수 $h(x)$는 실수 전체의 집합에서 미분가능하고 함수 $p(x)$는 실수 전체의 집합에서 연속이다. 이때, $f(2)$의 값을 구하시오. [4점]

랑데뷰
N 제

하루 중 90%는 겸손하게 10%는 자신있게...

3

적분법

82 상수 $a\ (0 < a < 5)$에 대하여 실수 전체에서 도함수가 연속인 함수 $f(x)$가 다음 조건을 만족시킨다.

(가) $f'(x) = |\sin x|$

(나) 모든 실수 t에 대하여

$$\int_0^t f(x)dx = \int_{3\pi}^{t+3\pi} \{f(x) - a\}dx \text{ 이다.}$$

$f(0) = 0$이고 $f(0) < f(2\pi)$일 때, $a \times \displaystyle\int_{6\pi}^{\frac{19\pi}{2}} f(t)dt$의 값은? [4점]

① $44\pi - 1$ ② $45\pi - 2$ ③ $46\pi - 3$ ④ $47\pi - 4$ ⑤ $48\pi - 5$

자연수 n 에 대하여 함수 $f_n(x) = \int_0^{\frac{\pi}{2}} (x\sin t + \cos 2nt)^2\, dt$ 일 때, 모든 실수 x 에 대하여 $f_1(x) \geq cx^2$ 을 만족하는 c 의 최댓값을 k 라고 하자. $g_n(x) = f_n(x) - kx^2$ 에서 $g_n(x)$ 를 최소로 하는 x 를 a_n 이라고 하고 $S_n = \sum_{i=1}^{n} a_i$ 이라 할 때, $\lim_{n \to \infty} S_n = m$ 이다. $\dfrac{16}{\pi} \times m$ 의 값을 구하시오. [4점]

84 양수 t에 대하여 함수 $f(x)$를

$$f(x) = (\,|\,x-1\,|\,-t)e^x$$

이라 하자. 실수 전체의 집합에서 미분가능하고 다음 조건을 만족시키는 모든 함수 $F(x)$에 대하여 $F(0)$의 최솟값을 $m(t)$라 하자.

> 임의의 실수 x에 대하여 $F(x) = \displaystyle\int f(x)\,dx$ 이고 $F(x) + f(x) \geq 0$ 이다.

$m\left(\dfrac{3}{2}\right) - m\left(\dfrac{1}{3}\right) = pe^2 + qe + r$일 때, $-36(p+q+r)$의 값을 구하시오. (단, $\displaystyle\lim_{x \to -\infty} xe^x = 0$이고, p, q 와 r는 유리수이다.) [4점]

85

실수 전체의 집합에서 연속인 함수 $f(x)$와 함수 $g(x) = \begin{cases} \dfrac{\cos(\pi x)+1}{2} & (-1 \leq x \leq 1) \\ 0 & (x > 1\,,\, x < -1) \end{cases}$ 가

상수 p에 대하여 다음 조건을 만족시킨다.

자연수 n에 대하여 $-\dfrac{1}{n} \leq x \leq \dfrac{1}{n}$에서 증가하는 함수 $f(x)$의 최댓값이 M, 최솟값이

m일 때, $\dfrac{m}{p} \leq n \displaystyle\int_{-1}^{1} g(nx)f(x)\,dx \leq \dfrac{M}{p}$ 이다.

함수 $h(x) = \begin{cases} g'(x) & (-1 \leq x \leq 1) \\ 0 & (x > 1\,,\, x < -1) \end{cases}$ 에 대하여 $\displaystyle\lim_{n \to \infty} n^2 \int_{-1}^{1} h(nx)\ln(1+e^{x+1})\,dx$ 의 값을

α 라 할 때, $\dfrac{3(e+1)}{e}\alpha + 5p$의 값을 구하시오. [4점]

양수 k $\left(0 < k < \dfrac{3}{2}\right)$에 대하여 함수 $f(x)$를

$$f(x) = (x-k)e^{-|x|}$$

라 하자. 실수 전체의 집합에서 미분가능하고 다음 조건을 만족시키는 모든 함수 $F(x)$에 대하여 $F(0)$의 최솟값을 $g_1(k)$, 최댓값을 $g_2(k)$라 하자.

> 모든 실수 x에 대하여 $F'(x) = f(x)$이고 $0 \leq F(x) + f(x) < 4$이다.

$g_1\left(\dfrac{1}{4}\right) - g_1\left(\dfrac{1}{2}\right) + g_2\left(\dfrac{5}{4}\right) = p\,e^q$일 때, $\dfrac{p}{q^2}$의 값을 구하시오. (단, p와 q는 유리수이다.) [4점]

87 그림과 같이 양의 실수 전체 집합에서 감소하고 미분가능한 함수 $f(x)$와 양의 실수 t에 대하여 곡선 $y = te^{-x}$의 그래프의 교점의 y좌표를 $g(t)$라 하자.

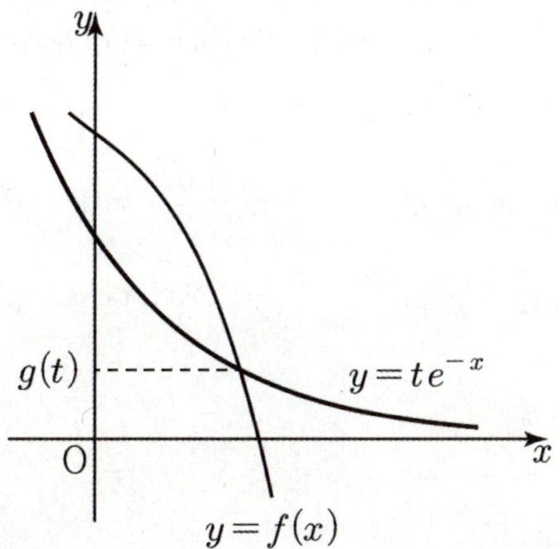

$f(\ln 3) = 2$, $f(\ln 5) = 1$, $\displaystyle\int_{5}^{6} \frac{\ln|g(t)|}{t}\,dt = -6(\ln 2)^2$일

때, $\displaystyle\int_{\ln 3}^{\ln 5} \ln|f(x)|\,dx = \frac{q}{p}(\ln 2)^2$이다. $p+q$의 값을 구하시오. (단, p와 q는 서로소인 자연수이다.) [4점]

$0 < x < \pi$에서 정의된 두 함수 $f(x)= \sin 2x$, $g(x)= \dfrac{a}{\sin x}$ $(a > 0)$의 그래프가

점 $\mathrm{B}(b, f(b))$에서 접한다. 곡선 $y = g(x)$와 직선 $y = f(b)$가 만나는 점 중 B가 아닌 점을 C라 할 때, 점 C의 x좌표는 c이다. 곡선 $y = g(x)$와 두 직선 $x = b$, $x = c$ 및 x축으로 둘러싸인 부분의 넓이는? [4점]

① $\dfrac{4\sqrt{3}}{9} \ln(2 + \sqrt{3})$ ② $\dfrac{4\sqrt{3}}{9} \ln(2 - \sqrt{3})$ ③ $\dfrac{2\sqrt{3}}{9} \ln(2 + \sqrt{3})$

④ $\dfrac{2\sqrt{3}}{9} \ln(2 - \sqrt{3})$ ⑤ $\dfrac{4\sqrt{3}}{3} \ln(2 + \sqrt{3})$

일차함수 $f(x)$와 실수 t에 대하여 함수

$$g(x) = f(x)e^{\int_0^x f(t)\,dt}$$

이 다음 조건을 만족시킬 때, $f(-2)$의 값을 구하시오. $\left(\text{단, } \lim_{x \to \infty} g(x) = 0\right)$ [4점]

> (가) 함수 $g(x)$의 최댓값은 $g(0)$이다.
> (나) 실수 k에 대하여 방정식 $|g(x)| = k$의 서로 다른 실근의 개수를 $h(k)$라 할 때, 함수 $h(k)$가 불연속인 모든 k의 합은 2이다.

90 매개변수 t로 나타내어진 곡선

$$x = t - \sin t, \quad y = 1 - \cos t \ (0 < t < 2\pi)$$

위의 점 $t = a \ (0 < a < 2\pi)$에서의 접선을 l이라 할 때, 직선 l의 y절편을 $f(a)$라 하자. $\displaystyle\int_{\frac{\pi}{3}}^{\frac{2\pi}{3}} (1 - \cos a) f'(a)\, da$의 값은? [4점]

① $\dfrac{\pi^2}{6} - 1$ 　　② $\dfrac{\pi^2}{4} - 1$ 　　③ $\dfrac{\pi^2}{3} - 1$ 　　④ $\dfrac{\pi^2}{2} - 1$ 　　⑤ $\pi^2 - 1$

91 실수 전체 집합에서 미분가능한 함수 $f(x)$는 $f(0)=0$이고 모든 실수 x에 대하여 $f'(x)>0$이다. 함수 $f(x)$에 대하여 함수 $g(x)$가

$$g(x)=\int_0^x \sqrt{1+\left(\frac{d}{dt}f^{-1}(t)\right)^2}\,dt-\int_0^x \sqrt{1+\left(\frac{d}{dt}f(t)\right)^2}\,dt$$

가 $g(3)=g'(3)=0$을 만족시킬 때, $f'(3)+f^{-1}(3)$의 값을 구하시오. [4점]

최고차항의 계수가 양수이고 두 극값의 차가 2인 삼차함수 $f(x)$와 두 정수 a $(a > 0)$, b에 대하여 실수 전체의 집합에서 연속인 함수 $g(x)$를

$$g(x) = \frac{f(x) + b}{\{f(x)\}^2 + a}$$

라 할 때, x에 대한 방정식 $g(x) = t$의 서로 다른 실근의 개수를 $n(t)$라 하자. $n(t) = 2$가 되도록 하는 실수 t의 개수는 2일 때, $a + b$의 값을 구하시오. [4점]

93   그림과 같이 길이가 2인 선분 AB를 지름으로 하는 반원의 호 AB위에 서로 다른

세 점 P, Q, R를 $\overline{BP}=\overline{PQ}=\overline{QR}$가 되도록 잡는다. 직선 AB에 수직이고 점 R를 지나는 직선이

선분 AP와 만나는 점을 C라 하고 R에서 선분 AP에 내린 수선의 발을 D라 하자.

$\angle PAB=\theta$일 때, 삼각형 APR의 넓이를 $f(\theta)$, 삼각형 CDR의 넓이를 $g(\theta)$라 하자.

$\displaystyle\int_0^{\frac{\pi}{6}} \frac{g(\theta)}{\{f(\theta)\}^2}\,d\theta$의 값은? [4점]

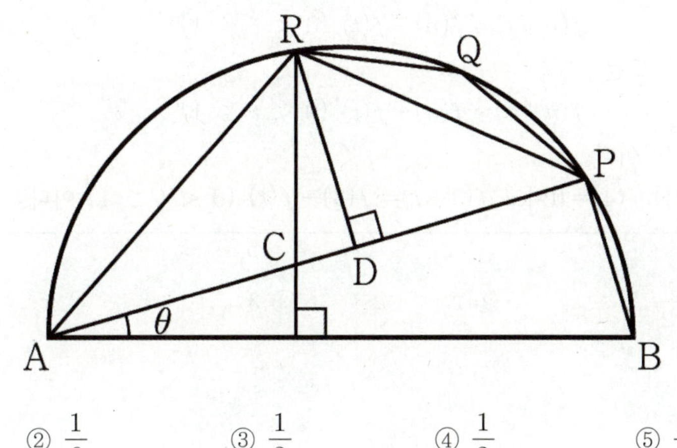

① $\dfrac{1}{12}$ ② $\dfrac{1}{6}$ ③ $\dfrac{1}{3}$ ④ $\dfrac{1}{2}$ ⑤ $\dfrac{3}{4}$

닫힌구간 $[0, 4]$에서 연속이고 다음 조건을 만족시키는 모든 함수 $f(x)$에 대하여 $\left| \int_0^4 f(x)dx \right|$의 최솟값은? [4점]

> (가) $0 \le x \le 1$일 때, $f(x) = \sin\left(\dfrac{3\pi}{2}x\right)$이다.
>
> (나) 2이하의 각각의 자연수 n에 대하여
> $$f(n+t) = f(n) + f(t) \ (0 < t \le 1)$$
> 또는
> $$f(n+t) = f(n) - f(t) \ (0 < t \le 1)$$
> 이다.
>
> (다) $f(4) = 0$이고 $f(3+t) = f(3) - f(t) \ (0 < t \le 1)$ 이다.

① $\dfrac{\pi}{2}$　　　② 2　　　③ 3　　　④ π　　　⑤ 4

95   양수 k $(1 \le k < e)$에 대하여 $f(x) = x\ln(k + x^2)$의 역함수를 $g(x)$라 하고, 두 곡선 $y = f(x)$, $y = g(x)$가 만나는 점의 x좌표를 작은 수부터 크기순으로 나타내면 a_1, a_2, a_3이라 하자.

$$\int_{a_1}^{a_3} \left| \frac{x}{f'(g(x))} \right| dx = 1 - \ln k$$

일 때, $10k$의 값을 구하시오. [4점]

96　구간 $[0, \infty)$에서 연속이고 $f(x) \neq 0$인 양수 x에 대하여 미분가능한 함수 $f(x)$가 다음 조건을 만족시킨다.

> (가) 구간 $[0, 1]$에서 $f(x) = \sin \pi x$이다.
>
> (나) 모든 자연수 n에 대하여 $0 < x < 2^{n-1}$일 때,
> $$f'\left(\sum_{a=1}^{n} 2^{a-1} + 2x\right) = f'\left(\sum_{a=1}^{n} 2^{a-1} - x\right) \text{이다.}$$
> (단, a는 자연수)

함수 $g(x) = \displaystyle\int_{b}^{x} |f(t)|\, dt$에 대하여 열린구간 $(0, 127)$에서 방정식 $(g^{-1})'(0)g'(x) = 1$의 서로 다른 실근의 개수가 7일 때, $\displaystyle\int_{b}^{0} \pi f(x)\, dx$의 값을 구하시오. (단, b는 유리수이다.) [4점]

97 실수 전체의 집합에서 미분가능한 두 함수 $f(x)$, $g(x)$가 모든 실수 x에 대하여 다음 조건을 만족시킨다.

$$\text{(가)} \quad g(x+1)+g(x) = \frac{\pi x \sin(\pi x)}{e^x}$$

$$\text{(나)} \quad g(x) = \int_0^x \left\{ f(t)e^{-t} - f(t+1)e^{-t} + g(t+1) \right\} dt$$

$\displaystyle\int_0^1 f(x)\,dx = 1$일 때, 자연수 k에 대하여 $\displaystyle\int_1^{k+1} f(x)\,dx = 50$를 만족하는 모든 k의 값의 합을 구하시오. [4점]

양의 실수 전체의 집합에서 증가하고 연속인 함수 $f(x)$ 가 다음 조건을 만족시킨다.

> (가) 모든 양의 실수 x 에 대하여 $f(x) < 0$ 이다.
>
> (나) $t > 1$ 인 임의의 실수 t 에 대하여 세 점 $(0,\ 0)$, $(t-1,\ f(t-1))$, $(t+1,\ f(t+1))$ 을 꼭짓점으로 하는 삼각형의 넓이가 $\dfrac{1}{t}$ 이다.
>
> (다) $\displaystyle\int_1^3 \dfrac{f(x)}{x}\,dx = \ln\dfrac{3}{4}$

$\displaystyle\int_{\frac{7}{3}}^{\frac{19}{3}} \dfrac{f(x)}{x}\,dx = 2\ln\left(\dfrac{q}{p}\right) + \ln\dfrac{7}{19}$ 라 할 때, $q-p$ 의 값을 구하시오. (단, p 와 q 는 서로소인 자연수이다.) [4점]

99 닫힌구간 $[0, \pi]$에서 정의된 함수 $f(x) = \cos x$의 역함수를 $g(x)$라 하자.

$\int_0^x t(2x-t)g''(x-t)dt = x^2 - x$을 만족시키는 실수 x의 값을 α라 할 때, 5α의 값을 구하시오. (단, $\alpha \neq 0$) [4점]

100 닫힌구간 $[-1, 1]$에서 정의된 $g(x) = \dfrac{2x}{x^2+1}$에 대하여 함수 $g(x)$의 역함수를 $g^{-1}(x)$라 하자. 닫힌구간 $[-1, 1]$에서 정의된 함수 $f(x)$가

$$f(x) = \int_{-1}^{1} \left| x - g^{-1}(t) \right| \, dt$$

일 때, $\displaystyle\int_{-1}^{1} \left| x\left(\dfrac{f(x)}{2} - 1 + \ln 2 \right) \right| dx = a\ln 2 + b$이다. $a^2 + b^2$의 값을 구하시오. (단, a, b는 정수이다.) [4점]

101 상수 a, b에 대하여 실수 전체에서 연속인 함수 $f(x)$는 다음 조건을 만족시킨다.

$$(\text{가})\ f(x) = f(x+2)$$

$$(\text{나})\ f(x) = \begin{cases} e^{ax} & (0 \le x < 1) \\ e^{bx+2} & (1 \le x \le 2) \end{cases}$$

함수 $f(x)$에 대하여 $g(x) = \displaystyle\int_{x}^{x+k} f(t)\,dt\ (0 < k < 2)$이고 함수 $h(x) = (x - e + 1)^2 + \dfrac{1}{2}$이다. 두 함수 $h(x)$와 $g(x)$의 합성함수 $h(g(x))$가 $0 < p_1 < p_2 < 2$인 p_1, p_2에서 동일한 극댓값을 가질 때, $(a-b)^2 p_1 p_2$의 값을 구하시오. [4점]

실수 전체의 집합에서 연속인 함수 $f(x)$가 다음 조건을 만족시킨다.

> (가) $x \neq a$인 모든 실수 x에 대하여 $(x-a)f(x) = \sin x$이다.
> (나) 함수 $f(x)$의 $x > 0$에서의 첫 번째 극값을 m이라 할 때, 방정식 $f(x) - m = 0$의
> 실근의 개수는 12개다.

$\displaystyle\int_0^a |\sin x|\, dx = k$일 때, k^2의 최솟값을 구하시오. (단, 중근은 1개의 근이다.) [4점]

103 다음 조건을 만족하는 최고차항의 계수가 1인 삼차함수 $f(x)$에 대하여 실수 전체에서 미분가능한

함수 $g(x)$가 $g(x)=\begin{cases} \dfrac{kx}{2+f(x)} & (x>0) \\ -f(-x) & (x\le 0) \end{cases}$ 이다.

부등식 $\{f(x)-x+2\}\left\{f\left(\dfrac{1}{x}\right)-\dfrac{1}{x}+2\right\}\le 0$의 해집합은 $\{1\}$이다.

$g(x)$의 최댓값을 M이라 할 때, $\displaystyle\int_{g'(-1)}^{k} xg(x)\,dx-\int_{g(-1)}^{M} g(x)\,dx=\alpha$이다. e^{α}의 값을 구하시오.

[4점]

최고차항의 계수가 1인 이차함수 $f(x)$가 $f(2)=0$을 만족시킨다. 함수 $g(x)$가

$g(x)=\left|e^{f(x)}-t\right|-\left|e^{f(x)+\ln 2}-2\right|$ 이고 함수 $g(x)$는 실수 전체의 집합에서 미분가능할 때,

t의 최댓값을 M 이라 하자. $\displaystyle\int_0^M f(x)dx$의 값은? (단, $t>0$) [4점]

① $-\dfrac{2}{3}$　　　　② $\dfrac{1}{3}$　　　　③ $\dfrac{4}{3}$　　　　④ $\dfrac{7}{3}$　　　　⑤ $\dfrac{10}{3}$

105 함수 $f(x)$는 다음 조건을 만족시킨다.

> (가) 모든 실수 x에 대하여 $f(x) > 0$이다.
> (나) $f(x+1) = f(x)$
> (다) $\displaystyle\int_0^1 f(x)dx = 1$

$0 < x < 2$일 때, 함수 $f(x)$에 대하여 함수 $g(x)$를

$$g(x) = \int_{x-1}^{x+1} \{\pi\,|\sin(\pi t)| - |1-t|\,f(t)\}dt$$

라 하자. 함수 $g(x)$의 극댓값을 구하시오. [4점]

106 열린구간 $\left(0, \dfrac{\pi}{2}\right)$에서 정의된 함수 $f(x)=\ln(\tan x)$와 실수 전체의 집합에서 도함수 $g'(x)$가 연속인 함수 $g(x)$가 있다. 함수 $g(x)$는 다음 조건을 만족시킨다.

> (가) $g(1)=-1$
>
> (나) $g(x)+g(1+\sqrt{3}-x)=0$
>
> (다) $\displaystyle\int_{1}^{\sqrt{3}}\dfrac{g(x)}{x^4}dx=\dfrac{8\sqrt{3}-9}{27}$

함수 $h(x)$를

$$h(x)=\int_{0}^{|f(x)|}g'(e^t)dt$$

라 할 때, $\displaystyle\int_{\frac{\pi}{6}}^{\frac{\pi}{3}}\tan^2 x\,h'(x)\,dx$의 값을 구하시오. [4점]

107   0을 제외한 모든 실수에서 연속인 함수 $f(x)$가 있다. 임의의 실수 t에 대하여 함수 $g(x)$를

$$g(x) = \left| \frac{4x}{x^2+1} - t \right| + f(t)$$ 라 할 때, 다음 조건을 만족시킨다.

> (가) $\lim\limits_{x \to 0} f(x)$의 값은 존재한다.
>
> (나) 함수 $g(x)$가 $x = \alpha_n$에서 극값을 가질 때의 모든 $g(\alpha_n)$의 곱은 $\{f(t)\}^2$이다.
>   (단, n은 자연수이고 $g(\alpha_1) = g(\alpha_2) = \beta$일 때, $g(\alpha_1)g(\alpha_2) = \beta^2$이다.)

이때, $\displaystyle\int_0^3 xf(x)dx = -\dfrac{q}{p}$이다. $p+q$의 값을 구하시오. (단, p, q는 서로소인 자연수이다.) [4점]

108 이차함수 $f(x)=x^2+1$와 상수 a, b에 대하여 함수 $g(x)$를

$$g(x)=e^{f(x)}+af(x)+b$$

이라 하자.

실수 t에 대하여 직선 $y=|g(t)|$와 함수 $y=|g(x)|$의 그래프가 만나는 점의 개수를 $h(t)$라 하자. 두 함수 $g(x)$, $h(t)$가 다음 조건을 만족시킨다.

(가) 함수 $g(x)$는 $x=0$에서 극댓값을 갖는다.

(나) 함수 $h(t)$가 $t=k$에서 불연속인 k의 값의 개수는 7이다.

$\displaystyle\int_0^1 f'(x)g(x)dx=\dfrac{1}{2}e^2-2e$ 일 때, $b-a=pe^2+qe$ 이다. p^2+q^2의 값을 구하시오.

(단, p와 q는 유리수이다.) [4점]

109

$x > 0$인 모든 실수에서 정의된 함수 $f(x) = \dfrac{2x^2}{x^2+1} + \ln x$에 대하여 이차함수 $g(x)$와 양수 k는 다음 조건을 만족시킨다.

함수 $h(x) = \left| g(x) - f\left(\dfrac{x}{k}\right) \right|$는 $x = k$에서 최솟값 $\dfrac{1}{2}g(k)$를 갖고,

닫힌구간 $\left[\dfrac{3k}{4}, \dfrac{5k}{4} \right]$에서 최댓값 $\dfrac{7}{25} + \ln(4e)$을 갖는다.

$g\left(\dfrac{k}{2}\right) = p + q\ln 3$ 일 때 $p \times q$의 값을 구하시오. $\left(\text{단, } f''(x) < 0, \ g(k) > 1, \ p, \ q\text{는}\right.$

유리수이고 $\left. 0.51 < \ln\dfrac{5}{3} < 0.52 \right)$ [4점]

$x \neq 0$인 실수에서 정의된 $f(x)$가 미분가능하고

$$x f(x) = (\sin^3\theta + 2)x^3 - \int_1^x f(t)\,dt$$

을 만족한다. 함수 $f(x)$의 최솟값을 $g(\theta)$라 하자.

열린구간 $(0, 2\pi)$에서 정의된 $g(\theta)$에 대하여 실수 t에 대한 함수 $\sqrt{|g(\theta) - t|}$는 $\theta = k$에서 미분가능하지 않다. 이때, 모든 실수 k의 개수를 $h(t)$라 하자. 함수 $h(t)$에 대하여 합성함수 $(s \circ h)(t)$가 실수 전체의 집합에서 연속이 되도록 하는 최고차항의 계수가 1인 삼차함수 $s(x)$가 있다. $h\!\left(\dfrac{\sqrt{3}}{2}\right) = a$, $h(\sqrt{3}) = b$, $h\!\left(\dfrac{3\sqrt{3}}{2}\right) = c$ 라 할 때, $s(a+3) - s(b+2) + c$의 값을 구하시오. [4점]

최고차항의 계수가 1인 사차함수 $f(x)$가 다음 조건을 만족한다.

> (가) 모든 실수 x에 대하여 $3f'(x) = (x+1)f''(x)$이다.
>
> (나) $\displaystyle\int_{-2}^{0}\left\{\tan\left(\frac{x+1}{2}\right)+1\right\}f(x)dx = 0$

$5\times f(1)$의 값을 구하시오. [4점]

실수 t에 대하여 함수 $f(x)$를

$$f(x) = \begin{cases} 2|x-t|-1 & \left(|x-t| \leq \dfrac{1}{2}\right) \\ 0 & \left(|x-t| > \dfrac{1}{2}\right) \end{cases} \text{이라 할 때,}$$

어떤 짝수 k에 대하여 함수

$$g(t) = \int_k^{k+8} f(x)\sin(\pi x)\,dx$$

가 다음 조건을 만족시킨다.

함수 $g(t)$가 $t=\alpha$에서 극대이고 $g(\alpha)>0$인 모든 α를 작은 수부터 크기순으로 나열한 것을 $\alpha_1, \alpha_2, \cdots, \alpha_m$($m$은 자연수)라 할 때, $\displaystyle\sum_{i=1}^{m}\alpha_i = 26$이다.

$k + \pi^2 \displaystyle\sum_{i=1}^{m} g(\alpha_i)$의 값을 구하시오. [4점]

113 $x \geq 0$인 모든 실수 x에서 연속인 함수 $f(x)$가 구간 $[0, 2)$에서

$$f(x)=\begin{cases} e^x - 1 & (0 \leq x < 1) \\ e^{2-x} - 1 & (1 \leq x < 2) \end{cases}$$

이고 1이 아닌 실수 r과 모든 자연수 n에 대하여 $f(x)=\dfrac{f(x-2n)}{r^n}$ $(2n \leq x < 2n+2)$을 만족시킨다.

실수 r이 수열 $\{a_m\}$에 대하여 다음 조건을 만족시킬 때, 함수 $y=f(x)$의 그래프의 $y \geq 0$인 부분과 x축으로 둘러싸인 부분의 넓이는 $\dfrac{q}{p}(e-2)$이다. $p+q$의 값을 구하시오.
(단, p와 q는 서로소인 자연수이다.) [4점]

(가) $\displaystyle\sum_{m=1}^{\infty} a_m = r$

(나) 모든 자연수 m에 대하여 $\displaystyle\sum_{k=1}^{m} (r \times a_k)= a_m + 4$이다.

114 실수 전체의 집합에서 연속이고 $f(1)=1$인 함수 $f(x)$가 다음 조건을 만족시킨다.

(가) $f(x)=\displaystyle\int_{1}^{x+1}\cos(2\pi f(t))dt$ (단, $-1\leq x \leq 1$)

(나) 모든 실수 x에 대하여 $f(x)+f(-2-x)=2f(-1)$

$\displaystyle\int_{-3}^{2}f(x)dx-f(-4)$의 값을 구하시오. [4점]

115 $f(x) > 0$인 실수 전체의 집합에서 미분가능한 함수 $f(x)$가 다음 조건을 만족시킬 때, $f(1)$의 값은? [4점]

> (가) 모든 실수 x에 대하여 $\dfrac{f'(x)}{2\{f(x)\}^3} = \dfrac{2f'(2x-1)}{\{f(2x-1)\}^3}$ 이다.
>
> (나) $f(2) = 1$, $f(9) = 2$

① $\sqrt[3]{7}$ 　　　② $\dfrac{\sqrt{7}}{3}$ 　　　③ $\sqrt{7}$

④ $\dfrac{\sqrt{7}}{4}$ 　　　⑤ $\dfrac{\sqrt[4]{7}}{4}$

116 두 함수 $f(x)$와 $g(x)$가

$$f(x) = \begin{cases} 1 & (x \le 0) \\ e^x & (x > 0) \end{cases}, \ g(x) = \begin{cases} 0 & (x \le 0) \\ x & (x > 0) \end{cases} \text{ 이다.}$$

양의 실수 $a, \ b, \ c \ (a < b < 2)$에 대하여, 함수 $h(x)$와 $k(x)$를

$$h(x) = \frac{f(x)f(x-2)}{f(x-a)f(x-b)},$$

$$k(x) = c\left\{ g(x) - g\left(x - \frac{1}{2}\right) - g\left(x - \frac{3}{2}\right) + g(x-2) \right\} + 1$$

라 정의하자. 모든 실수 x에 대하여 $1 \le h(x) \le k(x)$이다.

$\displaystyle\int_a^b \{k(x) - h(x)\}dx$의 값이 최소일 때, $\displaystyle\int_0^2 \{k(x) - h(x)\}dx$의 최솟값을 m이라 한다.

$b - a$의 값이 최대일 때, $3(a+b+c) + 4m$의 값을 구하시오. [4점]

117 닫힌구간 $[0,\ 2]$에서 정의된 함수 $f(x)$가 다음 조건을 만족시킨다.

> (가) 두 상수 $a,\ b\left(b \geq \dfrac{1}{4}\right)$에 대하여 닫힌구간 $[0,\ 1]$에서 $f(x) = (x^2 + ax + b)e^x$이다.
>
> (나) $1 \leq x \leq 2$인 모든 실수 x에 대하여 $f(x) - ef(x-1) = 0$이다.

닫힌구간 $[1,\ 2]$에서 함수

$$g(x) = \int_0^x f(t)\,dt$$

의 최댓값을 α라 할 때, $\dfrac{\alpha}{e+1} = -2e$이다. $f(2)$의 값은? [4점]

① $-\dfrac{5}{2}e^2$ ② $-\dfrac{11}{4}e^2$ ③ $-3e^2$

④ $-\dfrac{13}{4}e^2$ ⑤ $-\dfrac{7}{2}e^2$

118 최고차항의 계수가 1인 이차함수 $f(x)$에 대하여 $g(x)=e^{-f(x)}$라 하자. 실수 t에 대하여 $y=g(x)$ 위의 점 $(t,g(t))$에서의 접선이 y축과 만나는 점을 $(0,h(t))$라 하자. $g(x)$와 $h(t)$는 다음 조건을 만족시킨다.

> (가) $g(x)$의 최댓값은 3이다.
>
> (나) $h(t)$의 최댓값을 M, 최솟값을 m이라 할 때, $Mm=-\dfrac{28}{e}$이다.

정적분 $\displaystyle\int_{k-1}^{k} g(x)dx$ 의 값을 최대로 하는 k의 값은 α 또는 β이다. $\alpha^2+\beta^2=\dfrac{q}{p}$일 때 $p+q$의 값을 구하시오. (단, p와 q는 서로소인 자연수이다.) [4점]

119 $x \geq -\dfrac{\pi}{2}$ 인 모든 실수에서 미분가능한 함수 $f(x)$ 가 다음 조건을 만족시킨다.

> (가) $-\dfrac{\pi}{2} \leq x \leq \dfrac{\pi}{2}$ 일 때, $f(x) = a\sin bx + c$ 이다. (단, a, b, c 는 상수이고 $a \neq 0$)
>
> (나) $x \geq -\dfrac{\pi}{2}$ 인 모든 실수 x 에 대하여 $f(x) = 2 + \displaystyle\int_0^x \sqrt{4f(t) - \{f(t)\}^2 - 3}\, dt$ 이다.

$|a|$ 의 값이 최대일 때, $\displaystyle\int_{-\frac{\pi}{2}}^{2\pi} f(x)\,dx$ 의 값은 $\dfrac{q}{p}\pi$ 이다. $p+q$ 의 값을 구하시오. (단, p 와 q 는 서로소인 자연수이다.) [4점]

120 수열 $\{a_n\}$이 $a_1 = 0$, $a_{n+1} = a_n + 2^n$이다. $x \geq 0$에서 정의된 함수 $f(x)$가 모든 자연수 n에 대하여

$$f(x) = \frac{1}{2^{n-2}} \sin\left(\frac{\pi(x - a_n)}{2^{n-1}}\right) \ (a_n \leq x \leq a_{n+1})\text{이다.}$$

양의 실수 전체의 집합에서 정의된 함수 $f(x)$에 대하여 다음 조건을 만족시키는 연속함수 $g(x)$가 있다.

(가) 함수 $y = g(x)$의 그래프 위의 점 $(t,\, g(t))$와 x축 사이의 거리는 $|f(t)|$이다.

(나) $\displaystyle\lim_{h \to 0} \frac{g(1+h) - g(1)}{h} < 0$

함수 $g(x)$에 대하여 함수 $h(x)$를 $h(x) = (x - k)\displaystyle\int_k^x g(t)dt \ (x > 0)$ 라 하자. $x > 0$인

모든 실수 x에 대하여 $h(x) \geq 0$가 되도록 하는 양의 상수 k의 최솟값을 m이라 할 때, m^2의 값을 구하시오. [4점]

121 함수 $f(x)=e^{-x^2+1}-1$에 대하여 열린구간 $(0, 3\ln2)$에서 정의된 함수 $y=g(x)$를 매개변수 t $(t>2)$를 이용하여 나타내면

$$\begin{cases} x=\ln(t-2) \\ y=\displaystyle\int_k^t f(x-k)\,dx \end{cases}$$

이다. 함수 $g(x)$가 다음 조건을 만족시킨다.

함수 $g(x)$가 극댓값과 극솟값을 모두 갖도록 하는 모든 정수 k를 작은 수부터 크기순으로 나열한 것을 $k_1,\ k_2,\ k_3,\ \cdots,\ k_m$($m$은 자연수)라 하고 k_i $(i=1,2,3,\cdots,m)$에 대하여 $g(x)$의 극댓값과 극솟값의 차를 $h(k_i)$라 할 때, $\displaystyle\sum_{i=1}^{m} h(k_i)=\alpha\int_0^1 f(x)\,dx$이다.

(단, α는 상수이다.)

$\alpha+m+\displaystyle\sum_{i=1}^{m} k_i$의 값을 구하시오. [4점]

122 좌표평면에서 점 O을 중심으로 하고 반지름의 길이가 1인 원 C와
두 점 A$(-1,\ 0)$, B$(0,\ -1)$가 있다. 원 C 위의 제1사분면의 점 P에 대하여 점 P의 x좌표를
t라 하고 선분 PB와 x축이 만나는 교점을 C라 할 때 선분 BC의 길이를 $f(t)$라 하자.

$\displaystyle\int_{\frac{1}{2}}^{\frac{\sqrt{3}}{2}} t \times \{f(t)\}^2\, dt$의 값은? (단, O는 원점이다.) [4점]

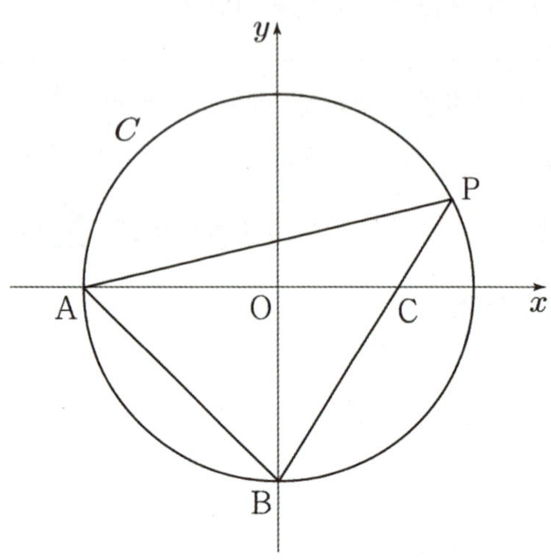

① $\sqrt{3}-1+2\ln\left(4-2\sqrt{3}\right)$ ② $\sqrt{3}-1+2\ln\left(6-3\sqrt{3}\right)$

③ $2\sqrt{3}-1+2\ln\left(4-2\sqrt{3}\right)$ ④ $2\sqrt{3}-1+2\ln\left(6-3\sqrt{3}\right)$

⑤ $2\sqrt{3}-1+2\ln\left(8-4\sqrt{3}\right)$

123 실수 전체의 집합에서 연속인 함수 $f(x)$가 닫힌구간 $[0, 1]$에서

$$f(x) = 4x^3 + k$$

로 정의된 함수 $f(x)$가 모든 실수 a에 대하여 $\displaystyle\int_0^2 f(|x+a|)dx = 4$을 만족시킨다.

실수 t $(1 < t < 5)$에 대하여 $y = f(x)$의 그래프와 직선 $y = t$가 만나는 점의 x좌표 중 양수인 것을 작은 수부터 크기순으로 모두 나열할 때, n번째 수를 x_n이라 하고

$$c_n = \int_{\frac{17}{16}}^{\frac{3}{2}} \frac{t}{f'(x_n)} dt$$

라 하자. $\displaystyle\sum_{n=1}^{99} c_n = \frac{q}{p}$일 때, $p+q$의 값을 구하시오. (단, p와 q는 서로소인 자연수이다.) [4점]

124 최고차항의 계수가 1인 이차함수 $f(x)$에 대하여 실수 전체의 집합에서 정의된 함수

$$g(x)= e^{f(x)+f'(x)}$$

이 있다. 상수 a와 함수 $g(x)$가 다음 조건을 만족시킨다.

> (가) 모든 실수 x에 대하여 $\displaystyle\int_{a}^{2a+x} g(t)dt = \int_{2a-x}^{4a+2} g(t)dt$이다.
>
> (나) 함수 $g(x)$의 최솟값은 1이다.

$\displaystyle\int_{-4}^{0} \{f(x)-ax+6\}\{f'(x)-a\}g(x)dx = m$일 때, $\ln\left(\dfrac{m-1}{15}\right)$의 값을 구하시오.

(단, m은 상수이다.) [4점]

125 $[0,\,1]$에서 정의된 $g(x) = -2x^3 + 3x^2$에 대하여 함수 $g(x)$의 역함수를 $g^{-1}(x)$라 하자.

열린구간 $(0,\,1)$에서 정의된 함수 $f(x)$를

$$f(x) = \int_0^1 \left| x - g^{-1}(t) \right| dt$$

와 같이 정의하고 열린구간 $(0,\,1)$에서 정의된 함수 $h(x)$를

$$h(x) = \int_0^x \left| f(x) - f(s) \right| ds$$

와 같이 정의하자. 함수 $h(x)$는 $x = \alpha$에서 극댓값 M을 갖고, $x = \beta$에서 극솟값을 갖는다. 자연수 $p,\ q$에 대하여 $\alpha \times \beta \times M = \dfrac{q}{p}$일 때, $p + q$의 값을 구하시오. [4점]

랑데뷰
N 제

랑데뷰
N 제

하루 중 90%는 겸손하게 10%는 자신있게...

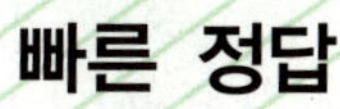

빠른 정답

1	2	2	37	3	61	4	68	5	353
6	8	7	15	8	17	9	12	10	32

11	27	12	76	13	4	14	178	15	11
16	5	17	12	18	⑤	19	4	20	15

21	③	22	③	23	4	24	④	25	52
26	10	27	37	28	129	29	56	30	72

31	1	32	2	33	②	34	150	35	81
36	4	37	6	38	②	39	64	40	③

41	(1) ③ (2) ④ (3) ①	42	⑤	43	1	44	994	45	④
46	⑤	47	③	48	8	49	28	50	123

51	5	52	169	53	5	54	3	55	8
56	⑤	57	⑤	58	④	59	84	60	8

61	149	62	8	63	4	64	④	65	329
66	4	67	④	68	③	69	13	70	98

71	39	72	②	73	4	74	28	75	20
76	②	77	9	78	106	79	27	80	90

81	30								

| 82 | ② | 83 | 18 | 84 | 42 | 85 | 2 | 86 | 32 |
| 87 | 15 | 88 | ① | 89 | 10 | 90 | ① | 91 | 4 |

| 92 | 1 | 93 | ① | 94 | ② | 95 | 10 | 96 | 38 |
| 97 | 133 | 98 | 87 | 99 | 4 | 100 | 5 | 101 | 3 |

| 102 | 144 | 103 | 100 | 104 | ④ | 105 | 3 | 106 | 1 |
| 107 | 17 | 108 | 5 | 109 | 12 | 110 | 25 | 111 | 79 |

| 112 | 18 | 113 | 11 | 114 | 2 | 115 | ③ | 116 | 10 |
| 117 | ③ | 118 | 155 | 119 | 15 | 120 | 16 | 121 | 38 |

| 122 | ② | 123 | 335 | 124 | 16 | 125 | 163 | | |

랑데뷰
N 제

하루 중 90%는 겸손하게 10%는 자신있게...

상세 해설

01 정답 2

[출제자 : 이소영T]
[그림 : 배용제T]

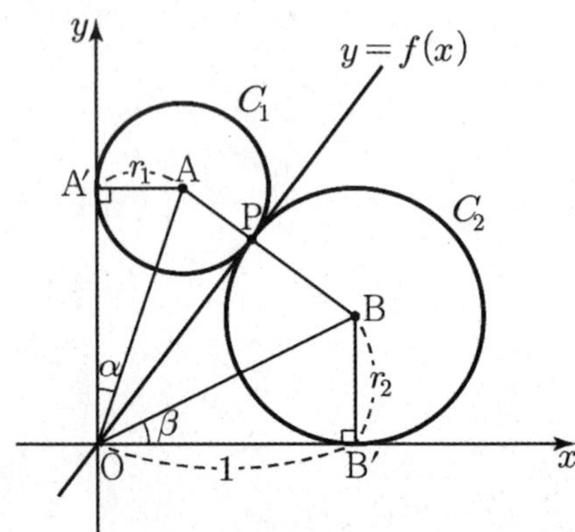

위 그림에서 $\angle AOA' = \alpha$, $\angle BOB' = \beta$라 하자.
$\overline{OB'} = 1$이고 두 원의 접점을 P라 하면
$\overline{OB'} = \overline{OP} = \overline{OA'} = 1$이므로 $\tan\alpha = r_1$, $\tan\beta = r_2$이다.
또한, $\angle AOA' = \angle AOP$, $\angle POB = \angle BOB'$이므로
$\alpha + \beta = \dfrac{\pi}{4}$가 된다.

(i) $r_1 > r_2$일 경우

$$\lim_{n\to\infty} \frac{r_1^{\,n+1} + r_2^{\,n}}{r_1^{\,n} + r_2^{\,n-2}} = \frac{1}{4}$$

$$\lim_{n\to\infty} \frac{r_1 + \left(\dfrac{r_2}{r_1}\right)^n}{1 + \left(\dfrac{r_2}{r_1}\right)^{n-2}} = \frac{1}{4}$$

$r_1 = \dfrac{1}{4}$이므로 $\tan\alpha = \dfrac{1}{4}$ 이다.

$$\tan\beta = \tan\left(\frac{\pi}{4} - \alpha\right) = \frac{1-\tan\alpha}{1+\tan\alpha} = \frac{1-\dfrac{1}{4}}{1+\dfrac{1}{4}} = \frac{3}{5}$$이므로

$r_2 = \dfrac{3}{5}$이 되므로 $r_1 > r_2$을 만족하지 않는다.

(ii) $r_1 < r_2$일 경우

$$\lim_{n\to\infty} \frac{r_1^{\,n+1} + r_2^{\,n}}{r_1^{\,n} + r_2^{\,n-2}} = \frac{1}{4}$$

$$\lim_{n\to\infty} \frac{r_1 \left(\dfrac{r_1}{r_2}\right)^n + 1}{\left(\dfrac{r_1}{r_2}\right)^n + r_2^{\,-2}} = \frac{1}{4}$$

$$r_2^{\,2} = \frac{1}{4}$$

$r_2 = \dfrac{1}{2}$이므로 $\tan\beta = \dfrac{1}{2}$이다.

$$\tan\alpha = \tan\left(\frac{\pi}{4} - \beta\right) = \frac{1-\tan\beta}{1+\tan\beta} = \frac{1-\dfrac{1}{2}}{1+\dfrac{1}{2}} = \frac{1}{3}$$이므로

$r_1 = \dfrac{1}{3}$이 되므로 $r_1 < r_2$를 만족한다.

(iii) $r_1 = r_2$일 경우

$r_1 = r_2 = \tan\dfrac{\pi}{8}$이 된다.

$$\tan\left(\frac{\pi}{8} + \frac{\pi}{8}\right) = \frac{2\tan\dfrac{\pi}{8}}{1-\tan^2\dfrac{\pi}{8}} = 1$$

$\tan\dfrac{\pi}{8} = r_1$이라 하면 $2r_1 = 1 - r_1^{\,2}$

$$r_1^{\,2} + 2r_1 - 1 = 0$$

$$r_1^{\,2} = 1 - 2r_1 \cdots\cdots \text{㉠}$$

$$r_1 = -1 + \sqrt{2} \ (\text{단}, r_1 > 0)$$

$r_1 = r_2$이므로 $\displaystyle\lim_{n\to\infty} \frac{r_1^{\,n+1} + r_1^{\,n}}{r_1^{\,n} + r_1^{\,n-2}} = \dfrac{1}{4}$ 이 성립하는지
확인해보자.

$$\lim_{n\to\infty} \frac{r_1^{\,n+1} + r_1^{\,n}}{r_1^{\,n} + r_1^{\,n-2}} = \frac{r_1 + 1}{1 + \dfrac{1}{r_1^2}} = \frac{r_1^{\,2}(1+r_1)}{r_1^{\,2} + 1}$$

㉠을 대입하면

$$= \frac{(1-2r_1)(1+r_1)}{2 - 2r_1}$$

$$= \frac{1 - r_1 - 2r_1^{\,2}}{2 - 2r_1}$$

$$= \frac{-1 + 3r_1}{2 - 2r_1}$$

$$= \frac{-1 + 3(\sqrt{2}-1)}{2 - 2(\sqrt{2}-1)}$$

$$= \frac{-4 + 3\sqrt{2}}{4 - 2\sqrt{2}} \neq \frac{1}{4}$$이므로 만족하지 않는다.

따라서 (ii)의 경우에서 $r_1 = \tan\alpha = \dfrac{1}{3}$,

$r_2 = \tan\beta = \dfrac{1}{2}$이므로 $r_2 - r_1 = \dfrac{1}{6} = p$이므로 $12p = 2$이다.

02 정답 37

등차수열 $\{a_n\}$은 첫째항을 a, 공차를 d라 하면 등차수열은
최고차항의 계수가 d인 n에 관한 일차식이므로
$a_n = dn + a - d$라 할 수 있다.
따라서

$$\sum_{k=1}^{n} a_k = \sum_{k=1}^{n}(dk + a - d) = d\frac{n(n+1)}{2} + (a-d)n$$

$$= \frac{d}{2}n^2 + \left(a - \frac{d}{2}\right)n$$

한편, 등차수열 $\{b_n\}$은 $\lim\limits_{n\to\infty}\dfrac{a_n}{b_n}=2$에서 공차가 $\dfrac{1}{2}d$이다.

$b_1=2a_1=2a$이므로

$b_n=\dfrac{1}{2}dn+2a-\dfrac{1}{2}d$

이다.

$\left|\lim\limits_{n\to\infty}\left(\sqrt{\sum\limits_{k=1}^{n}a_k}-b_n\right)\right|=2$에서 $\lim\limits_{n\to\infty}\left(\sqrt{\sum\limits_{k=1}^{n}a_k}-b_n\right)=\pm2$이다.

(i) $\lim\limits_{n\to\infty}\left(\sqrt{\sum\limits_{k=1}^{n}a_k}-b_n\right)=2$일 때,

$\lim\limits_{n\to\infty}\left(\sqrt{\sum\limits_{k=1}^{n}a_k}-b_n\right)$

$=\lim\limits_{n\to\infty}\left\{\sqrt{\dfrac{d}{2}n^2+\left(a-\dfrac{d}{2}\right)n}-\left(\dfrac{1}{2}dn+2a-\dfrac{1}{2}d\right)\right\}$

$=\lim\limits_{n\to\infty}\dfrac{\left(\dfrac{d}{2}-\dfrac{1}{4}d^2\right)n^2+\left(a-\dfrac{d}{2}-2ad+\dfrac{1}{2}d^2\right)n+\left(2a-\dfrac{1}{2}d\right)^2}{\sqrt{\dfrac{d}{2}n^2+\left(a-\dfrac{d}{2}\right)n}+\left(\dfrac{1}{2}dn+2a-\dfrac{1}{2}d\right)}=2$

에서

$\dfrac{d}{2}-\dfrac{1}{4}d^2=0$

$\dfrac{1}{4}d(2-d)=0$

$d>0$이므로 $d=2$이다.

따라서

$=\lim\limits_{n\to\infty}\dfrac{(1-3a)n+(2a-1)^2}{\sqrt{n^2+(a-1)n}+(n+2a-1)}=2$

$\dfrac{1-3a}{2}=2$

$\therefore\ a=-1$

$a>0$라는 가정에 모순이다.

(ii) $\lim\limits_{n\to\infty}\left(\sqrt{\sum\limits_{k=1}^{n}a_k}-b_n\right)=-2$일 때,

$\lim\limits_{n\to\infty}\left(\sqrt{\sum\limits_{k=1}^{n}a_k}-b_n\right)$

$=\lim\limits_{n\to\infty}\left\{\sqrt{\dfrac{d}{2}n^2+\left(a-\dfrac{d}{2}\right)n}-\left(\dfrac{1}{2}dn+2a-\dfrac{1}{2}d\right)\right\}$

$=\lim\limits_{n\to\infty}\dfrac{\left(\dfrac{d}{2}-\dfrac{1}{4}d^2\right)n^2+\left(a-\dfrac{d}{2}-2ad+\dfrac{1}{2}d^2\right)n+\left(2a-\dfrac{1}{2}d\right)^2}{\sqrt{\dfrac{d}{2}n^2+\left(a-\dfrac{d}{2}\right)n}+\left(\dfrac{1}{2}dn+2a-\dfrac{1}{2}d\right)}$

$=-2$

에서

$\dfrac{d}{2}-\dfrac{1}{4}d^2=0$

$\dfrac{1}{4}d(2-d)=0$

$d>0$이므로 $d=2$이다.

따라서

$=\lim\limits_{n\to\infty}\dfrac{(1-3a)n+(2a-1)^2}{\sqrt{n^2+(a-1)n}+(n+2a-1)}=-2$

$\dfrac{1-3a}{2}=-2$

$\therefore\ a=\dfrac{5}{3}$

따라서

$b_n=\dfrac{1}{2}dn+2a-\dfrac{1}{2}d$에서 $b_n=n+\dfrac{7}{3}$이다.

$3b_{10}=3\times\left(10+\dfrac{7}{3}\right)=37$이다.

03 정답 61

등비수열 $\{a_n\}$의 공비를 $r\ (r\neq0)$이라 하면

$S_1=a_1$이므로 (가)에서 $n=2$일 때, $0<a_1+a_1r\le a_1$을 만족하므로

$-a_1<a_1r\le0$

이고 이 부등식이 성립하기 위해서는 $a_1>0$이고

$-1<r<0$이다. …… ㉠

따라서 $\left|\sum\limits_{m=1}^{\infty}a_m\right|=\left|\dfrac{a_1}{1-r}\right|=\dfrac{a_1}{1-r}\ (\because㉠)$

$|a_m|^{m+1}+|a_m|^m|a_{m+1}|=\dfrac{16}{3}\times\sum\limits_{m=1}^{\infty}a_m\times|a_{m+1}|^m$

$|a_m|^{m+1}+|a_m|^m|a_{m+1}|=\dfrac{16}{3}\times\dfrac{a_1}{1-r}\times|a_{m+1}|^m$

의 양변을 $|a_m|^m$으로 양변을 나누면

$|a_m|+|a_{m+1}|=\dfrac{16}{3}\times\dfrac{a_1}{1-r}\times\left|\dfrac{a_{m+1}}{a_m}\right|^m$

$\dfrac{a_{m+1}}{a_m}=r$

$|a_m|+|a_{m+1}|=\dfrac{16}{3}\times\dfrac{a_1}{1-r}\times|r|^m$이다.

$|a_m|+|a_{m+1}|$

$=|a_m|+|a_mr|$

$=(1-r)|a_m|$

$=(1-r)|a_1r^{m-1}|$

$=a_1(1-r)|r|^{m-1}$

따라서

$a_1(1-r)|r|^{m-1}=\dfrac{16}{3}\times\dfrac{a_1}{1-r}\times|r|^m$

$1-r=\dfrac{16}{3}\times\dfrac{|r|}{1-r}$

㉠에서

$3(1-r)^2=-16r$

$3r^2-6r+3=-16r$

$3r^2+10r+3=0$

$(3r+1)(r+3)=0$

$\therefore\ r=-\dfrac{1}{3}$

$$a_5 = 1 \rightarrow a_1\left(-\frac{1}{3}\right)^4 = 1 \rightarrow a_1 = 81$$

따라서

$$\sum_{n=1}^{5} a_n$$

$$= \frac{81\left\{1-\left(-\frac{1}{3}\right)^5\right\}}{1-\left(-\frac{1}{3}\right)}$$

$$= 81 \times \frac{3}{4} \times \frac{244}{243} = 61$$

04 정답 68

[출제자 : 오세준T]

$$\left\{\left(\frac{1}{2}\right)^n(2-i)\right\}^n = a_n + b_n \times i \text{에서}$$

$$\left\{\left(\frac{1}{2}\right)^{n+1}(2-i)\right\}^{n+1} = a_{n+1} + b_{n+1} \times i \text{이고}$$

$$\left\{\left(\frac{1}{2}\right)^{n+1}(2-i)\right\}^{n+1} = \left(\frac{1}{2}\right)^{(n+1)^2}(2-i)^{n+1}$$

$$= \left(\frac{1}{2}\right)^{n^2+2n+1}(2-i)^{n+1}$$

$$= \left\{\left(\frac{1}{2}\right)^n(2-i)\right\}^n \times \left(\frac{1}{2}\right)^{2n+1}(2-i)$$

$$= (a_n + b_n \times i) \times \left(\frac{1}{2}\right)^{2n+1}(2-i)$$

$$= \left(\frac{1}{2}\right)^{2n+1}\left\{(2a_n + b_n) + (-a_n + 2b_n) \times i\right\}$$

이므로

$$a_{n+1} = \left(\frac{1}{2}\right)^{2n+1}(2a_n + b_n), \quad b_{n+1} = \left(\frac{1}{2}\right)^{2n+1}(-a_n + 2b_n)$$

$$\cdots\cdots \, \text{㉠}$$

㉠의 두 식을 곱하면

$$a_{n+1}b_{n+1} = \left(\frac{1}{2}\right)^{4n+2}(2a_n + b_n)(-a_n + 2b_n)$$

이므로

$$-p_n = \frac{a_{n+1}b_{n+1}}{(2a_n + b_n)(a_n - 2b_n)} = -\left(\frac{1}{2}\right)^{4n+2} = -\frac{1}{4}\left(\frac{1}{16}\right)^n \cdots\cdots$$

㉡

㉠의 두 식의 양변을 각각 제곱하면

$$a_{n+1}{}^2 = \left(\frac{1}{2}\right)^{4n+2}(2a_n + b_n)^2, \quad b_{n+1}{}^2 = \left(\frac{1}{2}\right)^{4n+2}(-a_n + 2b_n)^2$$

이고

$$a_{n+1}{}^2 - b_{n+1}{}^2 = \left(\frac{1}{2}\right)^{4n+2}\left\{(2a_n + b_n)^2 - (-a_n + 2b_n)^2\right\}$$

$$= \left(\frac{1}{4}\right)^{2n+1}(3a_n - b_n)(a_n + 3b_n)$$

이므로

$$q_n = \frac{a_{n+1}{}^2 - b_{n+1}{}^2}{(3a_n - b_n)(a_n + 3b_n)} = \left(\frac{1}{4}\right)^{2n+1} = \frac{1}{4}\left(\frac{1}{16}\right)^n \cdots\cdots \, \text{㉢}$$

㉡, ㉢에서

$$\lim_{n\to\infty} \frac{-4p_n + \left(\frac{1}{16}\right)^{n-1}}{q_n + \left(\frac{1}{32}\right)^n}$$

$$= \lim_{n\to\infty} \frac{-4 \times \left\{-\frac{1}{4}\left(\frac{1}{16}\right)^n\right\} + \left(\frac{1}{16}\right)^{n-1}}{\frac{1}{4}\left(\frac{1}{16}\right)^n + \left(\frac{1}{32}\right)^n}$$

$$= \lim_{n\to\infty} \frac{\left(\frac{1}{16}\right)^n + \left(\frac{1}{16}\right)^{n-1}}{\frac{1}{4}\left(\frac{1}{16}\right)^n + \left(\frac{1}{32}\right)^n}$$

$$= \lim_{n\to\infty} \frac{1 + 16}{\frac{1}{4} + \left(\frac{16}{32}\right)^n}$$

$$= \frac{1 + 16}{\frac{1}{4} + 0}$$

$$= 68$$

05 정답 353

(가)에서 $\displaystyle\sum_{n=1}^{\infty} a_n$의 값이 $a_1 + 1$로 수렴하므로 등비수열 $\{a_n\}$의 공비를 r이라 하면 $-1 < r < 1$이다.

$$\frac{a_1}{1-r} = a_1 + 1$$

$$1 - r = \frac{a_1}{a_1 + 1}$$

$$r = 1 - \frac{a_1}{a_1 + 1} = \frac{1}{a_1 + 1} > 0 \cdots\cdots \, \text{㉠}$$

따라서 $0 < r < 1$이다.

(나)에서

$$\lim_{n\to\infty} \frac{(25a_3)^n + (9a_3)^{n+1}}{(25a_3)^{n+1} + (9a_2)^n}$$

$$= \lim_{n\to\infty} \frac{(25a_1 r^2)^n + (9a_1 r)^{n+1}}{(25a_1 r^2)^{n+1} + (9a_1 r)^n} \cdots\cdots \, \text{㉡}$$

(i) $25a_1 r^2 > 9a_1 r$일 때,

즉, $r > \dfrac{9}{25}$이므로 $\dfrac{9}{25} < r < 1$일 때,

㉡에서 $\dfrac{1}{25a_1 r^2} = \dfrac{9}{16}a_1 \rightarrow (a_1 r)^2 = \dfrac{16}{9 \times 25}$

따라서 $a_1 r = \dfrac{4}{15}$

㉠에서 $\dfrac{4}{15a_1} = \dfrac{1}{a_1 + 1} \rightarrow 4a_1 + 4 = 15a_1$

$$\therefore \ a_1 = \frac{4}{11}$$

(ii) $25a_1r^2 = 9a_1r$일 때,

즉, $r = \frac{9}{25}$일 때,

ⓛ에서 $1 = \frac{9}{16}a_1 \to a_1 = \frac{16}{9}$

㉠에서 $\frac{9}{25} = \frac{1}{a_1+1} \to 9a_1 + 9 = 25 \to a_1 = \frac{16}{9}$

$$\therefore \ a_1 = \frac{16}{9}$$

(iii) $25a_1r^2 < 9a_1r$일 때,

즉, $r < \frac{9}{25}$이므로 $0 < r < \frac{9}{25}$일 때,

ⓛ에서 $9a_1r = \frac{9}{16}a_1 \to r = \frac{1}{16}$

㉠에서 $\frac{1}{16} = \frac{1}{a_1+1}$

$$\therefore \ a_1 = 15$$

(i), (ii), (iii)에서 모든 a_1의 곱은

$$\frac{4}{11} \times \frac{16}{9} \times 15 = \frac{320}{33}$$

따라서 $p = 33$, $q = 320$이므로 $p+q = 353$이다.

06 정답 8

등비수열 $\{a_n\}$의 첫째항을 a_1, 공비를 r라 하자.

$b_5 = -\frac{3}{4}$이므로 $a_5 = -\frac{4}{3}$이다.

$a_5 = a_1r^4 < 0$이므로 $a_1 < 0$이다.

(가), (나)에서 수열 $\{b_n\}$의 홀수 번째 항으로 이루어진 항으로 이루어진 급수와 짝수 번째 항으로 이루어진 항으로 이루어진 급수가 각각 수렴하기 때문에 $\lim\limits_{n\to\infty}b_{2n-1} = \lim\limits_{b\to\infty}b_{2n} = 0$이고 $|r| > 1$이어야 한다.

$b_3 = 1$이므로 $b_1 = 1$이다.

(가)에서

$$\sum_{n=1}^{\infty} b_{2n-1} = 1 + 1 + \frac{-\dfrac{3}{4}}{1 - \dfrac{1}{r^2}} = 1$$

$$\frac{3r^2}{4(r^2-1)} = 1, \ 3r^2 = 4r^2 - 4, \ r^2 = 4$$

$r = 2$ 또는 $r = -2$이다.

$a_5 = -\frac{4}{3}$에서 $a_1 \times 2^4 = -\frac{4}{3}$

$$\therefore \ a_1 = -\frac{1}{12}$$

(i) $r = 2$일 때,

a_1	a_2	a_3	a_4	a_5	a_6	$\cdots$
$-\dfrac{1}{12}$	$-\dfrac{1}{6}$	$-\dfrac{1}{3}$	$-\dfrac{2}{3}$	$-\dfrac{4}{3}$	$-\dfrac{8}{3}$	

$b_2 = 1$, $b_4 = 1$, $b_6 = -\frac{3}{8}$, $\frac{1}{r^2} = \frac{1}{4}$이므로

$$\sum_{n=1}^{\infty} b_{2n} = 1 + 1 + \frac{-\dfrac{3}{8}}{1 - \dfrac{1}{4}} = 2 - \frac{1}{2} = \frac{3}{2} \text{로 (나)에 모순이다.}$$

(ii) $r = -2$일 때,

a_1	a_2	a_3	a_4	a_5	a_6	$\cdots$
$-\dfrac{1}{12}$	$\dfrac{1}{6}$	$-\dfrac{1}{3}$	$\dfrac{2}{3}$	$-\dfrac{4}{3}$	$\dfrac{8}{3}$	

$b_2 = 1$, $b_4 = 1$, $b_6 = \frac{3}{8}$, $\frac{1}{r^2} = \frac{1}{4}$이므로

$$\sum_{n=1}^{\infty} b_{2n} = 1 + 1 + \frac{\dfrac{3}{8}}{1 - \dfrac{1}{4}} = 2 + \frac{1}{2} = \frac{5}{2} \text{으로 (나)조건을}$$

만족시킨다.

따라서

수열 $\left\{\dfrac{1}{a_n}\right\}$은 첫째항이 -12이고 공비가 $-\dfrac{1}{2}$인 등비수열이다.

$$\therefore \ \left| \sum_{n=1}^{\infty} \frac{1}{a_n} \right| = \left| \frac{-12}{1 - \left(-\dfrac{1}{2}\right)} \right| = 8$$

07 정답 15

[출제자 : 황보성호T]

[검토자 : 한정아T]

급수 $\displaystyle\sum_{n=1}^{\infty} \frac{k(x-1)^{k-2}}{x^{n+k}}$ 은

첫째항이 $\dfrac{k(x-1)^{k-2}}{x^{k+1}}$ 이고, 공비가 $\dfrac{1}{x}$인 등비급수이다.

정의역에서 $x \geq 1$이므로 $0 < \dfrac{1}{x} \leq 1$이다.

(i) $\dfrac{1}{x} = 1$인 경우(즉, $x = 1$)

$f(1) = 0$

(ii) $0 < \dfrac{1}{x} < 1$인 경우(즉, $x > 1$)

$$f(x) = \frac{\dfrac{k(x-1)^{k-2}}{x^{k+1}}}{1 - \dfrac{1}{x}} = \frac{\dfrac{k(x-1)^{k-2}}{x^{k+1}}}{\dfrac{x-1}{x}} = \frac{k(x-1)^{k-3}}{x^k}$$

따라서 함수 $f(x)=\begin{cases} 0 & (x=1) \\ \dfrac{k(x-1)^{k-3}}{x^k} & (x>1) \end{cases}$

이므로 함수 $f(x)$는 $x>1$인 모든 실수의 집합에서 연속이다.

즉, $t\neq 1$인 모든 실수 t에 대하여 $\lim\limits_{x\to t+}f(x)=f(t)$이므로

$\lim\limits_{x\to a+}f(x)-f(a)>0$에서 $a=1$

이때

$k>3$이면 $\lim\limits_{x\to 1+}f(x)=\lim\limits_{x\to 1+}\dfrac{k(x-1)^{k-3}}{x^k}=\dfrac{k\times 0}{1}=0$

이므로 조건을 만족시키지 않는다.

$k=3$이면 $\lim\limits_{x\to 1+}f(x)=\lim\limits_{x\to 1+}\dfrac{3}{x^3}=3$

이므로 조건을 만족시킨다.

$k<3$이면 $\lim\limits_{x\to 1+}f(x)=\lim\limits_{x\to 1+}\dfrac{k}{x^k(x-1)^{3-k}}=\infty$

$\therefore k=3$이고 $f(x)=\begin{cases} 0 & (x=1) \\ \dfrac{3}{x^3} & (x>1) \end{cases}$

급수 $\sum\limits_{n=1}^{\infty}\dfrac{f(k)}{k^{n-2}}$은 첫째항이 $\dfrac{f(3)}{3^{-1}}$, 즉 $\dfrac{1}{3}$이고

공비가 $\dfrac{1}{3}$인 등비급수이므로

그 합은 $\dfrac{\dfrac{1}{3}}{1-\dfrac{1}{3}}=\dfrac{1}{2}$

$\therefore 30\times\sum\limits_{n=1}^{\infty}\dfrac{f(k)}{k^{n-2}}=15$

08　정답 17

[그림 : 강민구T]

[검토자 : 오정화T]

이차함수 $f(x)$는 최고차항의 계수가 1이고 $x=-1$에서
최솟값을 가지므로 상수 k에 대하여 $f(x)=x^2+2x+k$라 할 수
있다.

따라서

$g(x)=\begin{cases} x^2+2x+k & (x\leq 0) \\ -x^2-2x-k & (x>0) \end{cases}$

이다.

등비수열 $\{a_n\}$의 첫째항 a_1은 -2이하의 정수이고 공비를 r
$(r<0)$이라 하면 $a_n=a_1r^{n-1}$이다. 따라서 $a_n>0$이면
$a_{n+1}<0$이고 $a_n<0$이면 $a_{n+1}>0$이다.

한편. $\lim\limits_{n\to\infty}\left|a_1^2r^{2n-2}(r^2+1)+2a_1r^{n-1}(r+1)+2k\right|$에서

$r<-1$일 때 $\lim\limits_{n\to\infty}r^{2n-2}=\infty$이므로 발산이고

$r=-1$이면 수열 $\{a_n\}$의 항들이 a_1, $-a_1$, a_1, $\cdots$으로 2개의
고정값으로 $g(a_1)$의 값이 최솟값이면 $g(a_2)$의 값이 최댓값이고

$g(a_1)$의 값이 최댓값이면 $g(a_2)$의 값이 최솟값으로 최댓값이
존재한다. 따라서

$\lim\limits_{n\to\infty}\left|a_1^2r^{2n-2}(r^2+1)+2a_1r^{n-1}(r+1)+2k\right|$의 값이 수렴하기

위해서는 $-1<r<0$이어야 한다.

(i) $a_n>0$일 때,

$g(a_n)=-(a_n)^2-2a_n-k$
$\qquad =-a_1^2r^{2n-2}-2a_1r^{n-1}-k$

$g(a_{n+1})=(a_{n+1})^2+2a_{n+1}+k$
$\qquad =a_1^2r^{2n}+2a_1r^n+k$

따라서

$g(a_{n+1})-g(a_n)$
$=a_1^2r^{2n-2}(r^2+1)+2a_1r^{n-1}(r+1)+2k$

이므로 (가)에서

$\lim\limits_{n\to\infty}\left|g(a_{n+1})-g(a_n)\right|$

$=\lim\limits_{n\to\infty}\left|a_1^2r^{2n-2}(r^2+1)+2a_1r^{n-1}(r+1)+2k\right|$

$=8$

이기 위해서는 $-1<r<0$이고 $|2k|=8$이어야 한다.

따라서 $k=4$ 또는 $k=-4$이다.

(ii) $a_n<0$일 때,

$g(a_n)=(a_n)^2+2a_n+k$
$\qquad =a_1^2r^{2n-2}+2a_1r^{n-1}+k$

$g(a_{n+1})=-(a_{n+1})^2-2a_{n+1}-k$
$\qquad =-a_1^2r^{2n}-2a_1r^n-k$

따라서

$g(a_{n+1})-g(a_n)$
$=-a_1^2r^{2n-2}(r^2+1)-2a_1r^{n-1}(r+1)-2k$

이므로 (가)에서

$\lim\limits_{n\to\infty}\left|g(a_{n+1})-g(a_n)\right|$

$=\lim\limits_{n\to\infty}\left|-a_1^2r^{2n-2}(r^2+1)-2a_1r^{n-1}(r+1)-2k\right|$

$=8$

이기 위해서는 $-1<r<0$이고 $|-2k|=8$이어야 한다.

따라서 $k=4$ 또는 $k=-4$이다.

(i), (ii)에서 $k=4$ 또는 $k=-4$이다.

① $k=4$일 때,

$g(x)=\begin{cases} x^2+2x+4 & (x\leq 0) \\ -x^2-2x-4 & (x>0) \end{cases}$

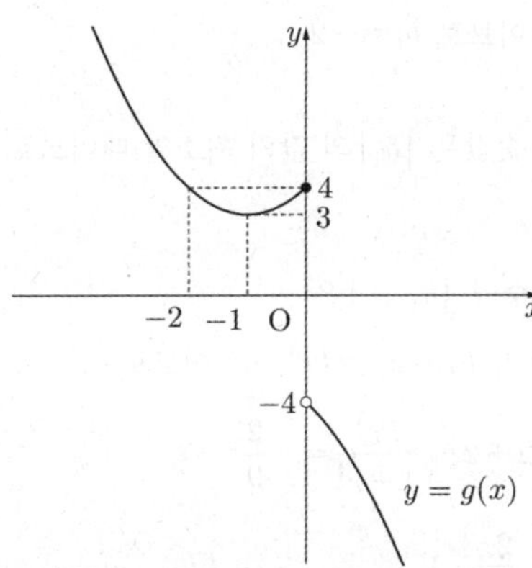

a_1의 값이 -2이하의 정수이므로 $g(a_1) \geq 4$이고,
$-1 < r < 0$에서 $\lim\limits_{n \to \infty} |a_n| = 0$이다.

따라서 $\lim\limits_{n \to \infty} g(a_n) = \pm 4$이므로 $g(a_1)$의 값이 최댓값이 되어
조건에 모순이다.

② $k = -4$일 때,

$$g(x) = \begin{cases} x^2 + 2x - 4 & (x \leq 0) \\ -x^2 - 2x + 4 & (x > 0) \end{cases}$$

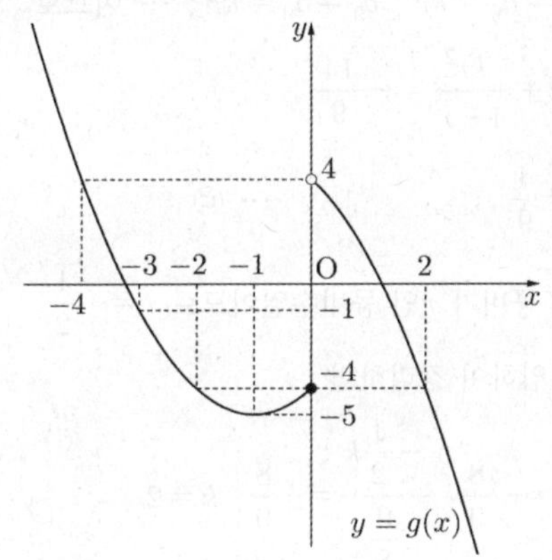

ⓐ $a_1 = -2$이면 $g(a_1) = g(-2) = -4$

$0 < a_2 = -2r < 2$으로 $-4 < g(a_2) < 4$ $(\because g(2) = -4)$으로
$g(a_2) \neq -4$이다.

ⓑ $a_1 = -3$이면 $g(a_1) = g(-3) = -1$

$0 < a_2 = -3r < 3$에서 $-11 < g(a_2) < 4$ $(\because g(3) = -11)$으로
$g(a_2) = -4$인 a_2가 존재한다.

$-a_2^2 - 2a_2 + 4 = -4$

$a_2^2 + 2a_2 - 8 = 0$

$(a_2 + 4)(a_2 - 2) = 0$

$\therefore a_2 = 2$

$-3r = 2$에서 $r = -\dfrac{2}{3}$이다.

ⓒ $a_1 \leq -4$이면 $g(a_1)$의 값이 최댓값이 되어 조건에
모순이다.

따라서 $a_n = -3\left(-\dfrac{2}{3}\right)^{n-1}$이다.

$a_4 = -3 \times \left(-\dfrac{8}{27}\right) = \dfrac{8}{9}$

$p = 9$, $q = 8$이므로 $p + q = 17$이다.

09 정답 12

[그림 : 이정배T]

삼차함수 $f(x) = a(x - t)(x - 4t)^2 - a$의 그래프는 다음 그림과
같다.

$t > 0$, $a > 1$

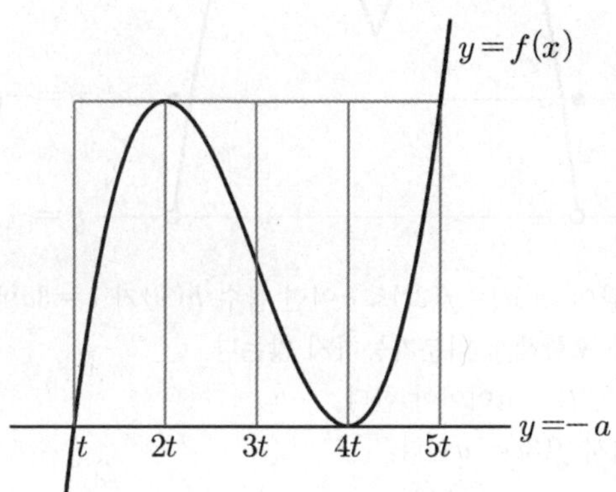

$$g(x) = \begin{cases} f(x) & (x < 3t) \\ f(6t - x) & (x \geq 3t) \end{cases}$$

에서 곡선 $y = f(6t - x)$는 곡선
$y = f(x)$를 y축에 대하여 대칭이동한 후 x축의 방향으로
$6t$만큼 평행이동한 것이다. 즉, 두 곡선 $y = f(x)$,
$y = f(6t - x)$는 직선 $x = 3t$에 대하여 대칭이다. 따라서
$x < 3t$일 때 곡선 $y = g(x)$는 $y = f(x)$와 같고, $x \geq 3t$일 때
곡선 $y = g(x)$는 곡선 $y = f(x)$를 $x = 3t$에 대칭이동한 것과
같다.

그러므로 함수 $y = g(x)$의 그래프는 다음 그림과 같다.

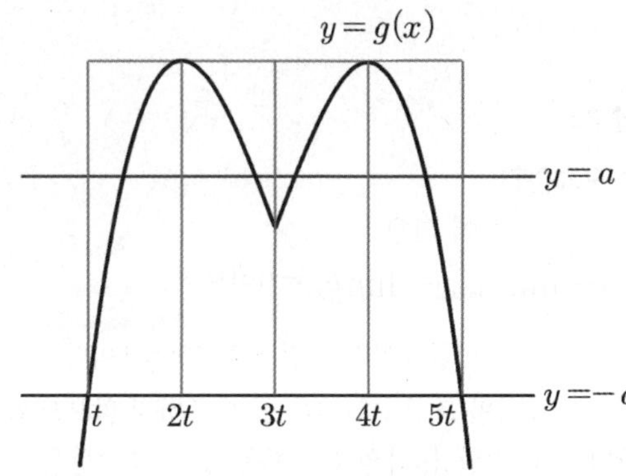

(가)에서 $y = g(x)$와 $y = a$의 그래프의 교점의 개수가
3이상이므로 $g(3t) = f(3t) \leq a \cdots \bigcirc$
한편,

$$h(x) = \lim_{n \to \infty} \frac{a^{2n}\{g(x) - a\}}{\{g(x)\}^{2n} + a^{2n}}$$

$$= \lim_{n \to \infty} \frac{g(x) - a}{\left\{ \dfrac{g(x)}{a} \right\}^{2n} + 1}$$

$a > 1$이므로

(i) $|g(x)| > a$일 때, $h(x) = 0$

(ii) $|g(x)| < a$일 때, $h(x) = g(x) - a$

(iii) $g(x) = a$일 때, $h(x) = 0$

(iv) $g(x) = -a$일 때, $h(x) = -a$

(i)~(iv)에서 함수 $h(x)$의 그래프는 아래 그림과 같고

(나)에서 구간 $(2t, 4t)$에서 함수 $h(x)$가 미분가능하기 위해서는

$x = 3t$에서 미분가능하면 된다.

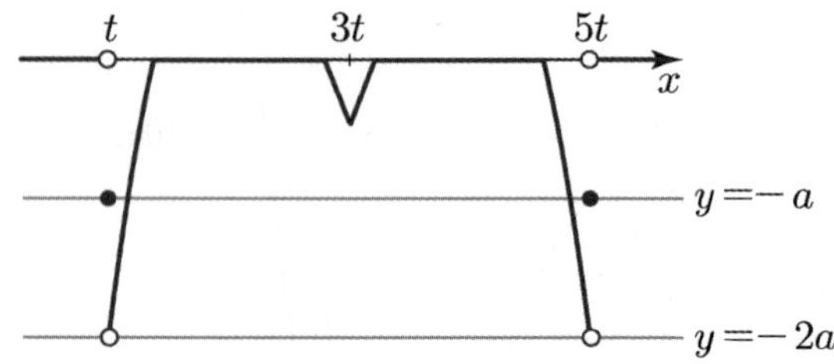

그림과 같이 $g(3t) = f(3t) < a$이면 함수 $h(x)$가 $t = 3a$에서

뾰족점을 포함해서 미분가능하지 않는다.

따라서 $f(3t) \geq a$이어야 한다. $\cdots \ \mathbb{C}$

$\bigcirc$, $\mathbb{C}$에서 $f(3t) = a$이다.

$f(3t) = a \times 2t \times (-t)^2 - a = a$

$t^3 = 1$

$\therefore \ t = 1$

따라서 $f(x) = a(x-1)(x-4)^2 - a$이다.

한편, $\displaystyle\lim_{x \to 5t-} h(x) = \lim_{x \to 5-} \{g(x) - a\} = -2a = -4$에서 $a = 2$이다.

그러므로

$f(x) = 2(x-1)(x-4)^2 - 2$

$f(a) = f(2) = 2 \times 1 \times 4 - 2 = 6$, $g(2a) = g(4) = f(2) = 6$이다.

따라서

$f(a) + g(2a) = 12$

10 정답 32

[출제자 : 오세준T]

조건 (가), (나), (다)에 의해

$\displaystyle\lim_{n \to \infty} b_{3n-2} = \lim_{n \to \infty} b_{3n-1} = \lim_{n \to \infty} b_{3n} = 0$이므로

등비수열 $\{a_n\}$의 공비를 r이라 하면 $-1 < r < 1$이다.

이때, $0 \leq r < 1$이면 조건 (가), (다)를 만족하지 않으므로

$-1 < r < 0$이고 수열 $\{a_n\}$의 홀수항은 음수, 짝수항은

양수임을 알 수 있다.

$b_4 = 2$이므로 수열 $\{b_n\}$의 정의에 의해

$a_4 = k$라 하면 $k \geq 2$이고, $\alpha = 2$임을 알 수 있다.

그리고 $a_3 = \dfrac{k}{r} < -2$이므로 $b_3 = -2$

$a_2 = \dfrac{k}{r^2} > 2$이므로 $b_2 = 2$

$a_1 = \dfrac{k}{r^3} < -2$이므로 $b_1 = -2$

$\displaystyle\sum_{n=1}^{\infty} |a_n|$의 최솟값은 $|a_1|$의 값의 최소일 때이므로 $n \geq 5$이면

$a_n = b_n$이다.

조건 (가)에서 수열 $\{b_{3n-2}\}$은

$b_1 = -2$, $b_4 = 2$, $b_7 = a_7 = kr^3$, $\cdots$ 이므로

$$\sum_{n=1}^{\infty} b_{3n-2} = -2 + 2 + \frac{kr^3}{1 - r^3} = -\frac{2}{9}$$

즉, $\dfrac{kr^3}{1 - r^3} = -\dfrac{2}{9}$ $\qquad \cdots \ \bigcirc$

조건 (나)에서 수열 $\{b_{3n-1}\}$은

$b_2 = 2$, $b_5 = a_5 = kr$, $b_8 = a_8 = kr^4$, $\cdots$ 이므로

$$\sum_{n=1}^{\infty} b_{3n-1} = 2 + \frac{kr}{1 - r^3} = \frac{10}{9}$$

즉, $\dfrac{kr}{1 - r^3} = -\dfrac{8}{9}$ $\qquad \cdots \ \mathbb{C}$

조건 (다)에서 수열 $\{b_{3n}\}$은

$b_3 = -2$, $b_6 = a_6 = kr^2$, $b_9 = a_9 = kr^5$, $\cdots$ 이므로

$$\sum_{n=1}^{\infty} b_{3n} = -2 + \frac{kr^2}{1 - r^3} = -\frac{14}{9}$$

즉, $\dfrac{kr^2}{1 - r^3} = \dfrac{4}{9}$ $\qquad \cdots \ \textcircled{c}$

$\mathbb{C}$, $\textcircled{c}$, $\bigcirc$은 공비가 r인 등비수열이므로 $r = -\dfrac{1}{2}$

이를 $\mathbb{C}$에 대입하여 정리하면

$$\frac{-\dfrac{1}{2}k}{1 - \left(-\dfrac{1}{2}\right)^3} = -\frac{8}{9}, \quad \frac{-\dfrac{1}{2}k}{\dfrac{9}{8}} = -\frac{8}{9}, \quad k = 2$$

따라서 등비수열 $\{a_n\}$은 $a_4 = k = 2$, $r = -\dfrac{1}{2}$이므로

$a_1 = -16$이고,

수열 $\{|a_n|\}$은 첫째항이 16, 공비가 $\dfrac{1}{2}$인 등비수열이다.

$$\therefore \ \sum_{n=1}^{\infty} |a_n| = \frac{16}{1 - \dfrac{1}{2}} = 32$$

> **[랑데뷰팁]**
>
> $a_1 = -16$, $a_1 = -1024$, $\cdots$등
>
> $a_1 = -2^{6n-2}$ (n은 자연수)일 때 조건을 만족시킨다.

11 정답 27

[그림 : 서태욱T]

(i) $x^2 > 1$일 때, 즉, $x < -1$ 또는 $x > 1$

$$f(x) = \lim_{n \to \infty} \frac{x^{2n-1} - 3x^{2n} + 2}{2x^{2n-1} + x^{2n} + 1}$$

$$= \lim_{n \to \infty} \frac{\dfrac{1}{x} - 3 + \dfrac{2}{x^{2n}}}{\dfrac{2}{x} + 1 + \dfrac{1}{x^{2n}}}$$

$$= \frac{\dfrac{1}{x} - 3}{\dfrac{2}{x} + 1} = \frac{-3x + 1}{x + 2}$$

$$= \frac{7}{x+2} - 3$$

(ii) $x^2 < 1$일 때, 즉, $-1 < x < 1$

$$f(x) = \lim_{n \to \infty} \frac{x^{2n-1} - 3x^{2n} + 2}{2x^{2n-1} + x^{2n} + 1} = 2$$

(iii) $x = 1$일 때, $f(1) = \dfrac{1 - 3 + 2}{2 + 1 + 1} = 0$

(i), (ii), (iii)에서

$$f(x) = \begin{cases} \dfrac{7}{x+2} - 3 & (x < -1, \, x > 1) \\ 2 & (-1 < x < 1) \\ 0 & (x = 1) \end{cases}$$

직선 $y = nx + 2n - 3 = n(x+2) - 3$은

$y = \dfrac{7}{x+2} - 3$의 점근선의 교점 $(-2, 3)$을 지나고 기울기 n이

자연수이므로 $x < -2$에서 항상 교점 1개가 존재하므로

$x > -2$에서 한 점에서 만나면 교점개수가 2가 된다.

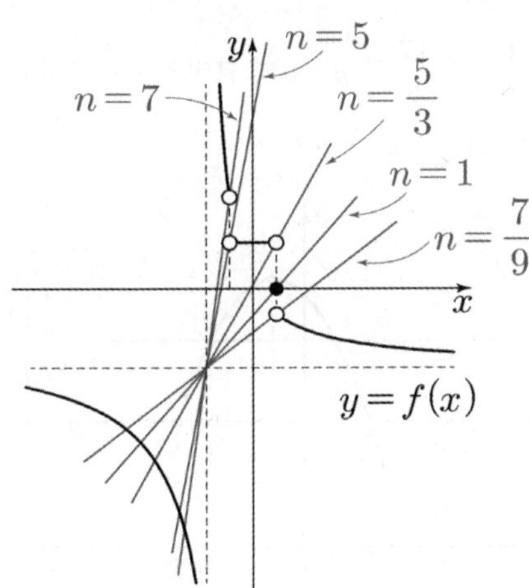

그림에서

$n > 7$, $\dfrac{5}{3} < n < 5$, $n = 1$, $0 < n < \dfrac{7}{9}$일 때, $y = f(x)$와

$y = nx + 2n - 3$은 두 점에서 만난다.

따라서 10보다 작은 자연수의 합은

$1 + 2 + 3 + 4 + 8 + 9 = 27$

12 정답 76

평행사변형 $AB_1C_1D_1$에서 $\overline{AD_1} = 4$, $\angle D_1AB_1 = \dfrac{\pi}{3}$이므로

$\angle AB_1D_1 = \dfrac{\pi}{2}$이다.

따라서 선분 AD_1이 원의 지름이고, 선분 AD_1의 중점을 M이라

하면 삼각형 MAB_1은 한 변의 길이가 2인 정삼각형이다. 이때

$\angle MB_1E_1 = \dfrac{\pi}{3}$이므로 삼각형 MB_1E_1도 한 변의 길이가 2인

정삼각형이다.

즉, $\angle D_1ME_1 = \angle B_1ME_1 = \dfrac{\pi}{3}$이다.

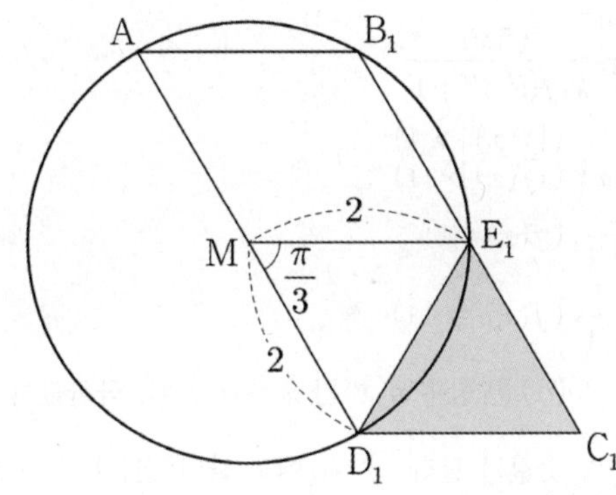

따라서 선분 B_1E_1과 호 B_1E_1으로 둘러싸인 활꼴 부분의 넓이는

선분 D_1E_1과 호 D_1E_1으로 둘러싸인 활꼴 부분의 넓이와 같다.

따라서 그림 R_1에서 색칠된 부분의 넓이는 삼각형 $C_1D_1E_1$의

넓이와 같다.

그러므로 $S_1 = \dfrac{1}{2} \times 2 \times 2 \times \dfrac{\sqrt{3}}{2} = \sqrt{3}$

한편, 그림 R_1과 그림 R_2에 색칠된 부분의 닮음비는

$\dfrac{\overline{AC_2}}{\overline{AC_1}}$이다. $\cdots$ ㉠

삼각형 AB_1C_1에서 코사인법칙을 적용하면

$$\overline{AC_1}^2 = 2^2 + 4^2 - 2 \times 2 \times 4 \times \cos\frac{2\pi}{3} = 28$$

$$\therefore \overline{AC_1} = 2\sqrt{7}$$

한편, 그림 R_2에서 사각형 $AC_2E_1B_1$이 원에 내접하므로

$\angle C_1E_1C_2 = \angle C_1AB_1$이다.

따라서 $\triangle C_1E_1C_2 \backsim \triangle C_1AB_1$ (AA닮음)

$\overline{C_1E_1} : \overline{C_1C_2} = \overline{C_1A} : \overline{C_1B_1}$

$\therefore \overline{C_1B_1} \times \overline{C_1E_1} = \overline{C_1A} \times \overline{C_1C_2}$

$\overline{C_1E_1} = 2$, $\overline{B_1C_1} = 4$에서 $4 \times 2 = 2\sqrt{7} \times \overline{C_1C_2}$

$$\overline{C_1C_2} = \frac{4}{\sqrt{7}} = \frac{4\sqrt{7}}{7}$$

따라서 $\overline{AC_2} = 2\sqrt{7} - \dfrac{4\sqrt{7}}{7} = \dfrac{10}{7}\sqrt{7}$

$\bigcirc$에서 닮음비는 $\dfrac{\dfrac{10}{7}\sqrt{7}}{2\sqrt{7}}=\dfrac{5}{7}$

따라서 공비는 $\left(\dfrac{5}{7}\right)^2=\dfrac{25}{49}$

그러므로

$\displaystyle\lim_{n\to\infty}S_n=\dfrac{\sqrt{3}}{1-\dfrac{25}{49}}=\dfrac{49}{24}\sqrt{3}$

$p=24$, $q=49$, $r=3$이므로 $p+q+r=76$이다.

13 정답 4

$g(x)=\displaystyle\lim_{n\to\infty}\dfrac{2f(x)}{k|f(x)|^n+1}$

$=\begin{cases}0 & (|f(x)|>1)\\ 2f(x) & (|f(x)|<1)\\ \dfrac{2}{k+1} & (f(x)=1)\\ \dfrac{-2}{k+1} & (f(x)=-1)\end{cases}$

$\displaystyle\lim_{x\to\alpha}g(x)=2g(\alpha)$은 함수 $g(x)$가 $x\to\alpha$일 때, 극한값이
존재하지만 함숫값과 달라 $x=\alpha$에서 불연속이다. 가능한
$f(x)$는 꼭짓점이 $(0,\,-1)$일 때 즉, $\alpha=0$뿐이다.
따라서 $f(x)=x^2-1$이고 $|f(x)|<1$일 때,
$g(x)=2f(x)=2x^2-2$이므로 $\displaystyle\lim_{x\to0}g(x)=-2$이다.

$|f(x)|=-1$일 때, $g(x)=\dfrac{-2}{k+1}$이므로 $g(0)=\dfrac{-2}{k+1}$

$\displaystyle\lim_{x\to\alpha}g(x)=2g(\alpha)$에서 $-2=2\times\dfrac{-2}{k+1}$에서 $k=1$

따라서 $f(x)=x^2-1$, $g(x)=\begin{cases}0 & (|f(x)|>1)\\ 2x^2-2 & (|f(x)|<1)\\ 1 & (f(x)=1)\\ -1 & (f(x)=-1)\end{cases}$ 이고 다음

그림과 같다.

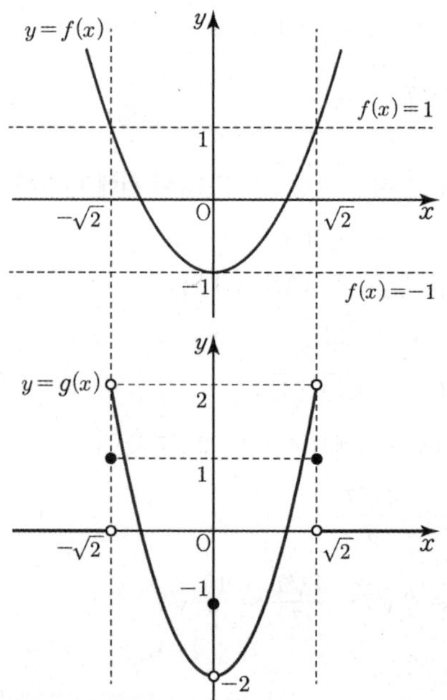

$a=-1$, $\alpha=0$, $k=1$이고
함수 $g(x)$는 $\beta_1=-\sqrt{2}$, $\beta_2=0$, $\beta_3=\sqrt{2}$에서 불연속이다.
따라서 $g(\beta_m)=g(\beta_3)=1$이므로
$\therefore\ m+g(\beta_m)=3+1=4$

14 정답 178

주어진 방정식 $2\sin^2 x+\cos x=a\ \cdots(*)$
에서 좌변을 정리하면
$y=2\sin^2 x+\cos x=2(1-\cos^2 x)+\cos x$
$\qquad=-2\cos^2 x+\cos x+2$
$\cos x=t$라 놓으면
$y=-2t^2+t+2\ (-1\le t\le 1)$
$\quad=-2\left(t-\dfrac{1}{4}\right)^2+\dfrac{17}{8}$

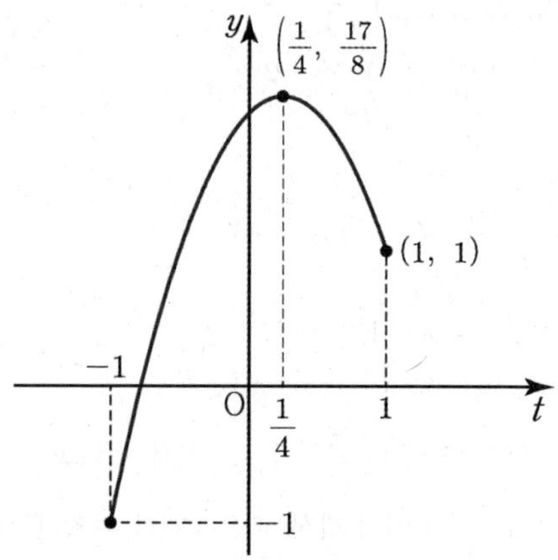

$(*)$의 실근은 우선

$y=-2\left(t-\dfrac{1}{4}\right)^2+\dfrac{17}{8}$와 $y=a$의 교점의 t를 구하고

$\cos x=t$에서 실근 x를 구하면 되므로

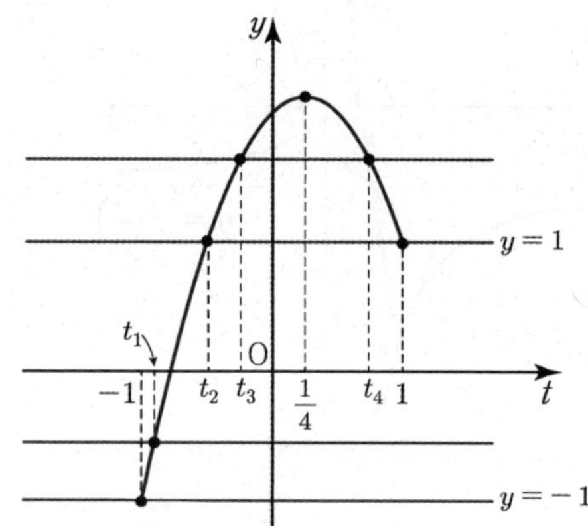

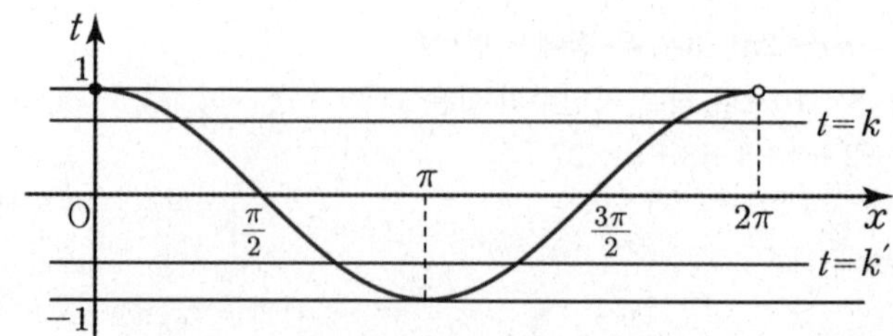

(1) $a > \dfrac{17}{8}$ 또는 $a < -1$일 때, 교점이 없으므로 $f(a) = 0$

(2) $a = -1$일 때, $t = -1$이므로 위의 그래프에서 $x = \pi$이므로
$f(-1) = 1$

(3) $-1 < a < 1$일 때, $t = t_1 \, (-1 < t_1 < t_2)$뿐이므로
$f(a) = 2$

(4) $a = 1$일 때, $t = t_2$, $t = 1 \, (-1 < t_2 < 0)$이므로
$\cos x = t_2$의 실근은 2개이고, $\cos x = 1$의 실근은 $x = 0$이므로
$f(1) = 3$

(5) $1 < a < \dfrac{17}{8}$일 때,
$t = t_3, t_4 \, (-1 < t_3 < 1, \, -1 < t_4 < 1)$이므로 $f(a) = 4$

(6) $a = \dfrac{17}{8}$일 때, $t = \dfrac{1}{4}$이므로 $f(a) = 2$

a	$a < -1$	$a = -1$	$-1 < a < 1$	$a = 1$
$f(a)$	0	1	2	3

$1 < a < \dfrac{17}{8}$	$a = \dfrac{17}{8}$	$a > \dfrac{17}{8}$
4	2	0

(가)에서 $\displaystyle\lim_{n\to\infty} f\!\left(1 + \dfrac{1}{n}\right) = 4$, $\displaystyle\lim_{n\to\infty} f\!\left(1 - \dfrac{1}{n}\right) = 2$,
$f(1) = 3$이므로 $p = 9$

(나)에서 $\displaystyle\lim_{n\to\infty} f\!\left(q + \dfrac{1}{n}\right) + \lim_{n\to\infty} f\!\left(q - \dfrac{1}{n}\right) + f(q) = 6$을 만족하는
$q > 1$인 수는
$$\lim_{n\to\infty} f\!\left(\dfrac{17}{8} + \dfrac{1}{n}\right) = 0, \quad \lim_{n\to\infty} f\!\left(\dfrac{17}{8} - \dfrac{1}{n}\right) = 4, \quad f\!\left(\dfrac{17}{8}\right) = 2$$이므로
$$\therefore q = \dfrac{17}{8}$$
$$\therefore 16(p + q) = 178$$

[다른 풀이]

$2\sin^2 x + \cos x = a \, (0 \le x < 2\pi)$에서
$f(x) = 2\sin^2 x + \cos x$이라 하면
$f'(x) = 4\sin x \cos x - \sin x$
$\quad = \sin x (4\cos x - 1)$
$f'(x) = 0$의 해는 $\sin x = 0 \to x = 0, \pi$
$\cos x = \dfrac{1}{4}$을 만족하는 $x = \alpha, \beta$
$\left(0 < \alpha < \dfrac{\pi}{2}, \dfrac{3}{2}\pi < \beta < 2\pi\right)$라 할 때,
$\sin\alpha = \dfrac{\sqrt{15}}{4}$, $\sin\beta = -\dfrac{\sqrt{15}}{4}$
따라서 $f(0) = 1$, $f(\pi) = -1$,
$f(\alpha) = 2\left(\dfrac{\sqrt{15}}{4}\right)^2 + \dfrac{1}{4} = \dfrac{17}{8}$, $f(\beta) = 2\left(-\dfrac{\sqrt{15}}{4}\right)^2 + \dfrac{1}{4} = \dfrac{17}{8}$

x	0	$\cdots$	α	$\cdots$	π	$\cdots$
$f'(x)$	0	$+$	0	$-$	0	$+$
$f(x)$	1	$\nearrow$	$\dfrac{17}{8}$	$\searrow$	-1	$\nearrow$

β	$\cdots$	(2π)
0	$-$	(0)
$\dfrac{17}{8}$	$\searrow$	(1)

$f(x) = 2\sin^2 x + \cos x$의 그래프는 다음 그림과 같다.

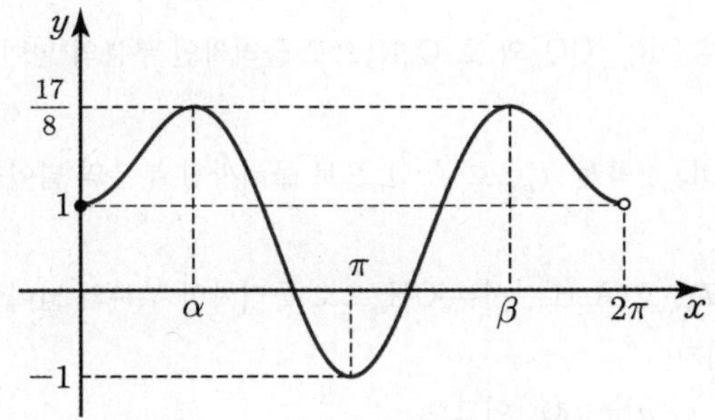

따라서 $f(a)$는 다음 표와 같다.

a	$a < -1$	$a = -1$	$-1 < a < 1$	$a = 1$
$f(a)$	0	1	2	3

$1 < a < \dfrac{17}{8}$	$a = \dfrac{17}{8}$	$a > \dfrac{17}{8}$
4	2	0

이하 풀이 동일

[참고] $f(2\pi - x) = 2(\sin(2\pi - x))^2 + \cos(2\pi - x)$
$= 2\sin^2 x + \cos x = f(x)$이므로 $f(x)$는 $x = \pi$에 대칭이다.

15   정답 11

[그림 : 최성훈T]

$\overline{OP_n} = 2n$이고 점 P_n이 곡선 $y = \dfrac{1}{3n}x^2$위의 점이므로
$P_n(\sqrt{3}\,n, \, n)$이다.
따라서 원 C_n은 반지름의 길이가 n인 원이다.
직각삼각형 $OP_n H_n$에서 $\angle P_n O H_n = \dfrac{\pi}{6}$,
$\angle O P_n H_n = \dfrac{\pi}{3}$이다.
또한 원 D_n의 중심을 B_n이라 할 때,
$\angle P_n O Q_n = \angle B_n O Q_n = \dfrac{\pi}{6}$이므로 세 삼각형 $OP_n H_n$,
$OP_n Q_n$, $OB_n Q_n$은 합동이다.

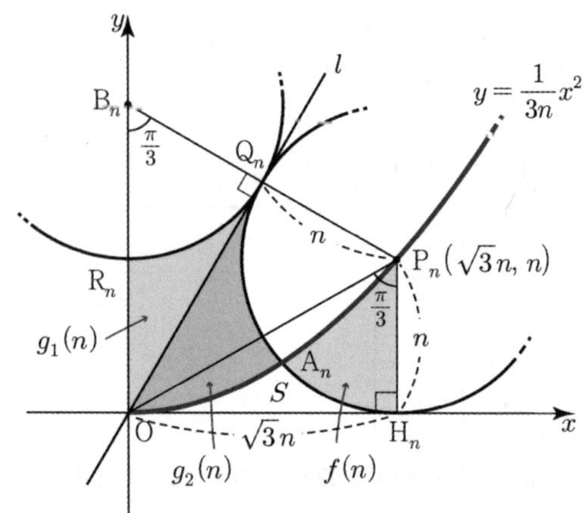

두 선분 OR_n, OQ_n와 호 $\mathrm{Q}_n\mathrm{R}_n$으로 둘러싸인 부분의 넓이를 $g_1(n)$

선분 OQ_n, 곡선 T_n, 호 $\mathrm{A}_n\mathrm{Q}_n$으로 둘러싸인 부분의 넓이를 $g_2(n)$

곡선 T_n, 호 $\mathrm{A}_n\mathrm{H}_n$, 선분 OH_n으로 둘러싸인 부분의 넓이를 S라 하자.

$g(n)=g_1(n)+g_2(n)$이므로

$g(n)-f(n)$
$=g_1(n)+g_2(n)-f(n)$
$=g_1(n)+g_2(n)+S-f(n)-S$
$=g_1(n)+\{g_2(n)+S\}-\{f(n)+S\}$

이다.

$g_1(n)=\dfrac{1}{2}\times\sqrt{3}\,n\times n-\dfrac{1}{2}\times n^2\times\dfrac{\pi}{3}$

$\qquad=\dfrac{\sqrt{3}}{2}n^2-\dfrac{\pi}{6}n^2$

$g_2(n)+S=2g_1(n)=\sqrt{3}\,n^2-\dfrac{\pi}{3}n^2$

$f(n)+S=\displaystyle\int_0^{\sqrt{3}\,n}\dfrac{1}{3n}x^2dx$

$\qquad=\dfrac{1}{3n}\left[\dfrac{1}{3}x^3\right]_0^{\sqrt{3}\,n}=\dfrac{\sqrt{3}}{3}n^2$

따라서

$g(n)-f(n)$
$=\left(\dfrac{\sqrt{3}}{2}n^2-\dfrac{\pi}{6}n^2\right)+\left(\sqrt{3}\,n^2-\dfrac{\pi}{3}n^2\right)-\left(\dfrac{\sqrt{3}}{3}n^2\right)$

$=\dfrac{7\sqrt{3}}{6}n^2-\dfrac{\pi}{2}n^2$

그러므로 $\displaystyle\lim_{n\to\infty}\dfrac{g(n)-f(n)}{n^2}=\dfrac{7}{6}\sqrt{3}-\dfrac{\pi}{2}$ 이다.

16 정답 5

(가), (나)의 양변을 변끼리 더하면

$a_{4n-2}+a_{4n-1}+a_{4n}+a_{4n+1}=\dfrac{1}{2}a_n$ 이다.

$n=1,\ 2,\ 3,\ 4,\ \cdots$을 대입하면

$a_2+a_3+a_4+a_5=\dfrac{1}{2}a_1\ \cdots\cdots\ \textcircled{\scriptsize ㄱ}$

$a_6+a_7+a_8+a_9=\dfrac{1}{2}a_2$

$a_{10}+a_{11}+a_{12}+a_{13}=\dfrac{1}{2}a_3$

$a_{14}+a_{15}+a_{16}+a_{17}=\dfrac{1}{2}a_4$

$a_{18}+a_{19}+a_{20}+a_{21}=\dfrac{1}{2}a_5$

에서 $a_6+\cdots+a_{21}=\dfrac{1}{2}(a_2+a_3+a_4+a_5)=\dfrac{1}{4}a_1\ \cdots\cdots\ \textcircled{\scriptsize ㄴ}$

같은 방법으로

$a_{22}+\cdots+a_{85}=2(a_6+\cdots+a_{21})=\dfrac{1}{8}a_1\ \cdots\cdots\ \textcircled{\scriptsize ㄷ}$

$a_{86}+\cdots+a_{341}=2(a_{22}+\cdots+a_{85})=\dfrac{1}{16}a_1\ \cdots\cdots\ \textcircled{\scriptsize ㄹ}$

따라서 $\textcircled{\scriptsize ㄱ}$~$\textcircled{\scriptsize ㄹ}$의 각 수열의 합의 끝항이

$a_5,\ a_{21},\ a_{85},\ a_{341}$에서

$21-5=16=4^2$

$85-21=64=4^3$

$341-85=256=4^4$

이다.

따라서

$\displaystyle\lim_{n\to\infty}\sum_{k=1}^{1+\sum\limits_{i=1}^{n}4^i}a_k=a_1+(a_2+a_3+a_4+a_5)+(a_6+\cdots+a_{21})$

$\qquad+(a_{22}+\cdots+a_{85})+(a_{86}+\cdots+a_{341})\cdots$

$=a_1\left(1+\dfrac{1}{2}+\dfrac{1}{4}+\dfrac{1}{8}+\dfrac{1}{16}+\cdots\right)$

$=a_1\times\dfrac{1}{1-\dfrac{1}{2}}$

$=2a_1=10$

에서 $a_1=5$이다.

17 정답 12

수열 $\left\{\sqrt{a_n+\dfrac{a_n}{n^3}}-\sqrt{a_n-\dfrac{a_n}{n^3}}\right\}$이 수렴하므로

$\displaystyle\lim_{n\to\infty}\left(\sqrt{a_n+\dfrac{a_n}{n^3}}-\sqrt{a_n-\dfrac{a_n}{n^3}}\right)=\alpha\ (\alpha\neq0)$라 하자.

$\sqrt{a_n+\dfrac{a_n}{n^3}}-\sqrt{a_n-\dfrac{a_n}{n^3}}$

$=\dfrac{\left(a_n+\dfrac{a_n}{n^3}\right)-\left(a_n-\dfrac{a_n}{n^3}\right)}{\sqrt{a_n+\dfrac{a_n}{n^3}}+\sqrt{a_n-\dfrac{a_n}{n^3}}}$

$$= \frac{\dfrac{2a_n}{n^3}}{\sqrt{a_n}\left(\sqrt{1+\dfrac{1}{n^3}}+\sqrt{1-\dfrac{1}{n^3}}\right)}$$

$$= \frac{\sqrt{a_n}}{n^3} \times \frac{2}{\sqrt{1+\dfrac{1}{n^3}}+\sqrt{1-\dfrac{1}{n^3}}}$$

이고

$$\lim_{n\to\infty}\frac{2}{\sqrt{1+\dfrac{1}{n^3}}+\sqrt{1-\dfrac{1}{n^3}}}=\frac{2}{\sqrt{1}+\sqrt{1}}=1 \text{이므로}$$

$$\lim_{n\to\infty}\frac{\sqrt{a_n}}{n^3}=\alpha$$

한편,

$$n^p \times \left\{\sqrt{1+\left(\dfrac{1}{a_n}\right)^2}-\sqrt{1-\left(\dfrac{1}{a_n}\right)^2}\right\}$$

$$= n^p \times \frac{\left\{1+\left(\dfrac{1}{a_n}\right)^2\right\}-\left\{1-\left(\dfrac{1}{a_n}\right)^2\right\}}{\sqrt{1+\left(\dfrac{1}{a_n}\right)^2}+\sqrt{1-\left(\dfrac{1}{a_n}\right)^2}}$$

$$= \frac{n^p}{(a_n)^2} \times \frac{2}{\sqrt{1+\left(\dfrac{1}{a_n}\right)^2}+\sqrt{1-\left(\dfrac{1}{a_n}\right)^2}}$$

$$= n^{p-12} \times \left(\frac{n^3}{\sqrt{a_n}}\right)^4 \times \frac{2}{\sqrt{1+\left(\dfrac{1}{a_n}\right)^2}+\sqrt{1-\left(\dfrac{1}{a_n}\right)^2}} \cdots ㉠$$

한편, $a_n \geq 1$, $\displaystyle\lim_{n\to\infty}\frac{\sqrt{a_n}}{n^3}=\alpha$ 이므로

$$\lim_{n\to\infty}\frac{n^3}{\sqrt{a_n}}=\lim_{n\to\infty}\frac{1}{\dfrac{\sqrt{a_n}}{n^3}}=\frac{1}{\alpha} \cdots ㉡$$

$\displaystyle\lim_{n\to\infty}\frac{\sqrt{a_n}}{n^3}=\alpha$ 에서 $\displaystyle\lim_{n\to\infty}a_n=\infty$ 이므로

$$\lim_{n\to\infty}\frac{2}{\sqrt{1+\left(\dfrac{1}{a_n}\right)^2}+\sqrt{1-\left(\dfrac{1}{a_n}\right)^2}}=\frac{2}{\sqrt{1}+\sqrt{1}}=1 \cdots ㉢$$

㉠, ㉡, ㉢에서 수열 $\left\{n^p \times \left(\sqrt{1+\left(\dfrac{1}{a_n}\right)^2}-\sqrt{1-\left(\dfrac{1}{a_n}\right)^2}\right)\right\}$이

수렴하기 위해서는

$p-12 \leq 0$, $p \leq 12$

따라서 자연수 p의 최댓값은 12이다.

18 정답 ⑤

[그림 : 이정배T]

$y=-f(4-x)+2$는 함수 $y=f(x)$를 $(2, 1)$에 점대칭 이동한
함수이고 함수 $g(x)$가 $0 \leq x \leq 4$에서의 그래프를
$g(x+4)=g(x)$을 만족시키므로 구간의 길이가 4만큼 반복되는
함수의 그래프를 갖는다.

따라서 함수 $g(x)$의 그래프는 다음 그림과 같다.

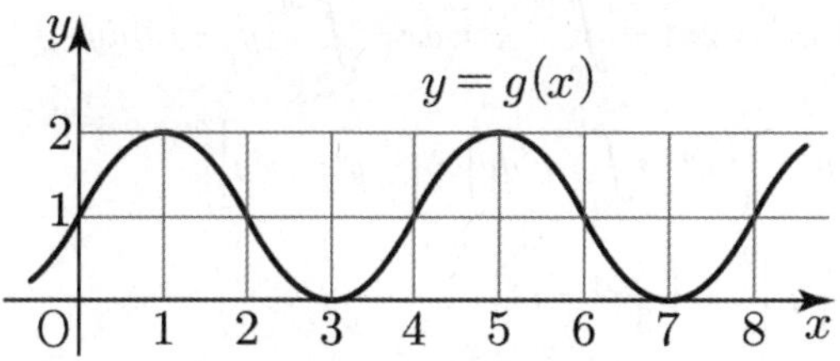

한편, 직선 $y=\dfrac{x+1}{2n}$은 기울기가 $\dfrac{1}{2n}$이고 $(-1, 0)$을 지나고

$\dfrac{x+1}{2n}=2$에서 $(4n-1, 2)$을 지난다.

(i) $n=1$일 때, $(-1, 0)$과 $(3, 2)$을 지나는 직선과 곡선
$y=g(x)$이 만나는 점의 개수는 3이다.

$\therefore a_1=3$

(ii) $n=2$일 때, $(-1, 0)$과 $(7, 2)$을 지나는 직선과 곡선
$y=g(x)$이 만나는 점의 개수는 5이다.

$\therefore a_2=5$

(iii) $n=3$일 때, $(-1, 0)$과 $(11, 2)$을 지나는 직선과 곡선
$y=g(x)$이 만나는 점의 개수는 7이다.

$\therefore a_3=7$

따라서 $a_n=2n+1$

$$\sum_{n=1}^{\infty}\frac{1}{a_n a_{n+1} a_{n+2}}$$

$$= \sum_{n=1}^{\infty}\frac{1}{(2n+1)(2n+3)(2n+5)}$$

$$= \frac{1}{4}\sum_{n=1}^{\infty}\left\{\frac{1}{(2n+1)(2n+3)}-\frac{1}{(2n+3)(2n+5)}\right\}$$

$$= \frac{1}{4}\times\left(\frac{1}{3\times5}-0\right)=\frac{1}{60}$$

19 정답 4

[랑데뷰 세미나 구판 (103), (104) 참고]
[랑데뷰 세미나 신판 (169), (170) 참고]

픽의 정리에 의해 $\sqrt{x} \leq y \leq \sqrt{x+n^2}$,

$0 \leq x \leq 4n^2$, $0 \leq y \leq 2n$의 내부의 격자점의 개수와 영역의
넓이는 $n \to \infty$일 때 같은 값을 갖는다고 할 수 있다.

또한 $n \to \infty$일 때 영역의 넓이는 한 변의 길이가 1인
정사각형으로 그 영역을 완전히 메울 수 있다. (구분구적법 원리)

조건 (나)를 만족하는 영역은 다음 그림과 같다.

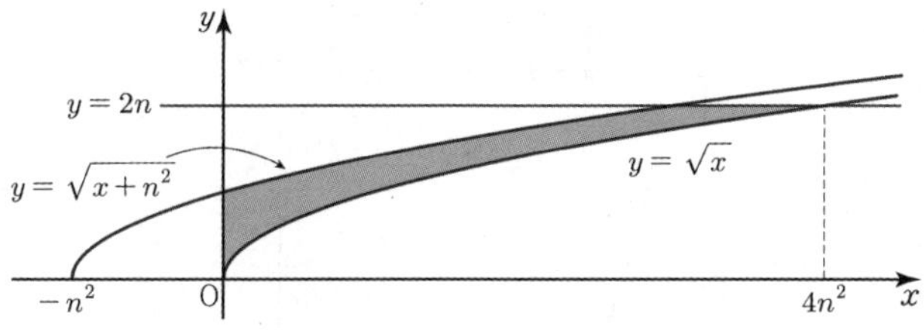

따라서

$$S_n = (4n^2 \times 2n) - \int_0^{4n^2} \sqrt{r}\,dx - \int_n^{2n} (y^2 - n^2)dy$$

$$= 8n^3 - \left(8n^3 - \int_0^{2n} y^2 dy\right) - \left[\frac{1}{3}y^3 - n^2 y\right]_n^{2n}$$

$$= \left[\frac{1}{3}y^3\right]_0^{2n} - \left(\frac{7}{3}n^2 - n^3\right)$$

$$= \frac{8}{3}n^3 - \frac{4}{3}n^3 = \frac{4}{3}n^3$$

$$S_{n+1} = \frac{4}{3}(n+1)^3$$

$$S_{n+1} - S_n = \frac{4}{3}\{(n+1)^3 - n^3\}$$

$$= \frac{4}{3}(3n^2 + 3n + 1)$$

$$= 4n^2 + 4n + \frac{4}{3}$$

$$\therefore \lim_{n \to \infty} \frac{S_{n+1} - S_n}{n^2} = \lim_{n \to \infty} \frac{4n^2 + \cdots}{n^2} = 4$$

미분법

20 정답 15

[출제자 : 황보성호T]

[그림 : 강민구T]

$0 \le x < 1$일 때, $f(x) = \pi \tan \frac{\pi}{4}x$의 그래프를 그리면 [그림 1]과 같다.

$1 \le x < 2$일 때, $f(x) = f(2-x)$이므로 $x = 1$에 대칭이 되도록 [그림 2]와 같이 그릴 수 있다.

$2 \le x < 4$일 때, $f(x) = \frac{1}{2}f(x-2)$이므로 $0 \le x < 2$의 그림의 절반 크기가 되도록 [그림 3]과 같이 그릴 수 있다.

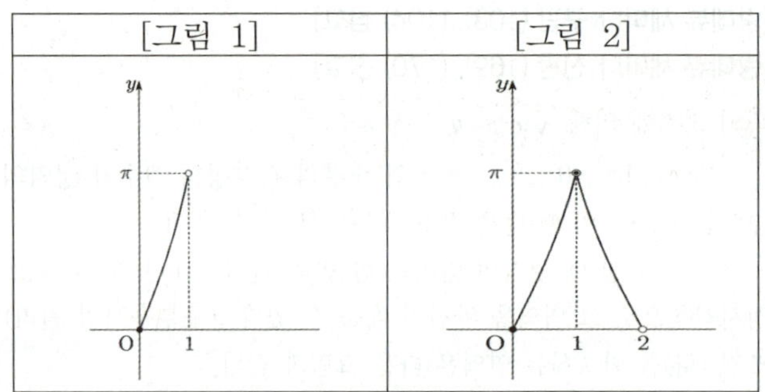
[그림 1]   [그림 2]

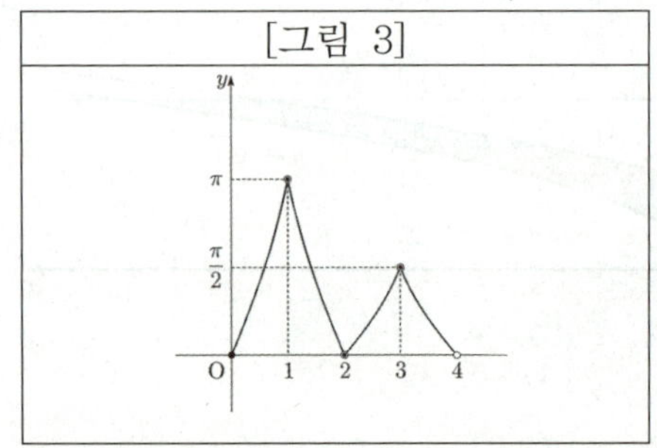
[그림 3]

$2n \le x < 2n+2$인 구간에는 $0 \le x < 2$인 구간의 그래프의 $\frac{1}{2^n}$배 크기만큼 그려나가면 되므로 그림과 같이 그릴 수 있다.

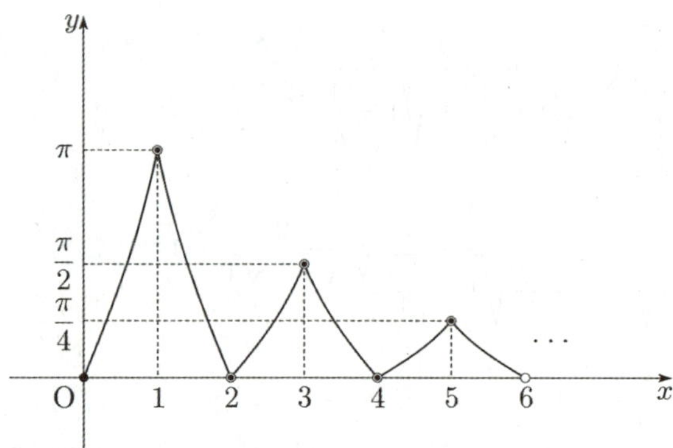

함수 $g'(x)$가 실수 전체의 집합에서 연속이므로 $2n-2 \le x < 2n$인 모든 실수 x에 대하여 $g'(x) = f(x)$ 또는 $g'(x) = -f(x)$이다.

이때

$$\int_0^1 f(x)dx = \int_0^1 \pi \tan \frac{\pi}{4}x\,dx$$

$$= \pi \int_0^1 \frac{\sin \frac{\pi}{4}x}{\cos \frac{\pi}{4}x}dx$$

$$= \pi \left[-\ln \left|\cos \frac{\pi}{4}x\right| \times \frac{4}{\pi}\right]_0^1 = -4\ln 2^{-\frac{1}{2}} = 2\ln 2$$

(나)에서 $x > 4$인 모든 실수 x에서 항상 $f(x) \ge 0$이거나 $f(x) \le 0$이어야 한다.

$[4, \infty)$에서 $f(x)$의 넓이을 구하면 등비급수에 의하여

$$\frac{\ln 2}{1 - \frac{1}{2}} = 2\ln 2$$

각 구간별로 $g'(x)$를 $f(x)$ 또는 $-f(x)$로 보는 경우에 따라 분류하면 다음과 같다.

구분	$[0, 2)$	$[2, 4)$	$[4, \infty)$	$\displaystyle\lim_{n \to \infty} g(2n)$
$g'(x)$	$f(x)$ $(+4\ln 2)$	$f(x)$ $(+2\ln 2)$	$f(x)$ $(+2\ln 2)$	$0 + 4\ln 2 + 2\ln 2 + 2\ln 2 = 8\ln 2$
			$-f(x)$ $(-2\ln 2)$	$0 + 4\ln 2 + 2\ln 2 - 2\ln 2 = 4\ln 2$
		$-f(x)$ $(-2\ln 2)$	$f(x)$ $(+2\ln 2)$	$0 + 4\ln 2 + 2\ln 2 - 2\ln 2 = 4\ln 2$
			$-f(x)$ $(-2\ln 2)$	$0 + 4\ln 2 - 2\ln 2 - 2\ln 2 = 0$
	$-f(x)$ $(-4\ln 2)$	$\mathrm{a}f(x)$ $(+2\ln 2)$	$f(x)$ $(+2\ln 2)$	$0 - 4\ln 2 + 2\ln 2 + 2\ln 2 = 0$
			$-f(x)$ $(-2\ln 2)$	$0 - 4\ln 2 + 2\ln 2 - 2\ln 2 = -4\ln 2$
		$-f(x)$ $(-2\ln 2)$	$f(x)$ $(+2\ln 2)$	$0 - 4\ln 2 + 2\ln 2 - 2\ln 2 = -4\ln 2$
			$-f(x)$ $(-2\ln 2)$	$0 - 4\ln 2 - 2\ln 2 - 2\ln 2 = -8\ln 2$

$\displaystyle\lim_{n \to \infty} g(2n) = 4\ln 2$이 되는 경우는 두 가지 뿐이고,

그 경우에 따른 $g(3)$의 값은 $0 + 4\ln 2 + \ln 2 = 5\ln 2$ 또는

$0 + 4\ln 2 - \ln 2 = 3\ln 2$

즉, $m = 5\ln 2 \times 3\ln 2 = 15(\ln 2)^2$

$\therefore \ \dfrac{m}{(\ln 2)^2} = 15$

21 정답 ③

[출제자 : 김수T]

[그림 : 서태욱T]

[검토자 : 이호진T]

곡선 $y = f(x)$와 직선 $y = t$가 만나는 두 점 P, Q 중 x좌표가 작은 점을 P, 점 P의

x좌표를 $\alpha(t)$라 하자.

$\sin\alpha(t) + 1 = t$에서

$\alpha'(t)\cos\alpha(t) = 1 \quad \cdots \ \bigcirc$

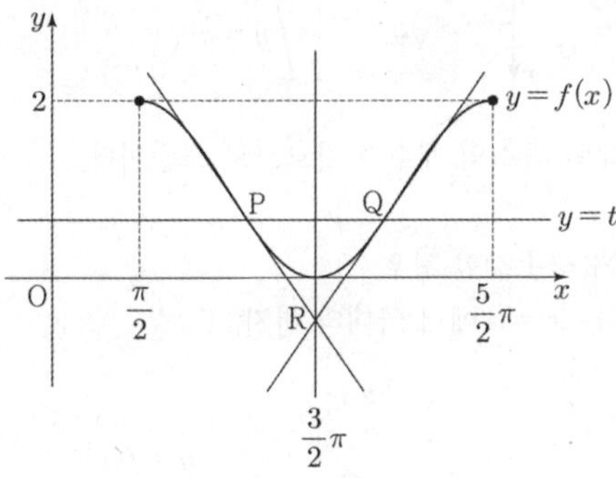

곡선 $y = f(x)$는 직선 $x = \dfrac{3}{2}\pi$에 대하여 대칭이므로

두 점 P, Q 도 직선 $x = \dfrac{3}{2}\pi$ 에 대하여 대칭이다.

따라서 두 점 P, Q 에서의 두 접선의 교점 R의 x 좌표는

$\dfrac{3}{2}\pi$이다.

$f'(x) = \cos x$이므로 점 $\mathrm{P}(\alpha(t), t)$에서의 접선의 방정식은

$y = \cos\alpha(t)(x - \alpha(t)) + t$

점 R의 y좌표를 $h(t)$라 하면

$h(t) = \cos\alpha(t)\left(\dfrac{3}{2}\pi - \alpha(t)\right) + t \quad \cdots\cdots \ \bigcirc\!\!\!\!\bigcirc$

이때 $\dfrac{\pi}{2} < \alpha(t) < \dfrac{3}{2}\pi$ 이므로

$h(t) = \cos\alpha(t)\left(\dfrac{3}{2}\pi - \alpha(t)\right) + t$

한편, $\overline{\mathrm{OA}} = \sqrt{2}$이고, 직선 OA의 방정식은 $y = x$

따라서 점 $\mathrm{R}\left(\dfrac{3}{2}\pi, h(t)\right)$와 직선 OA사이의 거리는

$\dfrac{\left|\dfrac{3}{2}\pi - h(t)\right|}{\sqrt{2}}$

삼각형 OAR의 넓이는

$g(t) = \dfrac{1}{2} \times \sqrt{2} \times \dfrac{\left|\dfrac{3}{2}\pi - h(t)\right|}{\sqrt{2}} = \dfrac{1}{2}\left(\dfrac{3}{2}\pi - h(t)\right)$

$\dfrac{3}{2}\pi - h(t) = \dfrac{3}{2}\pi - t - \cos\alpha(t)\left(\dfrac{3}{2}\pi - \alpha(t)\right)$

$> 0 \ \left(\because \ \dfrac{3}{2}\pi - t > 0, \ \cos\alpha(t) < 0, \ \dfrac{3}{2}\pi - \alpha(t) > 0\right)$

따라서 $g'(t) = -\dfrac{1}{2}h'(t)$

$\bigcirc$, $\bigcirc\!\!\!\!\bigcirc$에 의하여

$g'(t) =$
$\dfrac{1}{2}\left(\dfrac{3}{2}\pi\alpha'(t)\sin\alpha(t) + \alpha'(t)\cos\alpha(t) - \alpha(t)\alpha'(t)\sin\alpha(t) - 1\right)$

$= \dfrac{1}{2}\left(\dfrac{3}{2}\pi\alpha'(t)\sin\alpha(t) - \alpha(t)\alpha'(t)\sin\alpha(t)\right)$

$= \dfrac{1}{2}\left(\alpha'(t)\sin\alpha(t)\left(\dfrac{3}{2}\pi - \alpha(t)\right)\right)$

$\dfrac{\pi}{2} < \alpha(t) < \dfrac{3}{2}\pi$ 이고 $\bigcirc$에서 $\alpha'(t) < 0$

$g'(t) = 0$에서 $\alpha(t) = \pi$

이때 $t = f(\pi) = 1$이므로 $t_1 = 1$

$t = t_1 + \dfrac{1}{2} = \dfrac{3}{2}$일 때,

$f\left(\alpha\left(\dfrac{3}{2}\right)\right) = \dfrac{3}{2}$ 에서 $\alpha\left(\dfrac{3}{2}\right) = \dfrac{5}{6}\pi$

$\bigcirc$ 에 의하여 $\alpha'\left(\dfrac{3}{2}\right)\cos\dfrac{5}{6}\pi = 1$

$\alpha'\left(\dfrac{3}{2}\right)\left(-\dfrac{\sqrt{3}}{2}\right) = 1$

$\alpha'\left(\dfrac{3}{2}\right) = -\dfrac{2}{\sqrt{3}}$

$g'\left(\dfrac{3}{2}\right) = \dfrac{1}{2}\left(\alpha'\left(\dfrac{3}{2}\right)\sin\alpha(t)\left(\dfrac{3}{2}\pi - \alpha(t)\right)\right)$

$= \dfrac{1}{2} \times \left(-\dfrac{2}{\sqrt{3}}\right) \times \dfrac{1}{2} \times \left(\dfrac{3}{2}\pi - \dfrac{5}{6}\pi\right)$

$= -\dfrac{\sqrt{3}}{9}\pi$

22 정답 ③

「출제자 · 이소영T]
[그림 : 이징배T]
[검토자 : 이진우T]
[문항 수정 및 풀이 : 이정배T]

함수 $g(x)$는 $y = \dfrac{2x}{x^2+1}$을 x축의 방향으로 5만큼 y축의

방향으로 4만큼 평행이동한 함수이다.

$$y' = \frac{2(x^2+1)-2x \cdot 2x}{(x^2+1)^2} = \frac{-2(x^2-1)}{(x^2+1)^2}$$

$$= \frac{-2(x-1)(x+1)}{(x^2+1)^2}$$

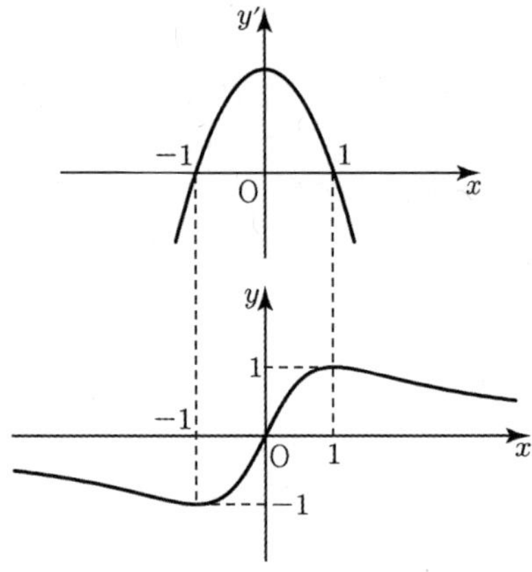

$y = \dfrac{2x}{x^2+1}$의 그래프를 x축의 방향으로 5만큼 y축의 방향으로

4만큼 평행이동하여 함수 $g(x)$를 그리면 아래와 같다.

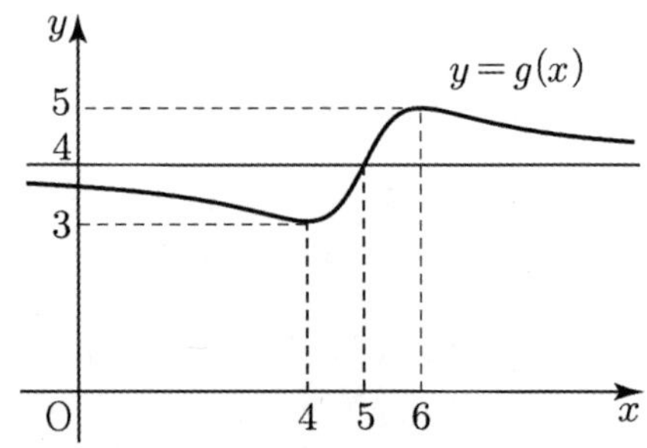

조건 (가), (나)에서 $f(x) = 4$에서 함수 $(g \circ f)(x)$는 극솟값을
모두 가져야 하므로 그림과 같다.

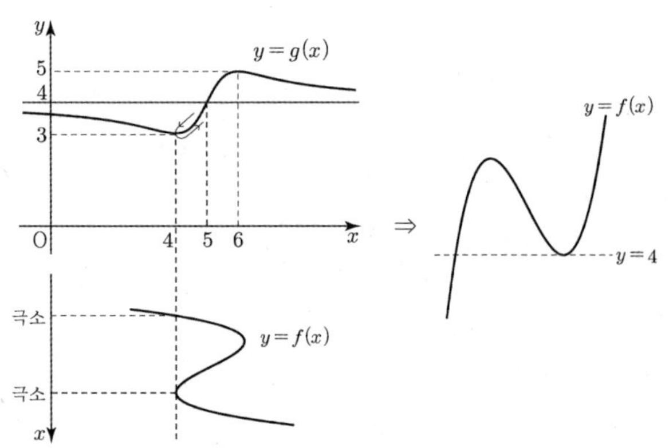

또한 조건 (다)와 함수 $h(x)$의 극솟값의 개수가 극댓값의
개수보다 많을 조건을 만족하는 함수 $f(x)$를 다음과 같이
나누어 살펴본다.

(ⅰ) $f(5)$가 극댓값인 경우

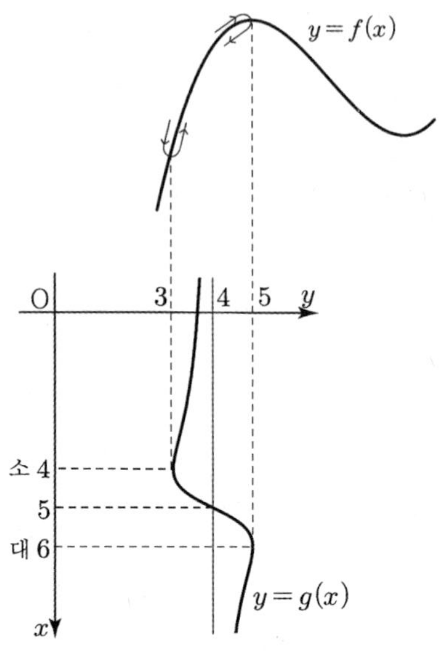

이것은 극대와 극소의 개수가 같으므로 모순이다.

(ⅱ) $f(5)$가 극솟값인 경우
함수 $f(x)$는 $x = \alpha$에서 극대라 하자.
① $\alpha \leq 3$이면

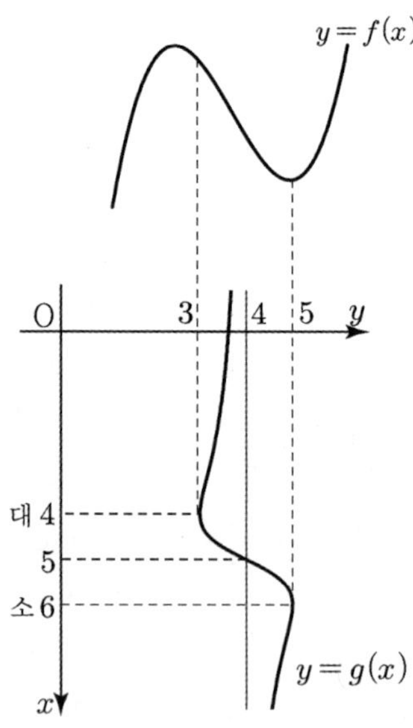

이것은 극대와 극소의 개수가 같으므로 모순이다.

② $3 < \alpha < 4$이면

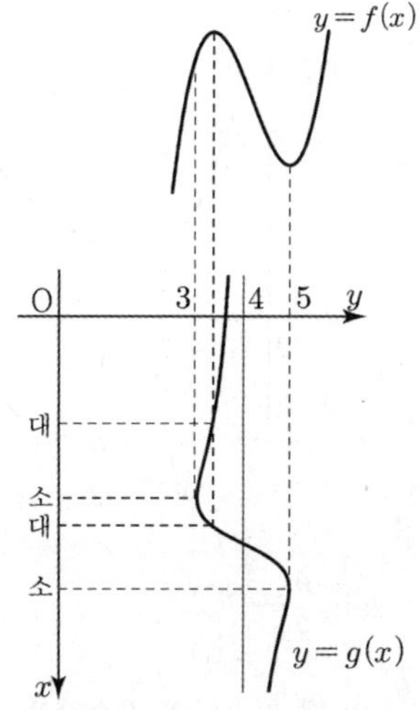

이것은 극대와 극소의 개수가 같으므로 모순이다.

③ $\alpha = 4$이면

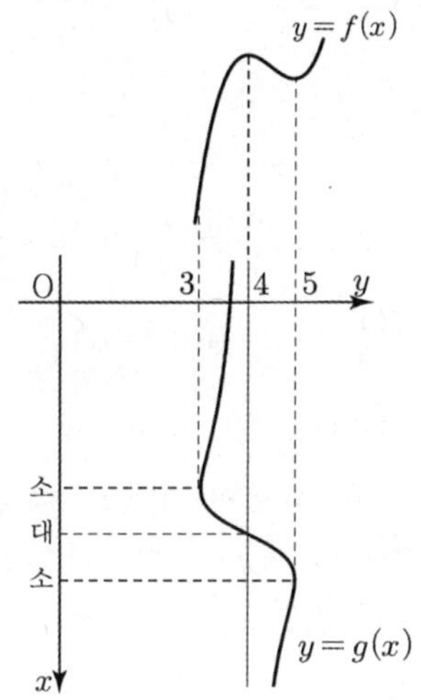

이것은 극소의 개수가 극대의 개수보다 많으므로 조건을 만족한다.

④ $4 < \alpha < 5$이면

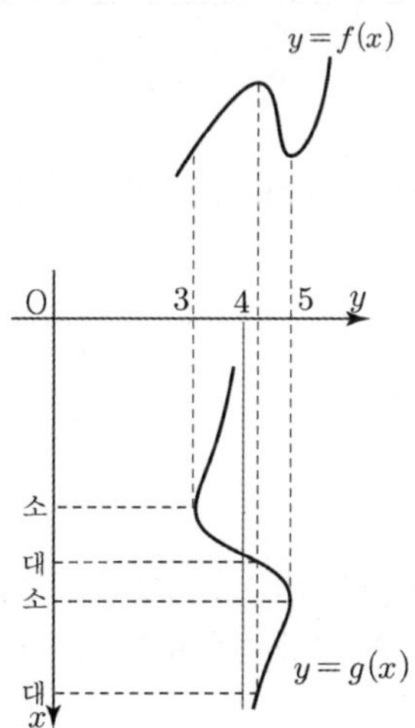

이것은 극대와 극소의 개수가 같으므로 모순이다.

(ii)에 ③에서 $f(x)$는 $x = 4$에서 극대, $x = 5$에서 극솟값 4를 가지므로 삼차함수의 비율관계에서

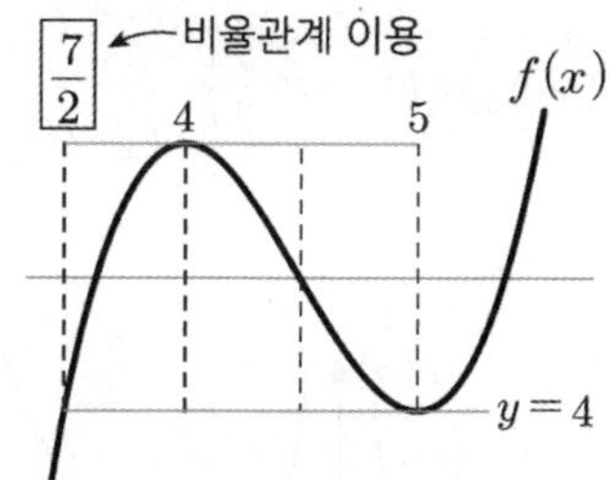

$$f(x) = 2\left(x - \frac{7}{2}\right)(x-5)^2 + 4 = (2x-7)(x-5)^2 + 4 \text{이다.}$$

$$\therefore \ f(4) = 5$$

23 정답 4

[출제자 : 김종렬T]

[그림 : 도정영T]

[검토자 : 김진성T]

$$\overline{PQ} = \sqrt{(\cos\theta - 1)^2 + \sin^2\theta}$$

$$= \sqrt{2(1 - \cos\theta)} = \sqrt{4\sin^2\frac{\theta}{2}} = 2\sin\frac{\theta}{2} \ (\because 0 < \theta < \pi)$$

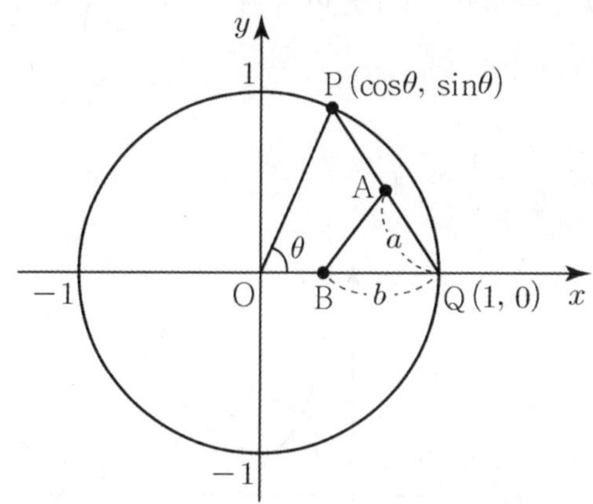

또한 $\triangle QAB = \dfrac{1}{2}\triangle OPQ$ 이므로 $\overline{AQ} = a$, $\overline{BQ} = b$ 라고 하면

$$\frac{1}{2}ab\sin\frac{\pi-\theta}{2} = \frac{1}{2} \times \frac{1}{2} \times 1^2 \times \sin\theta \text{ 이고}$$

$$ab\cos\frac{\theta}{2} = \sin\frac{\theta}{2}\cos\frac{\theta}{2} \text{ 이다.}$$

$$\therefore \ ab = \sin\frac{\theta}{2} \ \cdots\cdots \ \ominus$$

$\triangle ABQ$ 에서

$$\overline{AB}^2 = a^2 + b^2 - 2ab\cos\left(\frac{\pi-\theta}{2}\right)$$

$$= a^2 + b^2 - 2\sin^2\frac{\theta}{2} = \frac{\sin^2\frac{\theta}{2}}{b^2} + b^2 - 2\sin^2\frac{\theta}{2} \ (\because \ominus)$$

$$f(b) = \frac{\sin^2 \frac{\theta}{2}}{b^2} + b^2 - 2\sin^2 \frac{\theta}{2} \text{ 라고 하자. } \cdots\cdots \text{ⓛ}$$

$$f'(b) = \frac{2b\left(b^2 + \sin\frac{\theta}{2}\right)\left(b^2 - \sin\frac{\theta}{2}\right)}{b^4} \text{ 이고 } f(b) \text{ 의 그래프는}$$

다음과 같다.

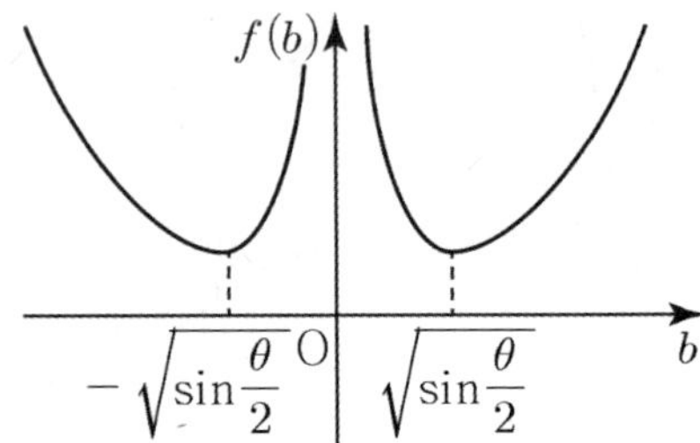

$f(b)$ 는 $b = \sqrt{\sin\frac{\theta}{2}}$ 에서 극솟값을 가지며 최솟값을 가짐을 알 수 있다.

$0 < a \leq \overline{PQ}$ 이므로 $0 < \dfrac{\sin\frac{\theta}{2}}{b} \leq 2\sin\frac{\theta}{2}$ 이고 b 의 범위는 $\dfrac{1}{2} \leq b \leq 1$ 이다.

$\dfrac{1}{2} \leq b \leq 1$ 의 범위에서의 $f(b)$ 의 최솟값을 $b = \sqrt{\sin\frac{\theta}{2}}$ 의 값에 따라 구하여 보자.

(i) $\sqrt{\sin\frac{\theta}{2}} < \dfrac{1}{2}$ 일 때

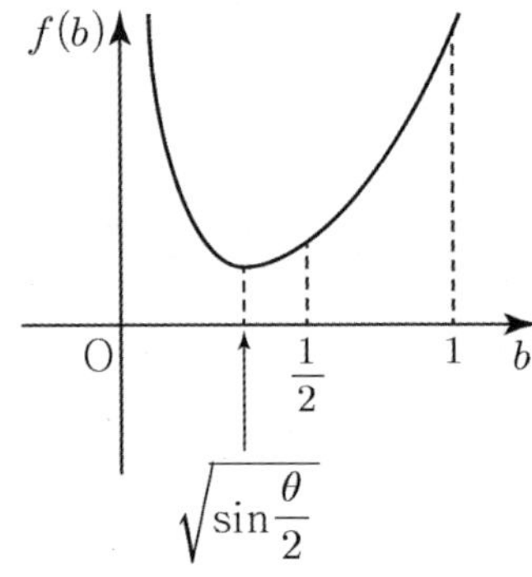

$\sin\frac{\theta}{2} < \dfrac{1}{4}$, $\overline{PQ} = 2\sin\frac{\theta}{2} < \dfrac{1}{2}$ 이므로 $b = \dfrac{1}{2}$ 일 때, 최소이며 최솟값은

$$f\left(\frac{1}{2}\right) = \frac{\sin^2\frac{\theta}{2}}{\left(\frac{1}{2}\right)^2} + \left(\frac{1}{2}\right)^2 - 2\sin^2\frac{\theta}{2} = 2\sin^2\frac{\theta}{2} + \frac{1}{4}$$

(ii) $\dfrac{1}{2} \leq \sqrt{\sin\frac{\theta}{2}}$ 일 때

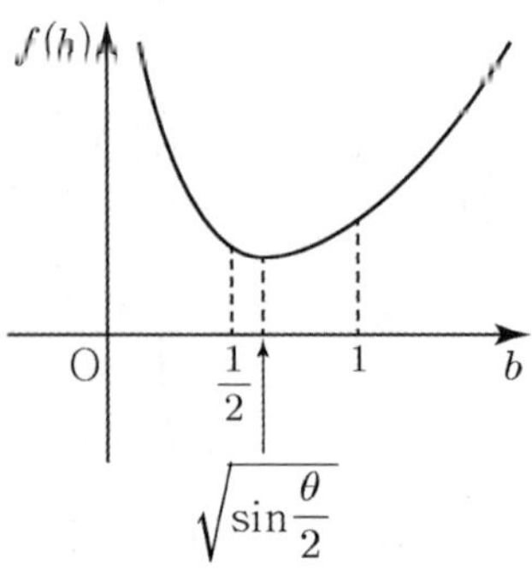

$\dfrac{1}{4} \leq \sin\frac{\theta}{2}$, $\dfrac{1}{2} \leq 2\sin\frac{\theta}{2} = \overline{PQ}$

이므로 $b = \sqrt{\sin\frac{\theta}{2}}$ 일 때 최소이며 최솟값은

$$f\left(\sqrt{\sin\frac{\theta}{2}}\right) = \frac{\sin^2\frac{\theta}{2}}{\left(\sqrt{\sin\frac{\theta}{2}}\right)^2} + \left(\sqrt{\sin\frac{\theta}{2}}\right)^2 - 2\sin^2\frac{\theta}{2} = 2\sin\frac{\theta}{2} - 2\sin^2\frac{\theta}{2}$$

이다.

(i), (ii)에 의하여

$\overline{PQ} = 2\sin\frac{\theta}{2}$ 이므로 $2\sin\frac{\alpha}{2} = \dfrac{1}{2}$ $(0 < \alpha < \pi)$ 이라 하면

$$f(\theta) = \begin{cases} 2\sin^2\frac{\theta}{2} + \frac{1}{4} & (0 < \theta < \alpha) \\ 2\sin\frac{\theta}{2} - 2\sin^2\frac{\theta}{2} & (\alpha \leq \theta < \pi) \end{cases}$$

$f(\theta)$ 는 $\theta = \alpha$ 에서 연속이고 미분가능하므로 함수 $f(\theta)$ 의 그래프는 다음과 같다.

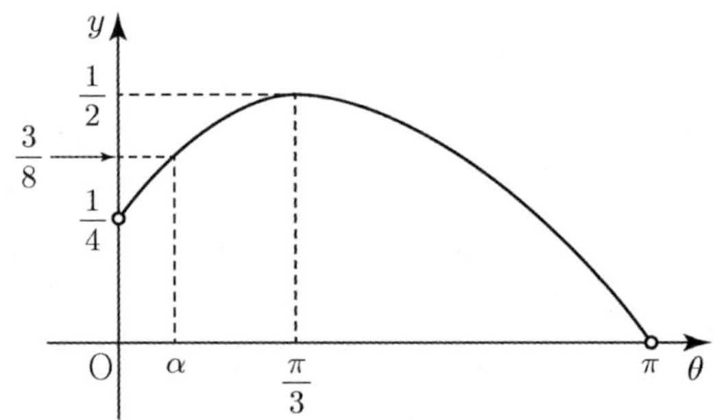

따라서 $f(\theta)$ 는 $\theta = \dfrac{\pi}{3}$ 일 때 최대이며 최댓값은

$$f\left(\frac{\pi}{3}\right) = \frac{1}{2} \text{ 이다.}$$

$$\therefore 8M = 8 \times \frac{1}{2} = 4.$$

[랑데뷰팁]
θ 가 주어지면 삼각형 OPQ가 고정되고 고정된 삼각형 OPQ에서 두 점 A, B가 이동하므로 a, b가 변수이고 θ가 상수이다.

[다른 풀이]–김진성T

㉠에서 $ab = \sin\dfrac{\theta}{2}$ 이고

$\overline{AB}^2 = a^2 + b^2 - 2\sin^2\dfrac{\theta}{2}$ 이므로 산술–기하 평균을 이용하면

$\overline{AB}^2 = a^2 + b^2 - 2\sin^2\dfrac{\theta}{2}$

$\geq 2ab - 2\sin^2\dfrac{\theta}{2} = 2\sin\dfrac{\theta}{2} - 2\sin^2\dfrac{\theta}{2}$ 가 되고,

$\overline{AB}$ 의 최솟값을 l이라 했으므로 $l^2 = 2\sin\dfrac{\theta}{2} - 2\sin^2\dfrac{\theta}{2} = f(\theta)$ 가 된다.

따라서 $f(\theta) = 2\sin\dfrac{\theta}{2} - 2\sin^2\dfrac{\theta}{2}$ 의 최댓값을 구해보면

$f(\theta) = -2\left(\sin\dfrac{\theta}{2} - \dfrac{1}{2}\right)^2 + \dfrac{1}{2}$ 가 되어서 $\sin\dfrac{\theta}{2} = \dfrac{1}{2}$ 일 때,

최댓값 $\dfrac{1}{2}$ 를 갖는다.

24 정답 ④

[그림 : 최성훈T]

[검토자 : 이지훈T]

$f'(x) = \ln x$ 이므로 $g'(1) = f'(1) = 0$, $g'(e) = f'(e) = 1$이다. $\cdots$ ㉠

이차함수 $g(x) = ax^2 + bx + c$라 할 때,

$g'(x) = 2ax + b$이므로 ㉠에서

$2a + b = 0$, $2ae + b = 1$

연립방정식을 풀면

$a = \dfrac{1}{2(e-1)}$, $b = -\dfrac{1}{e-1}$

따라서 $g(x) = \dfrac{1}{2(e-1)}x^2 - \dfrac{1}{e-1}x + c$이다.

$k(x) = f(x) - g(x)$라 하면

$k'(x) = f'(x) - g'(x)$이므로 ㉠에서 두 도함수 $f'(x)$와 $g'(x)$의 그래프에 따른 함수 $k(x)$의 그래프 개형은 다음과 같다.

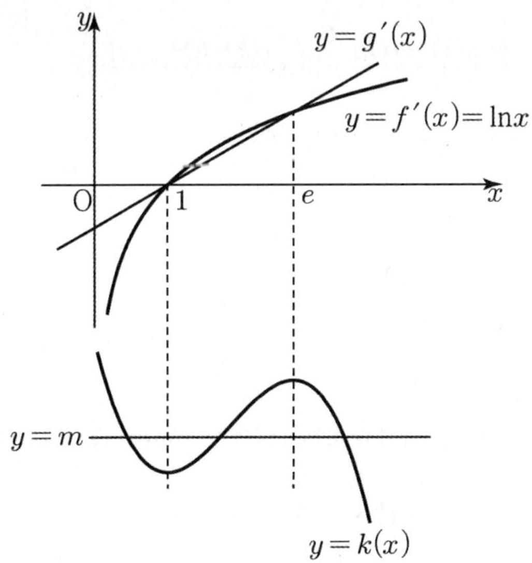

$k'(x) = f'(x) - g'(x)$가

$0 < x < 1$일 때, $k'(x) < 0$

$1 < x < e$일 때, $k'(x) > 0$

$x > e$일 때, $k'(x) < 0$이므로

함수 $k(x)$는 $x = 1$에서 극솟값을 갖고 $x = e$에서 극댓값을 갖는다.

$g(x) = \dfrac{1}{2(e-1)}x^2 - \dfrac{1}{e-1}x + c$

$\quad = \dfrac{1}{2(e-1)}(x-1)^2 - \dfrac{1}{2(e-1)} + c$

에서 이차함수 $g(x)$는 최솟값 $g(1)$을 갖는다.

따라서 $h(x) = k(g(x))$에서 함수 $h(x)$의 극솟값 m에 대하여 방정식 $h(x) = m$의 실근의 개수가 3이기 위해서는 겉함수 $k(x)$와 속함수 $g(x)$의 관계는 다음과 같아야 한다.

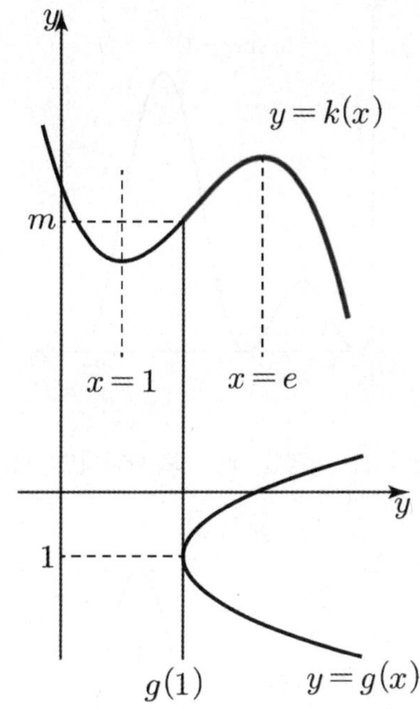

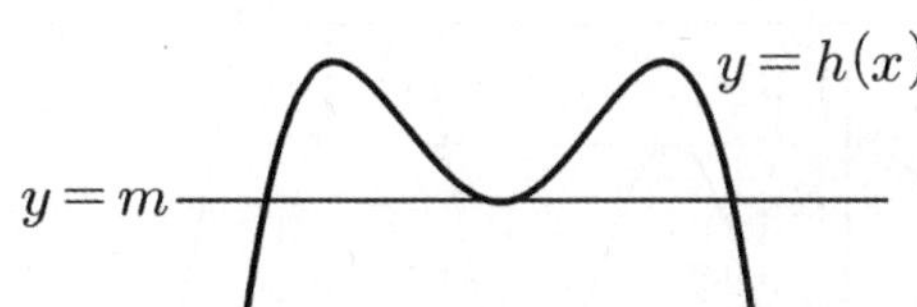

$h(x) = k(g(x))$이고 방정식 $k(g(x)) = m$의 서로 다른 실근의 개수가 3이기 위해서는 $k(x)$의 최솟값이 1이상 e미만의 값이어야 한다.

$1 \leq g(1) < e$

$1 \leq c - \dfrac{1}{2(e-1)} < e$

$1 + \dfrac{1}{2(e-1)} \leq c < e + \dfrac{1}{2(e-1)}$

$g(0) = c$이므로 $g(0)$의 최솟값은 $\dfrac{2e-1}{2e-2}$ 이다.

[출제자 : 최성훈T]

$y = f(x)$의 그래프를 그려보자.

$f(x) = (a\sin x - 1)^2 = |a\sin x - 1|^2$이므로

$y = |a\sin x - 1|$ 의 그래프를 기준으로 x축과의 교점을 뾰족점이 아닌 점으로 (미분가능하도록) 그려주면 된다.

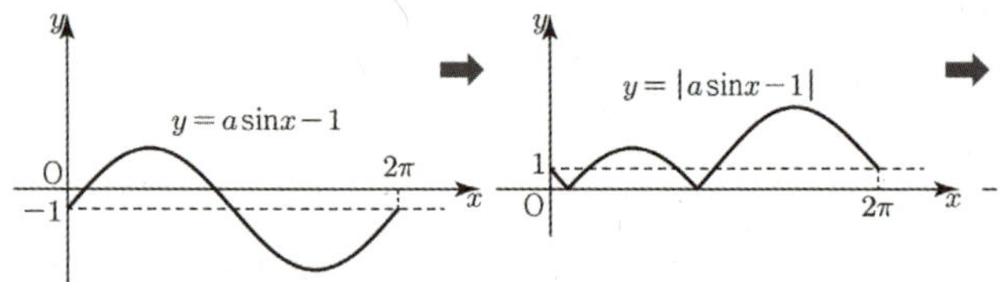

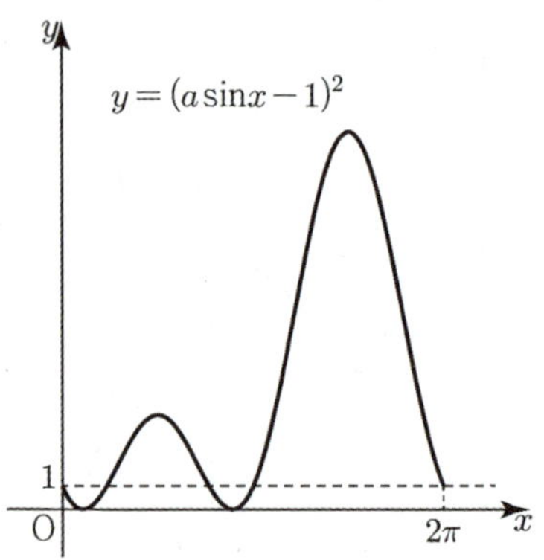

조건 (가)를 만족하는 상황을 그림으로 나타내면 다음과 같다.

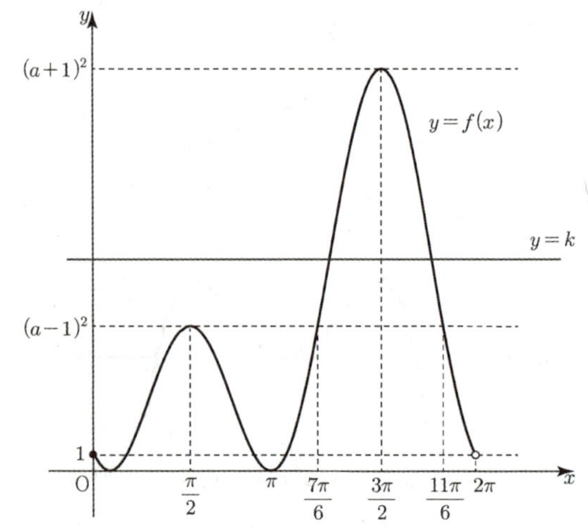

즉, $f\left(\dfrac{\pi}{2}\right) = f\left(\dfrac{7\pi}{6}\right) = f\left(\dfrac{11\pi}{6}\right)$이다. $f\left(\dfrac{\pi}{2}\right) = (a-1)^2$,

$f\left(\dfrac{7\pi}{6}\right) = f\left(\dfrac{11\pi}{6}\right) = \left(-\dfrac{1}{2}a - 1\right)^2$

따라서 $a - 1 = \dfrac{1}{2}a + 1$, $a = 4$

$f(x) = (4\sin x - 1)^2$이고 $f(x) = k$의 k의 값에 따른 실근의 개수를 조사하면 다음과 같다.

k	실근의 개수
$k < 0$	0
$k = 0$	2
$0 < k < 9$	4
$k = 9$	3
$9 < k < 25$	2
$k = 25$	1
$k > 25$	0

조건 (나)에서 $(g \circ f)(x) = 0$의 실근의 개수가 5개이기 위해서는

$g(0) = 0$이므로 $g(x) = x(x - 9)$이다.

$g(f(x)) = 0$의 실근은 $f(x) = 0$일 때 2개, $f(x) = 9$일 때 3개를 가지게 되어 5개다.

즉 $g(x) = x^2 - 9x = x^2 + bx$ 따라서 $b = -9$

$\therefore\ g(a - b) = g(13) = 13 \times 4 = 52$

26 정답 10

[그림 : 이호진T]

$f(x) = x^2 - x = x(x - 1)$

이고 주어진 식을 이용하여 그래프를 그려보면 다음과 같다.

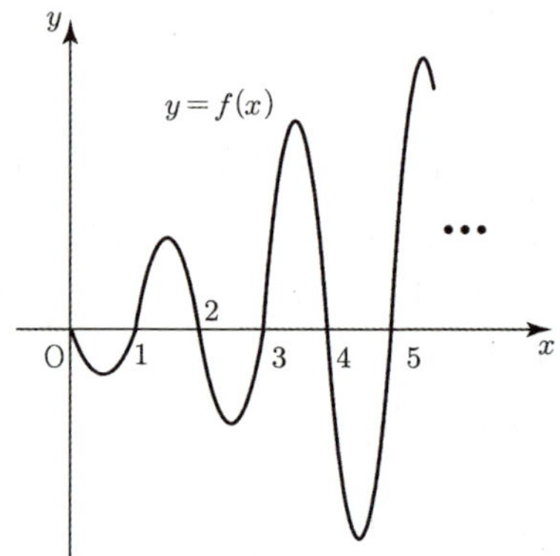

한편,

$$g(x) = \lim_{h \to 0} \frac{f(x+h) - f(x-h)}{h}$$

$$= \lim_{h \to 0} \frac{f(x+h) - f(x) - \{f(x-h) - f(x)\}}{h}$$

$$= \lim_{h \to 0} \frac{f(x+h) - f(x)}{h} - \lim_{h \to 0} \frac{f(x-h) - f(x)}{h}$$

$$= \lim_{h \to 0} \frac{f(x+h) - f(x)}{h} + \lim_{h \to 0} \frac{f(x-h) - f(x)}{-h} \text{이다}$$

$h > 0$이면 $g(x) = f'(x+) + f'(x-)$

$h < 0$이면 $g(x) = f'(x-) + f'(x+)$

따라서

$g(x) = f'(x+) + f'(x-)$

이다.

그러므로

함수 $g(x)$는 $x = a$에서 미분가능할 때는 $g(a) = 2f'(a)$이다.

$x = a$에서 미분가능하지 않을 때는

$g(a) = f'(a+) + f'(a-)$이다.

$h(n)=g(n-)-g(n+)+2g(n)$

$\quad=2f'(n-)-2f'(n+)+2\{f'(n-)+f'(n+)\}$

$\quad=4f'(n-)$

$f'(x)=2x-1$ $(0<x<1)$에서 $f'(1-)=1$이고

$f'(x+1)=-2f'(x)$이므로

$f'(2-)=-2$, $f'(3-)=4$, $f'(4-)=-8$, $f'(8-)=16$, $\cdots$

따라서 다음과 같다.

n	1	2	3	4	5	6
$f'(n-)$	1	-2	4	-8	16	-32
$h(n)$	2^2	-2^3	2^4	-2^5	2^6	-2^7

그러므로

$h(n)=(-2)^{n+1}$이므로 $\dfrac{1}{h(n)}$은 첫째항이 $\dfrac{1}{4}$, 공비가 $-\dfrac{1}{2}$인

등비수열을 이룬다.

따라서

$$\sum_{n=1}^{\infty}\frac{60}{h(n)}=60\times\frac{\dfrac{1}{4}}{1-\left(-\dfrac{1}{2}\right)}=10$$

27 정답 37

[그림 : 배용제T]

점 A의 x좌표를 t $(t<0)$라 하면 $\mathrm{A}(t, at^2)$,

점 B의 x좌표를 s $(s>0)$라 하면 $\mathrm{B}(s, as^2)$이다.

$\angle \mathrm{AOC}=\alpha$, $\angle \mathrm{BOC}=\beta$라 하면

직선 OA의 기울기가 $\tan\alpha=at$, 직선 OB의 기울기가

$\tan\beta=as$이다.

$\theta(a)=\alpha-\beta$이므로

$\tan\theta(a)=\tan(\alpha-\beta)=\dfrac{\tan\alpha-\tan\beta}{1+\tan\alpha\tan\beta}$

$\qquad=\dfrac{a(t-s)}{1+a^2ts}$ $\cdots\bigcirc$

한편, 직선 l의 방정식은 $y=-x+1$이고 방정식

$ax^2=-x+1$의 두 근이 t, s이다.

$ax^2+x-1=0$

$t+s=-\dfrac{1}{a}$, $ts=-\dfrac{1}{a}$

$(t-s)^2=(t+s)^2-4ts$

$\qquad=\dfrac{1}{a^2}+\dfrac{4}{a}=\dfrac{4a+1}{a^2}$

$t-s<0$이므로 $t-s=-\dfrac{\sqrt{4a+1}}{a}$

$\bigcirc$에서

$\tan\theta(a)=\dfrac{-\sqrt{4a+1}}{1-a}=\dfrac{\sqrt{4a+1}}{a-1}$

$\tan\theta(a)=\dfrac{\sqrt{4a+1}}{a-1}$에서

$a=2$을 대입하면 $\tan\theta(2)=3$이므로 $\cos\theta(2)=\dfrac{1}{\sqrt{10}}$이다.

$\therefore\ \sec^2\theta(2)=10$

$\tan\theta(a)=\dfrac{\sqrt{4a+1}}{a-1}$의 양변을 a에 관하여 미분하면

$\sec^2\theta(a)\times\theta'(a)=\dfrac{\dfrac{4(a-1)}{2\sqrt{4a+1}}-\sqrt{4a+1}}{(a-1)^2}$이다.

$a=2$을 대입하면

$\sec^2\theta(2)\times\theta'(2)=\dfrac{\dfrac{4\times1}{2\times3}-3}{1^2}=-\dfrac{7}{3}$

$\theta'(2)=-\dfrac{7}{3}\times\dfrac{1}{10}=-\dfrac{7}{30}$

따라서 $p=30$, $q=7$

$\therefore\ p+q=37$

28 정답 129

[그림 : 최성훈T]

$f(x)=x^3-3x$

$f'(x)=3x^2-3=0$

$x=-1$ 또는 $x=1$이다.

삼차함수 $f(x)$는 $x=-1$에서 극댓값을 갖는다.

(가)에서 $g'(0)=0$, $g(0)=-4\cdots\bigcirc$

$h(x)=f(g(x))$에서

$h'(x)=f'(g(x))g'(x)$이고

(나), (다)에서 $h'(3)=h'(4)=0$이므로

$h'(3)=f'(g(3))g'(3)=0\cdots\bigcirc$

$h'(4)=f'(g(4))g'(4)=0\cdots\bigcirc$

N축 관점에서 $x=0$에서 속함수 사차함수 $g(x)$가 최솟값

-4를 가지고 $x>0$일 때, $x=-1$에서 겉함수 $f(x)$가 극댓값을

가지므로 (나)에서 $h(x)$가 $x=4$가 되기 전까지 극값이

존재하지 않아야 하므로 $\bigcirc$에서 $g(3)\neq-1$이어야 한다.

따라서 $g'(3)=0$이다.

또한 $x=3$의 좌우에서 함수 $g'(x)>0$이어야 한다.

그리고 $\bigcirc$에서 $g(4)=-1$이어야 한다.

함수 $f(x)$와 함수 $h(x)$의 따른 사차함수 $g(x)$의 그래프는
다음과 같다.

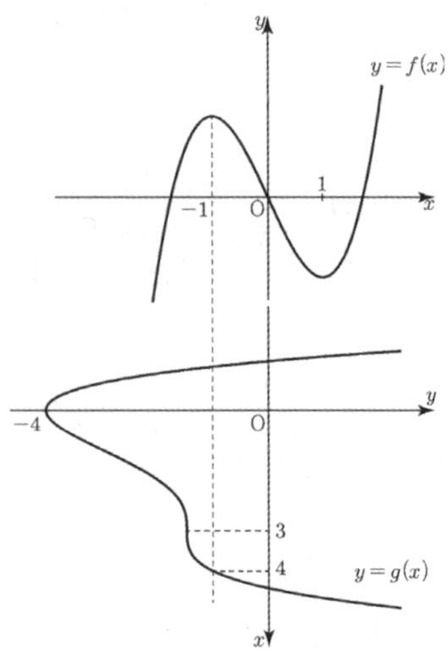

따라서 사차함수 $g(x)$는 사차함수 비율에서

$g(x) = a(x+1)(x-3)^3 + b$ 꼴이고

$g(0) = -4$, $g(4) = -1$에서

$g(0) = -27a + b = -4$

$g(4) = 5a + b = -1$

$-32a = -3$

$\therefore a = \dfrac{3}{32}$, $b = -\dfrac{47}{32}$

$g(x) = \dfrac{3}{32}(x+1)(x-3)^3 - \dfrac{47}{32}$

그러므로

$g(5) = \dfrac{3}{32} \times 6 \times 8 - \dfrac{47}{32} = \dfrac{144-47}{32} = \dfrac{97}{32}$

$p = 32$, $q = 97$이므로 $p+q = 129$이다.

29 정답 56

[그림 : 최성훈T]

N축 풀이

$y = 4\cos^2 x + 2k\sin x$

$\quad = 4(1 - \sin^2 x) + 2k\sin x$

$\quad = -4\sin^2 x + 2k\sin x + 4$이므로

$g(x) = -4x^2 + 2kx + 4$, $h(x) = \sin x$라 할 때,

$f(x) = g(h(x))$이다.

$g(x) = -4\left(x - \dfrac{k}{4}\right)^2 + \dfrac{k^2}{4} + 4$이고 $0 \leq k \leq 8$이므로

이차함수 $g(x)$의 축 $x = \dfrac{k}{4}$의 위치를 $\dfrac{k}{4} \geq 1$, $0 \leq \dfrac{k}{4} < 1$로

나눠서 생각할 수 있다.

(i) $\dfrac{k}{4} \geq 1$일 때, 즉 $4 \leq k \leq 8$

다음 그림에서 함수 $f(x)$의 극댓값은 속함수 $h(x) = \sin x$의

값이 1인 $x = -\dfrac{3}{2}\pi$, $x = \dfrac{\pi}{2}$, $x = \dfrac{5}{2}\pi$, $\cdots$에서 나타난다.

$g(1) = 2k$이므로 극댓값은 $2k$이다.

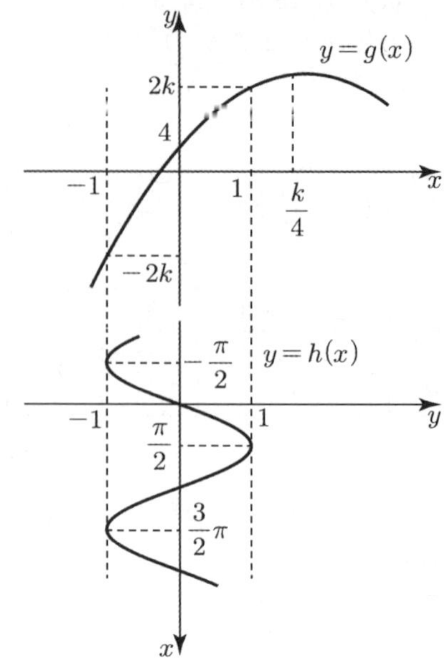

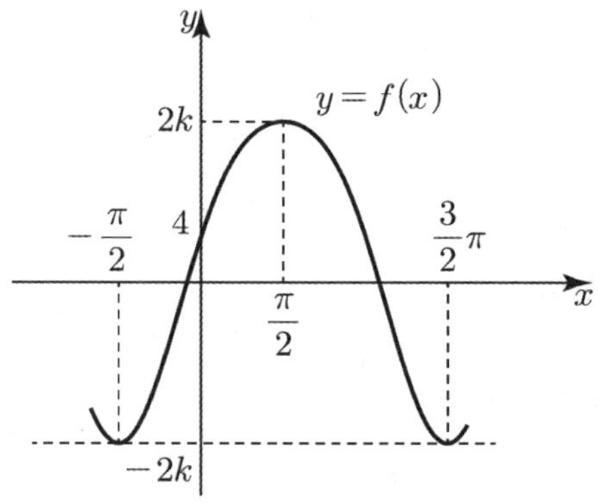

$8 \leq 2k \leq 16$에서

$2k = 8, 9, 10, \cdots, 16$이다.

따라서

$k = 4, \dfrac{9}{2}, 5, \dfrac{11}{2}, 6, \dfrac{13}{2}, 7, \dfrac{15}{2}, 8$

그러므로 k의 합은 54이다.

(ii) $0 \leq \dfrac{k}{4} < 1$일 때, 즉 $0 \leq k < 4$

다음 그림에서 함수 $f(x)$의 극댓값은 겉함수

$g(x) = -4\left(x - \dfrac{k}{4}\right)^2 + \dfrac{k^2}{4} + 4$의 극댓값인 $\dfrac{k^2}{4} + 4$이다. $\dfrac{k^2}{4} + 4$의

값이 정수가 되기 위해서는 $k = 0$ 또는 $k = 2$이다.

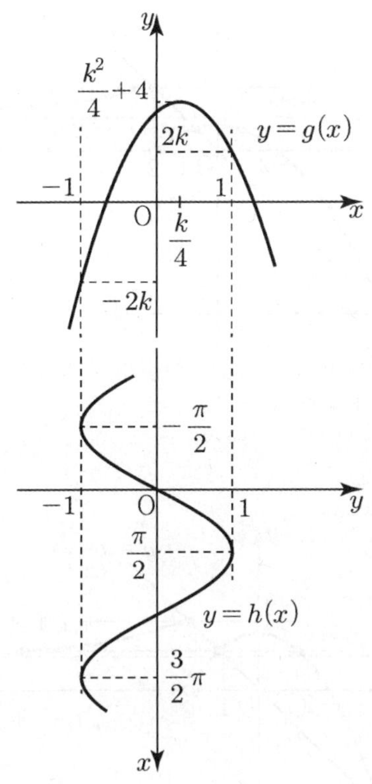

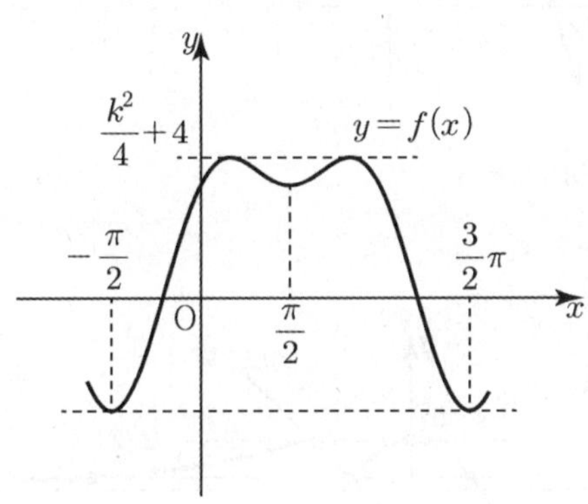

그러므로 k의 합은 2이다.

(i), (ii)에서 모든 k의 합은 56이다.

$0+2+54=56$

[다른 풀이]-이소영T

$f(x)=4\cos^2 x+2k\sin x$의 $f'(x)$ 개형을 생각해보자.

$f'(x)=-8\cos x\sin x+2k\cos x$

$\qquad =-8\cos x\left(\sin x-\dfrac{k}{4}\right)$

$f'(x)=0$에서 극값이 존재 할 수 있으므로

$\cos x=0$ 또는 $\sin x=\dfrac{k}{4}$를 만족하는 x를 먼저 구해보면,

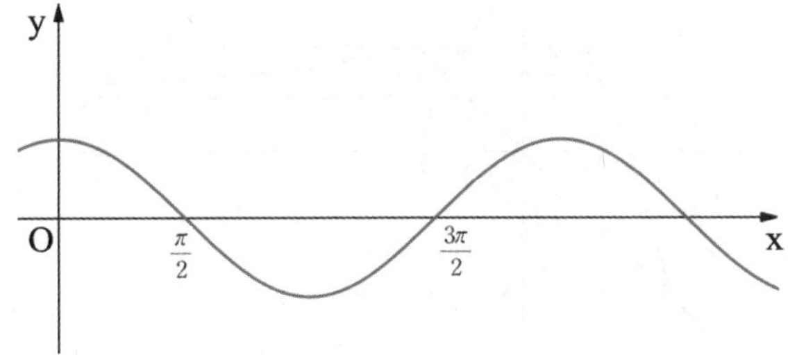

$\cos x=0$인 x는 $x=\cdots\dfrac{\pi}{2},\ \dfrac{3\pi}{2},\ \dfrac{5\pi}{2}\cdots$이므로

$x=\dfrac{(2n-1)\pi}{2}\ (n:정수)$

조건 (1) $0\leq\dfrac{k}{4}<1$일 때,

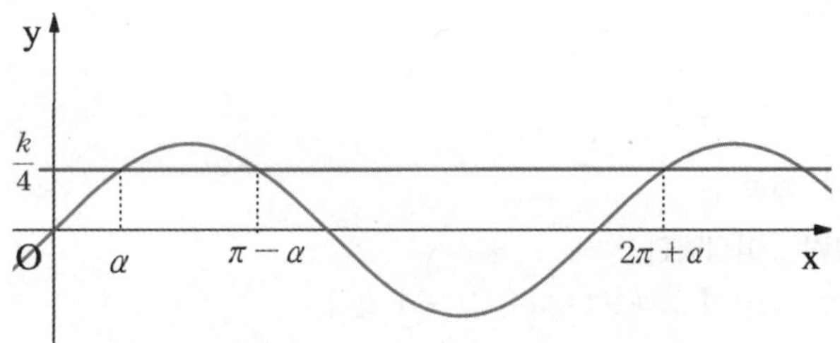

$\sin x=\dfrac{k}{4}$인 $x=\cdots\ \alpha,\ \pi-\alpha,\ 2\pi+\alpha\cdots$이므로

$x=n\pi+(-1)^n\alpha\ (n:정수)$

$f'\left(n\pi+(-1)^n\alpha\right)=\sin\left(n\pi+(-1)^n\alpha\right)=\sin\alpha=\dfrac{k}{4}$이다

$f'(x)=-8\cos x\left(\sin x-\dfrac{k}{4}\right)$의 부호판단을 하면

$x=\dfrac{(2n-1)\pi}{2}$에서 극솟값을 갖고, $x=n\pi+(-1)^n\alpha$

$(n:정수)$에서 극댓값을 갖는다.

$f(\alpha)=4\cos^2\alpha+2k\sin\alpha$

$\qquad =4(1-\sin^2\alpha)+2k\sin\alpha$

$\qquad =4\left(1-\dfrac{k^2}{16}\right)+2k\cdot\dfrac{k}{4}=4+\dfrac{k^2}{4}$가 정수이므로 $k=0$

또는 $k=2$이다.

따라서 조건 (1)의 k의 합은 2이다.

조건 (2) $1\leq\dfrac{k}{4}\leq 2$일 때,

$f'(x)=-8\cos x\left(\sin x-\dfrac{k}{4}\right)$에서 $\sin x-\dfrac{k}{4}<0$이므로

$f'(x)$의 부호는 $y=\cos x$가 결정한다.

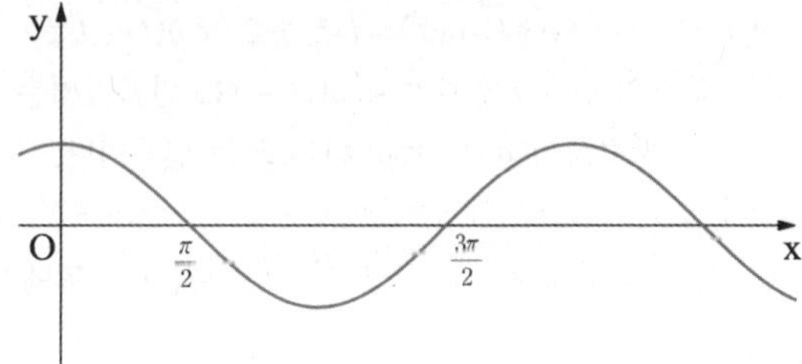

$\cos x=0$인 x는 $x=\cdots\ \dfrac{\pi}{2},\ \dfrac{3\pi}{2},\ \dfrac{5\pi}{2}\cdots$이므로

$x=\dfrac{(2n-1)\pi}{2}\ (n:정수)$

$x=\dfrac{(4n-1)\pi}{2}$에서 극솟값을 갖고, $x=\dfrac{(4n-3)\pi}{2}$에서

극댓값을 갖는다.

$f\left(\dfrac{(4n-3)\pi}{2}\right)=f\left(2n\pi-\dfrac{3}{2}\pi\right)=f\left(-\dfrac{3}{2}\pi\right)$

$$=-4\cos^2\left(-\frac{3}{2}\pi\right)+2k\sin\left(-\frac{3}{2}\pi\right)=2k$$

$2k$는 정수이므로 $8 \le 2k \le 16$

$2k = 8, 9, 10, 11, 12, 13, 14, 15, 16$

$2k$의 합은 $\dfrac{9 \cdot (8+16)}{2} = 108$이므로 k의 합은 54이다.

따라서 모든 k의 합은 56이다.

30 정답 72

[그림 : 이정배T]

함수 $f(x)$의 그래프는 다음 그림과 같다.

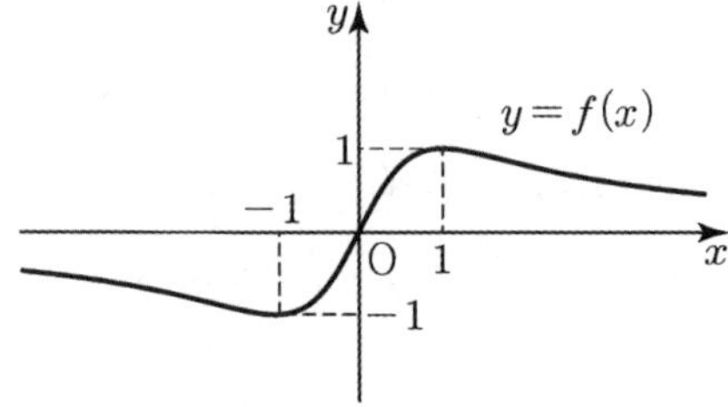

$y = -ax^2 + 4a$의 그래프는 꼭짓점의 좌표가 $(0, 4a)$이고 $(-2, 0)$과 $(2, 0)$을 지나는 위로 볼록한 포물선이다.

$y = f(x-1)+1$은 $y = f(x)$의 그래프를 x축의 방향으로 1만큼, y축의 방향으로 1만큼 평행 이동한 그래프이다.

따라서 함수 $g(x)$의 그래프 개형은 다음 그림과 같다.

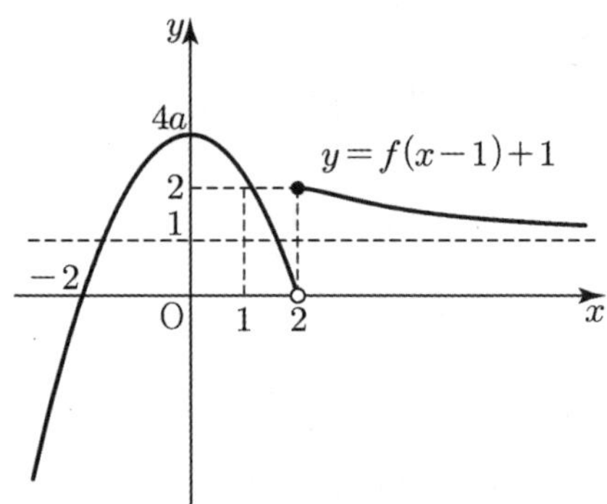

방정식 $g(g(x)) = g(x)$에서 $g(x) = t$로 놓으면 $g(t) = t$를 만족시키는 각각의 실수 t에 대하여 $g(x) = t$를 만족시키는 모든 실수 x가 방정식 $g(g(x)) = g(x)$의 모든 실근이다.

$y = f(x-1)+1$의 점근선이 $y = 1$이므로 $y = 1$과 $y = x$의 교점인 $(1, 1)$을 곡선 $y = -ax^2 + 4a$가 지날 때, $1 = 3a$에서 $a = \dfrac{1}{3}$이다.

$y = x$가 $(2, 2)$를 지나므로 곡선 $y = -ax^2 + 4a$의 꼭짓점의 y좌표가 2일 때, 즉, $4a = 2$에서 $a = \dfrac{1}{2}$이다.

따라서 a의 범위를 다음과 같이 나눠서 생각할 수 있다.

(i) $a \le \dfrac{1}{3}$일 때,

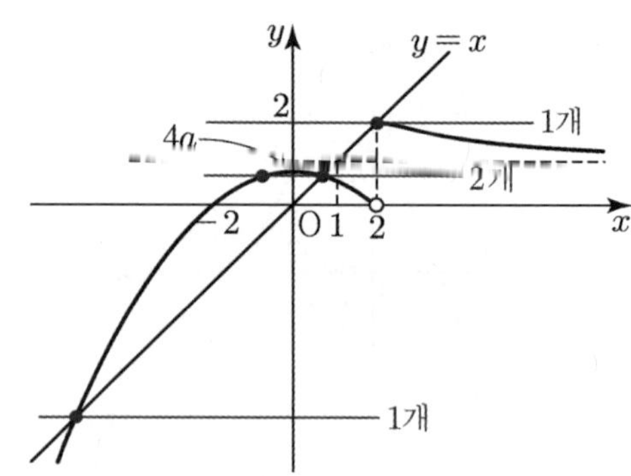

$h(a) = 1 + 2 + 1 = 4$

(ii) $\dfrac{1}{3} < a < \dfrac{1}{2}$

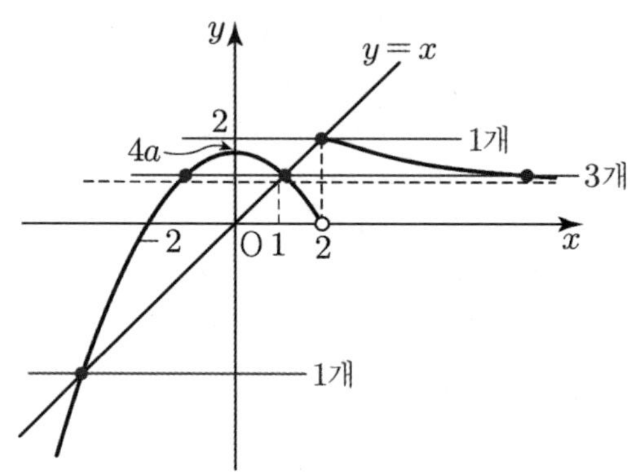

$h(a) = 1 + 3 + 1 = 5$

(iii) $a = \dfrac{1}{2}$일 때,

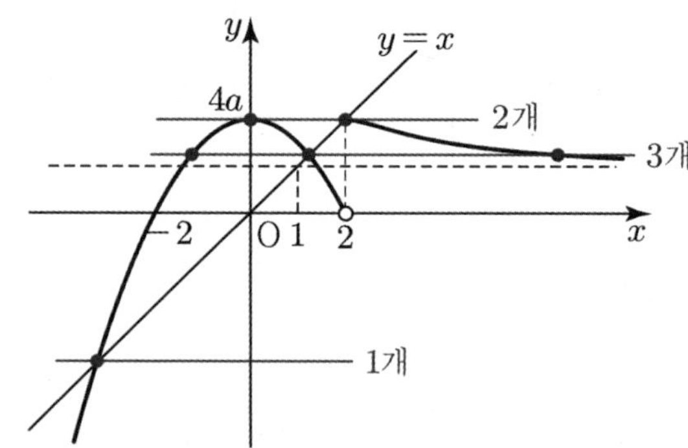

$h(a) = 1 + 3 + 2 = 6$

(iv) $a > \dfrac{1}{2}$일 때,

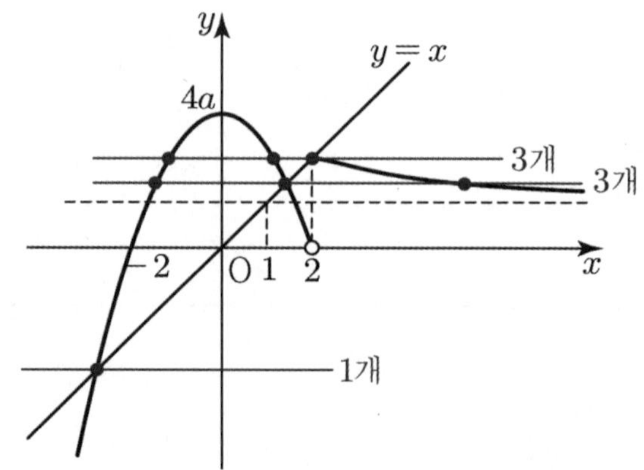

$h(a)=1+3+3=7$

(i)~(iv)에서

$$h(a)=\begin{cases}4\left(0<a\le\dfrac{1}{3}\right)\\[4pt]5\left(\dfrac{1}{3}<a<\dfrac{1}{2}\right)\\[4pt]6\left(a=\dfrac{1}{2}\right)\\[4pt]7\left(a>\dfrac{1}{2}\right)\end{cases}$$

따라서 함수 $h(a)$는 $x=\dfrac{1}{3}$과 $x=\dfrac{1}{2}$에서 불연속이다.

$\therefore\ k_1=\dfrac{1}{3},\ k_2=\dfrac{1}{2}$

$h\left(\dfrac{k_1+k_2}{2}\right)=5,\ \displaystyle\lim_{a\to k_2+}h(a)=7$이므로

$f\left(h\left(\dfrac{k_1+k_2}{2}\right)\right)\times\displaystyle\lim_{a\to k_2+}f(h(a))$

$=f(5)\times f(7)$

$=\dfrac{10}{26}\times\dfrac{14}{50}$

$=\dfrac{5}{13}\times\dfrac{7}{25}$

$=\dfrac{7}{65}$

$p=65,\ q=7$이므로 $p+q=72$

31 정답 1

$k(x)=g(x)-f(x)$라 하면
함수 $f(x)$와 함수 $g(x)$는 다음 그림과 같이 두 점에서 만나고
만나는 두 점의 x좌표를 α, β라 하면
$x<\alpha$일 때, $k(x)<0$
$\alpha<x<\beta$일 때, $k(x)>0$
$x>\beta$일 때, $k(x)<0$
이다.

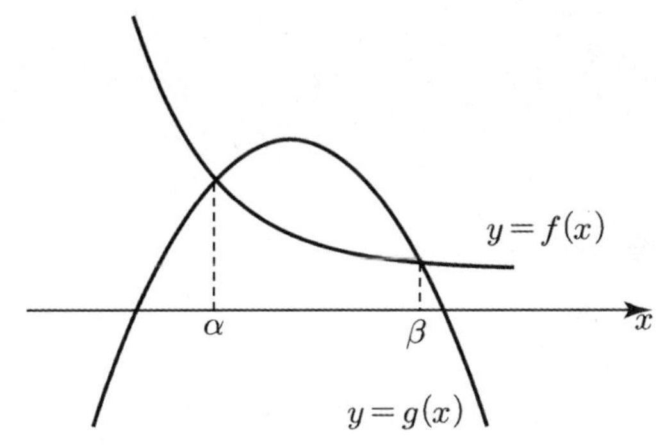

따라서
함수 $k(x)$는 실수 전체의 집합에서 미분가능하고 극댓값이 1인
함수이다.
즉, $k'(p)=0$인 p에 대하여 $k(p)=1$이어야 한다.
$k(x)=-x^2+tx+1-e^{a-x}$에서

$k'(x)=-2x+t+e^{a-x}$이므로
$k'(p)=-2p+t+e^{a-p}=0$
따라서 $e^{a-p}=2p-t\cdots\bigcirc$
$k(p)=-p^2+pt+1-e^{a-p}=1$
따라서 $e^{a-p}=-p^2+pt\cdots\bigcirc\!\bigcirc$
$\bigcirc$, $\bigcirc\!\bigcirc$에서
$p^2+(2-t)p-t=0\cdots\bigcirc\!\bigcirc\!\bigcirc$이고 $t=-\dfrac{3}{2}$일 때,
$p^2+\dfrac{7}{2}p+\dfrac{3}{2}=0$
$2p^2+7p+3=0$
$(2p+1)(p+3)=0$
$p=-\dfrac{1}{2}$ 또는 $p=-3$

$\bigcirc$에서 $2p-t>0$이므로 $p>-\dfrac{3}{4}$이다.

따라서 $p=-\dfrac{1}{2}$이다.

또한 $\bigcirc\!\bigcirc\!\bigcirc$을 t에 관해 미분하면

$2p\times\dfrac{dp}{dt}-p+(2-t)\dfrac{dp}{dt}-1=0$

$t=-\dfrac{3}{2},\ p=-\dfrac{1}{2}$을 대입하면

$-\dfrac{dp}{dt}+\dfrac{1}{2}+\dfrac{7}{2}\dfrac{dp}{dt}-1=0$

$\dfrac{5}{2}\dfrac{dp}{dt}=\dfrac{1}{2}$

$\therefore\ \dfrac{dp}{dt}=\dfrac{1}{5}$

$\bigcirc$에서 $a=h(t)$를 대입하면 $e^{h(t)-p}=2p-t$이다.
양변 t에 관해 미분하면

$e^{h(t)-p}\left\{h'(t)-\dfrac{dp}{dt}\right\}=2\dfrac{dp}{dt}-1$

$e^{h\left(-\frac{3}{2}\right)+\frac{1}{2}}\left\{h'\left(-\dfrac{3}{2}\right)-\dfrac{1}{5}\right\}=\dfrac{2}{5}-1$

$\bigcirc$에서 $e^{h\left(-\frac{3}{2}\right)+\frac{1}{2}}=2\times\left(-\dfrac{1}{2}\right)-\left(-\dfrac{3}{2}\right)=\dfrac{1}{2}$이므로

$h'\left(-\dfrac{3}{2}\right)-\dfrac{1}{5}=-\dfrac{3}{5}\times2$

$\therefore\ h'\left(-\dfrac{3}{2}\right)=-1$

32 정답 2

[그림 : 배용제T]

[검토자 : 정찬도T]

$h(x)=\dfrac{e^x-e^{-x}}{e^x+e^{-x}}$라 하면 $h'(x)=\dfrac{4}{(e^x+e^{-x})^2}>0$이므로

실수 전체에서 증가하고,

$\displaystyle\lim_{x\to\infty}h(x)=1,\ \lim_{x\to-\infty}h(x)=-1$이므로

함수 $h(x)$의 치역은 $(-1,\,1)$이다.

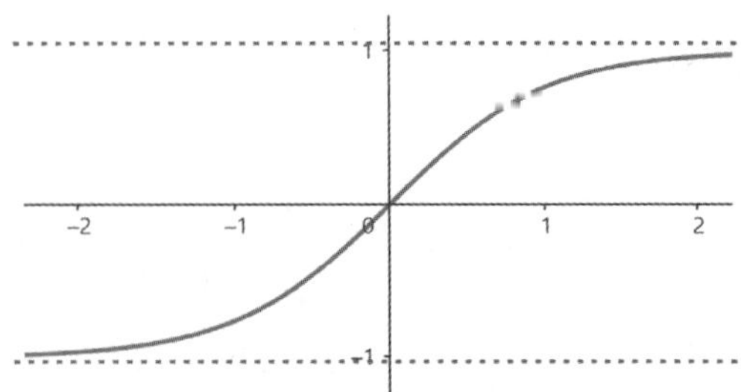

함수 $g(x)$가 실수 전체의 집합에서 미분가능하기 위해서는
삼차함수 $f(x)$가 $-1 < x < 1$에서 $f(x) \geq 0$이거나
$f(x) \leq 0$이다. ····· ㉠

$g(0) = f(h(0)) = f(0)$이고 $g(\ln 2) = f(h(\ln 2)) = f\left(\dfrac{3}{5}\right)$

$g(x) = f(h(x))$라 하면, $g'(x) = f'(h(x))h'(x)$이고
$h(x)$는 증가함수이고 $h'(x) > 0$이므로,
$g'(0) = f'(h(0))h'(0) = f'(0) = 0$
$g'(\ln 2) = f'(h(\ln 2))h'(\ln 2) = f'\left(\dfrac{3}{5}\right) \times \dfrac{16}{25} = 0$

따라서 $f(x)$는 $x = 0$에서 극댓값, $x = \dfrac{3}{5}$에서 극솟값을
갖는다.
그러므로 $g(x)$가 $x = 0$에서 극솟값을 갖기 위해서는
$g(x) = -f(h(x))$이어야 하고,

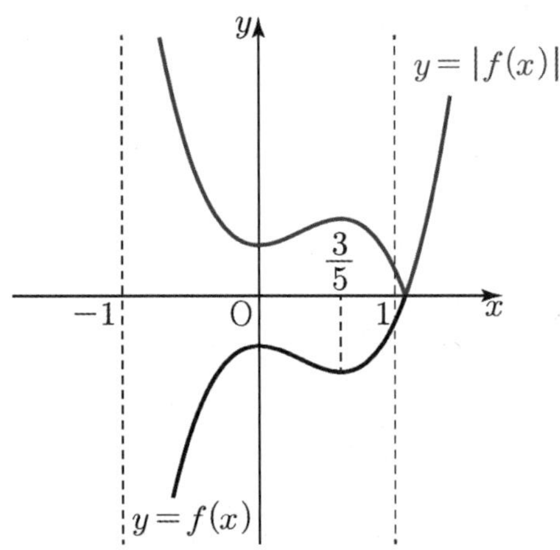

$f'(x) = 3x\left(x - \dfrac{3}{5}\right) = 3x^2 - \dfrac{9}{5}x$

$f(x) = x^3 - \dfrac{9}{10}x^2 + C$

$f(1) = 1 - \dfrac{9}{10} + C \leq 0$

$C \leq -\dfrac{1}{10}$

따라서

$\displaystyle \lim_{x \to -\infty} g(x) = -f(-1) = -\left(-1 - \dfrac{9}{10} + C\right) = \dfrac{19}{10} - C$

$-C \geq \dfrac{1}{10}$

$\dfrac{19}{10} - C \geq 2$

그러므로 $\displaystyle \lim_{x \to -\infty} g(x)$의 최솟값은 2이다.

33 정답 ②

$g(x) = ax + b$라 하면

$e^{3f(x)} - 3e^{2f(x)} + 3e^{f(x)} - 1 + ax + b = \dfrac{x+1}{e^x}$

$\left(e^{f(x)} - 1\right)^3 = \dfrac{x+1}{e^x} - (ax + b)$ 이다.

(나)에서
사이값 정리에 의해 $f(\alpha) = 0$인 $-2 < \alpha < 2$의 α가 존재한다.

$h(x) = \left(e^{f(x)} - 1\right)^3$라 하면 $h(x) = \dfrac{x+1}{e^x} - (ax + b)$ 이다.

$h(\alpha) = \left(e^{f(\alpha)} - 1\right)^3 = \left(e^0 - 1\right)^3 = 0$

이므로 $h(\alpha) = \dfrac{\alpha+1}{e^\alpha} - (a\alpha + b) = 0$ ····· ㉠

$h'(x) = 3\left(e^{f(x)} - 1\right)^2 e^{f(x)} f'(x)$에서

$h'(\alpha) = 3\left(e^0 - 1\right)^2 e^0 f'(0) = 0$

$h'(\alpha) = 0$이므로

$h'(x) = \dfrac{-x}{e^x} - a$에서 $h'(\alpha) = \dfrac{-\alpha}{e^\alpha} - a = 0$ ····· ㉡

이다.

$h''(x) = 6\left(e^{f(x)} - 1\right)e^{2f(x)}(f'(x))^2 + 3\left(e^{f(x)} - 1\right)\left(e^{f(x)}f'(x)\right)'$

에서

$h''(\alpha) = 0 + 0 = 0$이므로

$h''(x) = \dfrac{-1+x}{e^x}$에서 $h''(\alpha) = \dfrac{-1+\alpha}{e^\alpha} = 0$이므로

$\alpha = 1$이다.

㉡에서 $\dfrac{-1}{e^1} - a = 0$

$\therefore a = -\dfrac{1}{e}$

㉠에서 $h(\alpha) = \dfrac{\alpha+1}{e^\alpha} - (a\alpha + b) = 0$

$\dfrac{2}{e} - \left(-\dfrac{1}{e} + b\right) = 0 \rightarrow b = \dfrac{3}{e}$

따라서 $g(x) = -\dfrac{1}{e}x + \dfrac{3}{e}$이다.

$\therefore g(1) = \dfrac{2}{e}$

34 정답 150

[그림 : 이정배T]

[검토자 : 김경민T]

직각이등변삼각형 AMN에서 $\overline{MN} = \sqrt{2}$이다.

$\overline{MP} = x$라 하자.

$f(\theta) = \dfrac{1}{2} \times \sqrt{2} \times x \times \sin\theta$ ····· ㉠

선분 BC의 중점을 Q라 하면 $\angle NMQ = \dfrac{\pi}{4}$이고

$\overline{MQ} = 2$, $\overline{PQ} = 1$이다.

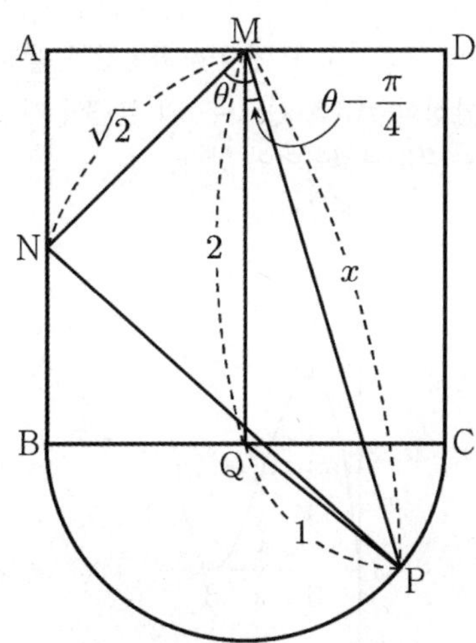

삼각형 MQP에서 $\angle PMQ = \theta - \dfrac{\pi}{4}$ 이므로 코사인법칙을 적용하면

$$1 = 2^2 + x^2 - 2 \times 2 \times x \cos\left(\theta - \frac{\pi}{4}\right)$$

$$x^2 - 4x\cos\left(\theta - \frac{\pi}{4}\right) + 3 = 0 \quad \cdots\cdots \ ⓛ$$

ⓛ에서 $\theta = \dfrac{\pi}{4}$ 일 때,

$$x^2 - 4x + 3 = 0$$
$$(x-1)(x-3) = 0$$
$$x = 3 \ (\because x > 2)$$

ⓛ의 양변을 θ에 관하여 미분하면

$$2x\frac{dx}{d\theta} - 4\cos\left(\theta - \frac{\pi}{4}\right)\frac{dx}{d\theta} - 4x\sin\left(\theta - \frac{\pi}{4}\right) = 0$$

$\theta = \dfrac{\pi}{4}$ 를 대입하면

$$6\frac{dx}{d\theta} - 4\frac{dx}{d\theta} = 0$$

$$\therefore \ \frac{dx}{d\theta} = 0$$

㉠의 양변을 θ에 관하여 미분하면

$$f'(\theta) = \frac{\sqrt{2}}{2}\sin\theta\,\frac{dx}{d\theta} + \frac{\sqrt{2}}{2}x\cos\theta$$

$\theta = \dfrac{\pi}{4}$ 를 대입하면

$$f'\left(\frac{\pi}{4}\right) = 0 + \frac{\sqrt{2}}{2} \times 3 \times \frac{\sqrt{2}}{2} = \frac{3}{2}$$

따라서 $100 \times f'\left(\dfrac{\pi}{4}\right) = 150$

35 정답 81

(가) 방정식 $g(x) = 0$의 실근에는 방정식 $\ln|f(x)| = 0$의 실근, 즉 방정식 $|f(x)| = 1$의 실근이 모두 포함된다. $\cdots$ ㉠

(나) 부등식 $g(x) > 0$의 해집합은 부등식 $\ln|f(x)| > 0$의 해집합, 즉 $|f(x)| > 1$의 해집합이다.

최고차항의 계수가 $\dfrac{1}{2}$인 삼차함수 $f(x)$에 대하여

부등식 $f(x) < -1$의 해가 $x < p$이고

부등식 $f(x) > 1$의 해가 $x > q$이어야 한다.

함수 $f(x)$가 증가하면 ㉠에서 $|f(x)| = 1$의 실근의 개수는 2이고 $f(x) = 0$의 실근의 개수는 1이므로 (가)를 만족시키지 못한다.

즉, 삼차함수 $f(x)$의 극값이 존재해야 한다. 극댓값을 M, 극솟값을 m이라 하면 $M \le 1$이고 $m \ge -1$이어야 한다.

(i) $M < 1$, $m > -1$일 때,

㉠에서 방정식 $|f(x)| = 1$의 실근의 개수가 2이고 $f(x) = 0$의 실근의 개수가 최대 3이고 $f(x) = 0$일 때, $a = 0$이어도 방정식 $g(x) = 0$의 실근의 개수는 5이하이다.

(ii) $M < 1$, $m = -1$

㉠에서 방정식 $|f(x)| = 1$의 실근의 개수가 3이고 $f(x) = 0$의 실근의 개수가 최대 3이고 $f(x) = 0$일 때, $a = 0$이어도 방정식 $g(x) = 0$의 실근의 개수는 6이하이다.

(iii) $M = 1$, $m > -1$

㉠에서 방정식 $|f(x)| = 1$의 실근의 개수가 3이고 $f(x) = 0$의 실근의 개수가 최대 3이고 $f(x) = 0$일 때, $a = 0$이어도 방정식 $g(x) = 0$의 실근의 개수는 6이하이다.

(vi) $M = 1$, $m = -1$

㉠에서 방정식 $|f(x)| = 1$의 실근의 개수가 4이고 $f(x) = 0$의 실근의 개수가 최대 3이고 $f(x) = 0$일 때, $a = 0$이면 방정식 $g(x) = 0$의 실근의 개수는 7이다.

따라서 삼차함수 $f(x)$는 다음 그림과 같다.

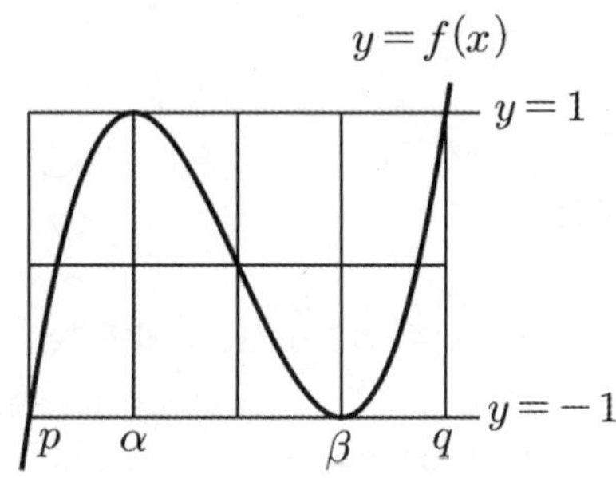

$f'(x) = 0$의 근을 $x = \alpha$, $x = \beta$라 할 때, 함수 $f(x)$의 극댓값과 극솟값의 차가 2이므로

$$\frac{\dfrac{1}{2}(\beta - \alpha)^3}{2} = 2$$

에서 $\beta - \alpha = 2$이다.

따라서 삼차함수 비율에서 $p = \alpha - 1$, $q = \alpha + 3$이므로 $p + q = 2\alpha + 2$이다.

$$p + q = 2\alpha + 2 = 6$$

$$\therefore \ \alpha = 2$$

그러므로
$$f(x) = \frac{1}{2}(x-2)^2(x-5)+1$$
$a = 0$이므로 $f(a) = f(0) = -9$
$\{f(a)\}^2 = 81$이다.

[참고]

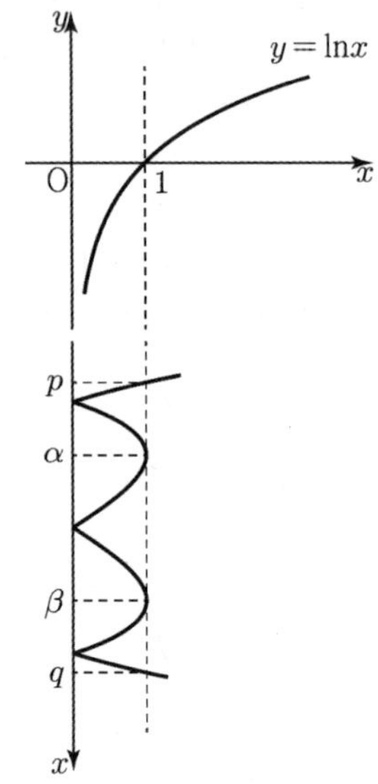

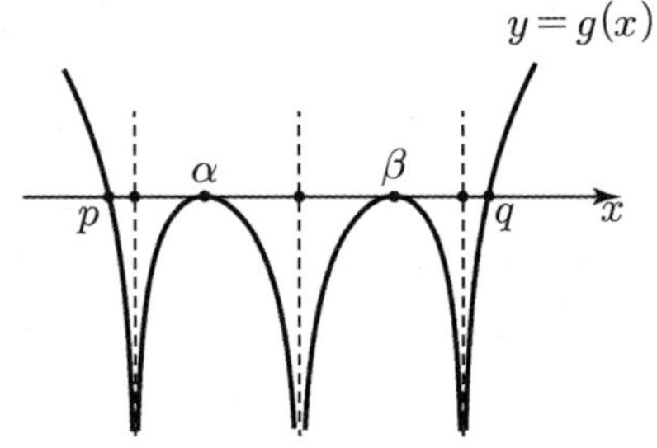

36 정답 4

[그림 : 강민구T]

−N축 풀이−

구간 $[k, 2\pi+k]$에서 함수 $f(3\cos^2 x)$의 최댓값은

$0 \le 3\cos^2 x \le 3$이므로 구간 $[0, 3]$에서의 겉함수인
삼차함수 $f(x)$의 최댓값과 같다.

따라서 삼차함수 $f(x)$는 구간 $[0, 3]$에서 최댓값 α를 갖는다.

삼차함수 $f(x)$가 구간 $[0, 3]$에서 증가하거나 감소하면
최댓값 α에 대하여 $f(0) = \alpha$이거나 $f(3) = \alpha$이다.

그런데 이때는 $f(3\cos^2 x) = \alpha$의 실근의 개수가 각각 2이므로
$g(\alpha) = 5$라는 조건에 모순이다.

따라서 삼차함수 $f(x)$는 열린구간 $(0, 3)$에서 최댓값 α을
가져야 하므로 α는 삼차함수의 극댓값이다.

한편, 삼차함수 $f(x)$가 $f'(3) = 0$이므로 최고차항의 계수가 1인
삼차함수 $f(x)$는 $x = 3$에서 극솟값을 갖는다.

그런데 함수 $f(3\cos^2 x)$의 구간 $[k, 2\pi+k]$에서의 최솟값 β는
삼차함수 $f(x)$의 구간 $[0, 3]$에서의 최솟값과 같고
$g(\beta) = 4$에서 방정식 $f(3\cos^2 x) = \beta$의 실근의 개수가 4이기
위해서는 $f(0) = f(3) = \beta$이어야 한다
다음 그림과 같다. (N−set)

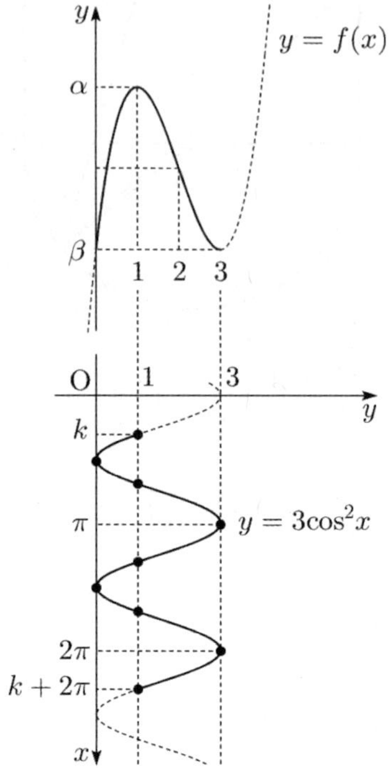

따라서 $f(x) = x(x-3)^2 + \beta$
삼차함수 비율에서 극댓값 α는 $f(1)$이다.
$\alpha = f(1) = 4 + \beta$
$\therefore\ \alpha - \beta = 4$

37 정답 6

[그림 : 강민구T]

$f(x) = a\cos^2 x + b\cos x$에서
$$f'(x) = -2a\cos x \sin x - b\sin x$$
$$= -\sin x(2a\cos x + b)$$
$(-\pi, \pi)$에서 방정식 $f'(x) = 0$의 해는
방정식 $\sin x = 0$의 해 $x = 0$과

방정식 $\cos x = -\dfrac{b}{2a}$의 해이다. $0 < -\dfrac{b}{2a} < \dfrac{1}{2}$이고

곡선 $y = \cos x$는 y축 대칭이므로 $\cos x = -\dfrac{b}{2a}$의

양수해를 α라 하면 음수해는 $-\alpha$이다.
함수 $f(x)$의 그래프도 y축 대칭이다.

$$f(\alpha) = a\left(-\frac{b}{2a}\right)^2 + b\left(-\frac{b}{2a}\right)$$

$$= \frac{b^2}{4a} - \frac{b^2}{2a} = -\frac{b^2}{4a}$$

$f(-\pi) = f(\pi) = a - b,\ f(\alpha) < 0,\ f(0) = a + b\ (a+b>0)$
이므로 구간 $[-\pi, \pi]$에서 함수 $f(x)$의 그래프는 다음과 같다.

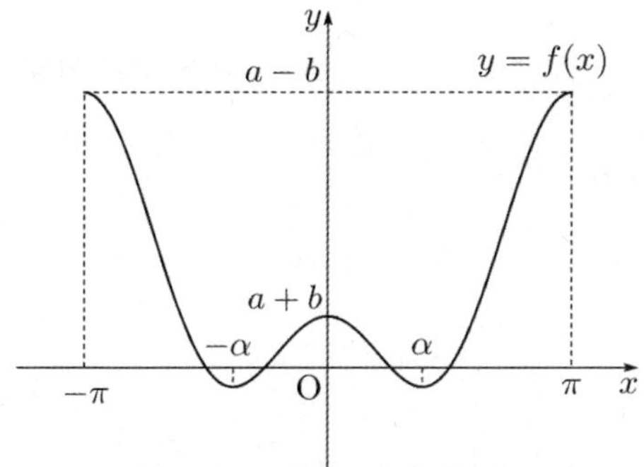

(가)에서 함수 $g(x)$가 $x=0$에서 연속이므로

$$\lim_{x \to 0-} g(x) = a+b, \quad \lim_{x \to 0+} g(x) = e^{a+b}+c \text{이다.}$$

$$\therefore \ a+b = e^{a+b}+c \ \cdots\cdots \ \bigcirc$$

$0 \le x \le \pi$에서 $g(x) = e^{f(x)}+c$

$$g'(x) = e^{f(x)} f'(x)$$

방정식 $g'(x)=0$의 해는 방정식 $f'(x)=0$의 해와 동일하므로
함수 $g(x)$는 $x=\alpha$에서 극솟값 $e^{f(\alpha)}+c$를 갖는다.

(나)에서 함수 $g(x)$는 $x=0$에서 극댓값을 갖고
그 극댓값이 1이므로 $\bigcirc$에서 $a+b=1$, $c=1-e$이다.
또 함수 $g(x)$는 $x=\pi$에서 최댓값 e^5+c을 가지므로
$g(\pi)=e^{a-b}+c=e^5+c$에서 $a-b=5$이다.
따라서 $a=3$, $b=-2$, $c=1-e$이다.
그러므로

$$g(x)=\begin{cases} 3\cos^2 x - 2\cos x & (-\pi \le x < 0) \\ e^{3\cos^2 x - 2\cos x}+1-e & (0 \le x \le \pi) \end{cases}$$

이다.

$g(-\alpha)=f(-\alpha)=\dfrac{1}{3}$ 이고

$g(\alpha)=e^{f(\alpha)}+1-e=e^{-\frac{1}{3}}+1-e$이므로
$g(\alpha) < 2-e < g(-\alpha)$이다.

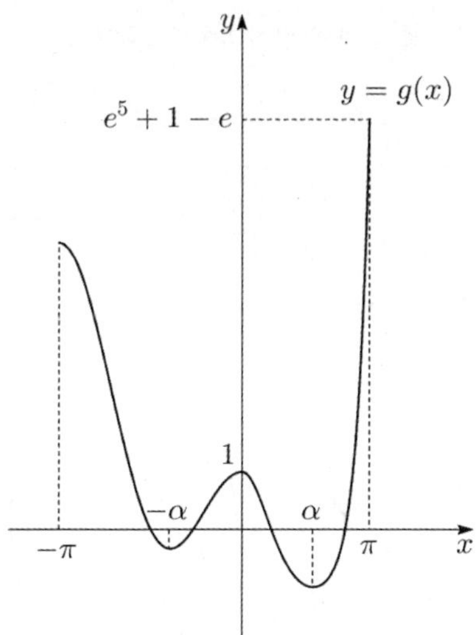

따라서 함수 $g(x)$의 최솟값은 $g(\alpha)=e^{-\frac{1}{3}}+1-e$이다.

---

38 정답 ②

$y=k$와 $y=\log_2(1-x)$의 교점이 A이므로 점 A의 x좌표는
$\log_2(1-x)=k$에서 $x=1-2^k$
$y=k$와 $y=\log_2(1+x)$의 교점이 B이므로 점 B의 x좌표는
$\log_2(1+x)=k$에서 $x=2^k-1$
따라서 $\overline{AB}=(2^k-1)-(1-2^k)=2(2^k-1)$
한편, 점 B를 지나고 x축에 수직인 직선은 $x=2^k-1$이고
직선 $x=2^k-1$와 함수 $y=\log_2(1-x)$의 교점의 좌표가
C이므로 점 C의 y좌표는 $y=\log_2(2-2^k)$이다.
따라서 $\overline{BC}=k-\log_2(2-2^k)$
그러므로

$$\lim_{k \to 0+} \frac{\overline{BC}}{\overline{AB}}$$

$$=\lim_{k \to 0+} \frac{k-\log_2(2-2^k)}{2(2^k-1)}$$

$$=\lim_{k \to 0+} \frac{k}{2(2^k-1)} - \lim_{k \to 0+} \frac{\log_2(2-2^k)}{2(2^k-1)}$$

$$=\frac{1}{2}\lim_{k \to 0+} \frac{1}{\dfrac{2^k-1}{k}} + \frac{1}{2}\lim_{k \to 0+} \frac{\log_2(1+1-2^k)}{1-2^k}$$

$$=\frac{1}{2\ln 2} + \frac{1}{2}\frac{1}{\ln 2}$$

$$=\frac{1}{\ln 2}$$

---

39 정답 64

[그림 : 이정배T]

함수 $\left| k\ln x^{\frac{1}{x}} + mx \right|$을 $y=k\ln x^{\frac{1}{x}}$와 $y=-mx$의 그래프로
분리해서 생각하자.

$f(x)=k\ln x^{\frac{1}{x}}=\dfrac{k\ln x}{x}$ 라 하면

$$f'(x)=\frac{k(1-\ln x)}{x^2}$$

$f'(x)=0$에서 $x=e$

(i) $k>0$일 때,

$\displaystyle\lim_{x \to 0+} f(x) = -\infty$, $x=e$에서 극댓값을 가지므로

함수 $y=f(x)$의 그래프와 $y=-mx$ $(x>0)$의 그래프는
다음과 같다.

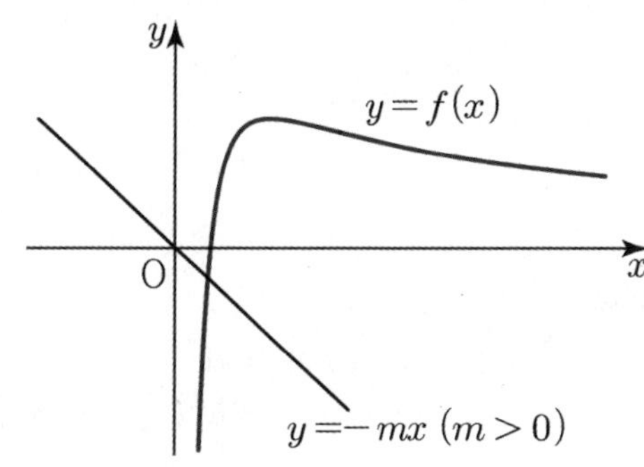

킬러극킬 – 미적분　**175**

함수 $y=|f(x)+mx|$가 양의 실수 전체의 집합에서
미분가능하려면 함수 $y=f(x)+mx$의 그래프가 양의 실수
전체의 집합에서 x축과 접하거나 만나지 않아야 한다.
즉, 직선 $y=-mx\,(x>0)$의 그래프가 곡선 $y=f(x)$와 만나는
점에서 함수 $|f(x)+mx|$가 미분가능하지 않으므로 조건에
모순이다.

(ii) $k<0$일 때,
$\lim\limits_{x\to0+}f(x)=\infty$, $x=e$에서 극솟값을 가지므로
함수 $y=f(x)$의 그래프와 $y=-mx\,(x>0)$의 그래프는
다음과 같다.

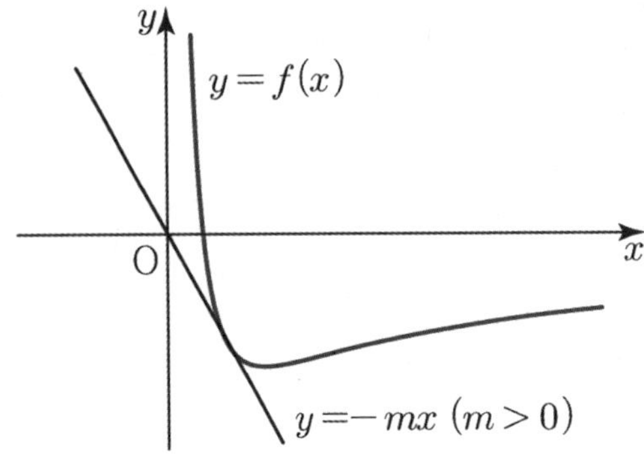

그림과 같이 직선 $y=-mx\,(x>0)$가 곡선 $y=f(x)$와
접하거나 곡선 $y=f(x)$와 만나지 않아야
함수 $y=|f(x)+mx|$가 실수전체의 집합에서 미분가능하다.
따라서
직선 $y=-mx\,(x>0)$가 곡선 $y=f(x)$의 접선일 때
양수 m의 값이 최소이므로 $y=-\dfrac{4}{e}x$는 곡선 $y=f(x)$의
접선이다.
접점을 $\left(t,\ \dfrac{k\ln t}{t}\right)$라 하면 접선의 방정식은
$$y=\frac{k(1-\ln t)}{t^2}(x-t)+\frac{k\ln t}{t}$$
$$=\frac{k(1-\ln t)}{t^2}x+\frac{k(2\ln t-1)}{t}\ \cdots\ ㉠$$
위 식에서
$\dfrac{k(2\ln t-1)}{t}=0$, $2\ln t=1$
$\therefore t=e^{\frac{1}{2}}\cdots\ ㉡$
㉠, ㉡에서 접선의 방정식이 $y=\dfrac{k}{2e}x$이므로 $\dfrac{k}{2e}=-\dfrac{4}{e}$
$\therefore k=-8$
그러므로 $k^2=64$이다.

40 정답 ③
직선 $y=mx-m-1$을 직선 l이라 할 때
$y=mx-m-1=m(x-1)-1$에서 직선 l은 m에 관계없이

$(1,\ -1)$을 지나는 직선이다.
그런데 $(1,\ -1)$은 $y=-x$위의 점이므로 점 B의 좌표가
$(1,\ -1)$이다.
(i) $\overline{OA}=\overline{OB}$
$A\left(a,\ \dfrac{1}{2}a\right)$라 할 때, $\overline{OB}=\sqrt{2}$이므로
$\overline{OA}=\sqrt{a^2+\dfrac{1}{4}a^2}=\sqrt{2}$에서
$\dfrac{5}{4}a^2=2$, $a^2=\dfrac{8}{5}$이다. $a>0$이므로 $a=\dfrac{2\sqrt{2}}{\sqrt{5}}$
$A\left(\dfrac{2\sqrt{10}}{5},\ \dfrac{\sqrt{10}}{5}\right)$

따라서 $A\left(\dfrac{2\sqrt{10}}{5},\ \dfrac{\sqrt{10}}{5}\right)$, $B(1,\ -1)$에서
$$m=\frac{-1-\dfrac{\sqrt{10}}{5}}{1-\dfrac{2\sqrt{10}}{5}}=\frac{-5-\sqrt{10}}{5-2\sqrt{10}}=3+\sqrt{10}$$
이때 직선 l이 x축의 양의 방향과 이루는 각의 크기를 θ_1이라
하면 $\tan\theta_1=3+\sqrt{10}$

(ii) $\overline{AO}=\overline{AB}$
$\overline{AO}=\sqrt{a^2+\dfrac{1}{4}a^2}=\sqrt{\dfrac{5}{4}a^2}$
$\overline{AB}=\sqrt{(a-1)^2+\left(\dfrac{1}{2}a+1\right)^2}$
$\quad=\sqrt{\dfrac{5}{4}a^2-a+2}$
따라서 $\dfrac{5}{4}a^2=\dfrac{5}{4}a^2-a+2\ ⇨\ a=2$
$A(2,\ 1)$, $B(1,\ -1)$에서
$m=\dfrac{1-(-1)}{2-1}=2$
이때 직선 l이 x축의 양의 방향과 이루는 각의 크기를 θ_2이라
하면 $\tan\theta_2=2$

(iii) $\overline{BO}=\overline{AB}$
$\overline{BO}=\sqrt{1^2+(-1)^2}=\sqrt{2}$
$\overline{AB}=\sqrt{(a-1)^2+\left(\dfrac{1}{2}a+1\right)^2}$
$\quad=\sqrt{\dfrac{5}{4}a^2-a+2}$
따라서 $2=\dfrac{5}{4}a^2-a+2⇨a=\dfrac{4}{5}$
$A\left(\dfrac{4}{5},\ \dfrac{2}{5}\right)$, $B(1,\ -1)$에서
$$m=\frac{\dfrac{2}{5}-(-1)}{\dfrac{4}{5}-1}=-7$$

이때 직선 l이 x축의 양의 방향과 이루는 각의 크기를 θ_3이라 하면

$$\tan\theta_3 = -7$$

$$\tan(\theta_2+\theta_3) = \frac{\tan\theta_2+\tan\theta_3}{1-\tan\theta_2\tan\theta_3} = \frac{2-7}{1+14} = -\frac{1}{3}$$

$\theta_2+\theta_3 = \theta_4$라 하면 $\tan\theta_4 = -\dfrac{1}{3}$

모든 θ의 합 $\alpha = \theta_1+\theta_2+\theta_3 = \theta_1+\theta_4$

따라서

$$\tan\alpha = \tan(\theta_1+\theta_4) = \frac{\tan\theta_1+\tan\theta_4}{1-\tan\theta_1\tan\theta_4}$$

$$= \frac{3+\sqrt{10}-\dfrac{1}{3}}{1-(3+\sqrt{10})\times\left(-\dfrac{1}{3}\right)}$$

$$= \frac{\dfrac{8}{3}+\sqrt{10}}{2+\dfrac{\sqrt{10}}{3}} = \frac{8+3\sqrt{10}}{6+\sqrt{10}} = \frac{9+5\sqrt{10}}{13}$$

41 정답 (1) ③ (2) ④ (3) ①

$$(1)\ \lim_{x\to 0+}\frac{2\tan\dfrac{x}{2}-\tan x}{x^3}$$

$$= \lim_{x\to 0+}\frac{2\left(\dfrac{x}{2}+\dfrac{1}{3}\dfrac{x^3}{8}\right)-\left(x+\dfrac{1}{3}x^3\right)}{x^3}$$

$$= \lim_{x\to 0+}\frac{\dfrac{1}{12}x^3-\dfrac{1}{3}x^3}{x^3} = -\frac{1}{4}$$

[다른 풀이] 1

$$\lim_{x\to 0+}\frac{2\tan\dfrac{x}{2}-\tan x}{x^3}$$

$$= \lim_{x\to 0+}\frac{2\tan\dfrac{x}{2}-\dfrac{2\tan\dfrac{x}{2}}{1-\tan^2\dfrac{x}{2}}}{x^3}$$

$$= \lim_{x\to 0+}\frac{2\tan\dfrac{x}{2}}{x}\times\lim_{x\to 0+}\frac{1-\dfrac{1}{1-\tan^2\dfrac{x}{2}}}{x^2}$$

$$= \lim_{x\to 0+}\frac{2\tan\dfrac{x}{2}}{x}\times\lim_{x\to 0+}\frac{1-\dfrac{1}{1-\tan^2\dfrac{x}{2}}}{x^2}$$

$$= 1\times\lim_{x\to 0+}\frac{\dfrac{-\tan^2\dfrac{x}{2}}{1-\tan^2\dfrac{x}{2}}}{x^2}$$

$$= \lim_{x\to 0+}\frac{1}{1-\tan^2\dfrac{x}{2}}\times\lim_{x\to 0+}\frac{-\tan^2\dfrac{x}{2}}{x^2}$$

$$= 1\times\left(-\frac{1}{4}\right) = -\frac{1}{4}$$

$$(2)\ \lim_{x\to 0}\frac{\cos x-\sqrt{1-\tan^2 x}}{x^4}$$

$$= \lim_{x\to 0}\frac{\cos^2 x-1+\tan^2 x}{x^4}\times\frac{1}{\cos x+\sqrt{1-\tan^2 x}}$$

$$= \frac{1}{2}\lim_{x\to 0}\frac{-\sin^2 x+\tan^2 x}{x^4}$$

$$= \frac{1}{2}\lim_{x\to 0}\frac{-\left(x-\dfrac{1}{6}x^3\right)^2+\left(x+\dfrac{1}{3}x^3\right)^2}{x^4}$$

$$= \frac{1}{2}\lim_{x\to 0}\frac{-x^2+\dfrac{1}{3}x^4-\dfrac{1}{36}x^6+x^2+\dfrac{2}{3}x^4+\dfrac{1}{27}x^6}{x^4}$$

$$= \frac{1}{2}\times 1 = \frac{1}{2}$$

[다른 풀이] 2

$$\lim_{x\to 0}\frac{\cos x-\sqrt{1-\tan^2 x}}{x^4}$$

$$= \lim_{x\to 0}\frac{\cos^2 x-1+\tan^2 x}{x^4}\times\frac{1}{\cos x+\sqrt{1-\tan^2 x}}$$

$$= \frac{1}{2}\lim_{x\to 0}\frac{-\sin^2 x+\tan^2 x}{x^4}$$

$$= \frac{1}{2}\lim_{x\to 0}\frac{-\sin^2 x+\dfrac{\sin^2 x}{\cos^2 x}}{x^4}$$

$$= \frac{1}{2}\lim_{x\to 0}\frac{\sin^2 x}{x^2}\times\lim_{x\to 0}\frac{-1+\dfrac{1}{\cos^2 x}}{x^2}$$

$$= \frac{1}{2}\times\lim_{x\to 0}\frac{1-\cos^2 x}{x^2\cos^2 x}$$

$$= \frac{1}{2}\times\lim_{x\to 0}\frac{\sin^2 x}{x^2\cos^2 x}$$

$$= \frac{1}{2}$$

[다른 풀이] 3
매클로린 급수

$1-\cos x \fallingdotseq \dfrac{1}{2}x^2-\dfrac{1}{24}x^4$에서

$$\cos x \fallingdotseq 1-\frac{1}{2}x^2+\frac{1}{24}x^4$$

$$\tan x \fallingdotseq x+\frac{1}{3}x^3$$

$$\lim_{x\to 0}\frac{\cos x-\sqrt{1-\tan^2 x}}{x^4}$$

$$= \lim_{x \to 0} \frac{1 - \dfrac{1}{2}x^2 + \dfrac{1}{24}x^4 - \sqrt{1 - \left(x + \dfrac{1}{3}x^3\right)^2}}{x^4}$$

(계산기 이용)

$$= \frac{1}{2}$$

(3) $\displaystyle \lim_{x \to 0+} \frac{1}{\sin x}\left(\frac{1}{\sin x} - \frac{1}{x}\right)$

$$= \lim_{x \to 0+} \frac{\dfrac{1}{\sin x} - \dfrac{1}{x}}{\sin x} = \lim_{x \to 0+} \frac{\dfrac{x - \sin x}{x \sin x}}{\sin x}$$

$$= \lim_{x \to 0+} \frac{x - \sin x}{x \sin^2 x}$$

$$= \lim_{x \to 0+} \frac{1 - \cos x}{\sin^2 x + 2x \sin x \cos x} \quad \text{(by 로피탈)}$$

$$= \lim_{x \to 0+} \left(\frac{1 - \cos x}{x^2} \times \frac{1}{\left(\dfrac{\sin x}{x}\right)^2 + \dfrac{2\sin x}{x}\cos x}\right)$$

$$= \frac{1}{2} \times \frac{1}{1^2 + 2} = \frac{1}{6}$$

[다른 풀이] 4

준식이 곱의 형태이므로 바로 대입해도 된다.

$x \to 0$일 때, $\sin x \fallingdotseq x - \dfrac{1}{6}x^3$

$$\lim_{x \to 0+} \frac{1}{\sin x}\left(\frac{1}{\sin x} - \frac{1}{x}\right)$$

$$= \lim_{x \to 0+} \frac{1}{x - \dfrac{1}{6}x^3}\left(\frac{1}{x - \dfrac{1}{6}x^3} - \frac{1}{x}\right)$$

$$= \lim_{x \to 0+} \frac{1}{x\left(1 - \dfrac{1}{6}x^2\right)}\left(\frac{1 - \left(1 - \dfrac{1}{6}x^2\right)}{x - \dfrac{1}{6}x^3}\right)$$

$$= \lim_{x \to 0+} \frac{1}{x\left(1 - \dfrac{1}{6}x^2\right)}\left(\frac{\dfrac{1}{6}x^2}{x - \dfrac{1}{6}x^3}\right)$$

$$= \lim_{x \to 0+} \frac{1}{\left(1 - \dfrac{1}{6}x^2\right)}\left(\frac{\dfrac{1}{6}}{1 - \dfrac{1}{6}x^2}\right) = \frac{1}{6}$$

[다른 풀이] 5

$$\lim_{x \to 0+} \frac{1}{\sin x}\left(\frac{1}{\sin x} - \frac{1}{x}\right)$$

$$= \lim_{x \to 0+} \frac{\dfrac{1}{\sin x} - \dfrac{1}{x}}{\sin x} = \lim_{x \to 0+} \frac{\dfrac{x - \sin x}{x \sin x}}{\sin x}$$

$$= \lim_{x \to 0+} \frac{x - \sin x}{x \sin^2 x}$$

$$= \lim_{x \to 0+} \left(\frac{x - \sin x}{x^3} \times \frac{x^3}{x \sin^2 x}\right)$$

$$= \lim_{x \to 0+} \frac{x - \sin x}{x^3} \times \lim_{x \to 0+} \left(\frac{x}{\sin x}\right)^2$$

$$= \lim_{x \to 0+} \frac{x - \sin x}{x^3}$$

$f(x) = \sqrt[3]{x} - \sin\sqrt[3]{x}$ 라 하면

$$f'(x) = \frac{1}{3}x^{-\frac{2}{3}} - \cos\sqrt[3]{x} \times \frac{1}{3}x^{-\frac{2}{3}} = \frac{1 - \cos\sqrt[3]{x}}{3\sqrt[3]{x^2}} \text{이다.}$$

따라서

$x > 0$일 때, 두 점 $(0, f(0))$과 $(x^3, f(x^3))$에 대하여

$$\frac{f(x^3) - f(0)}{x^3 - 0} = \frac{x - \sin x}{x^3} = \frac{1 - \cos\sqrt[3]{c}}{3\sqrt[3]{c^2}} \text{을 만족하는 } c\text{가}$$

$0 < c < x^3$에 적어도 하나 존재한다. (by 평균값 정리)

그런데 $x \to 0+$일 때, $c \to 0+$이므로

$$\lim_{x \to 0+} \frac{1}{\sin x}\left(\frac{1}{\sin x} - \frac{1}{x}\right)$$

$$= \lim_{x \to 0+} \frac{x - \sin x}{x^3}$$

$$= \lim_{c \to 0+} \frac{1 - \cos\sqrt[3]{c}}{3\sqrt[3]{c^2}}$$

$$= \lim_{c \to 0+} \frac{\sin^2\sqrt[3]{c}}{3\sqrt[3]{c^2}\left(1 + \cos\sqrt[3]{c}\right)}$$

$$= \frac{1}{3}\lim_{c \to 0+} \left(\frac{\sin\sqrt[3]{c}}{\sqrt[3]{c}}\right)^2 \times \frac{1}{2} = \frac{1}{6}$$

42 정답 ⑤

직각삼각형 ABC에서 $\overline{AC} = 1$, $\angle BAC = \theta$이므로

$\angle BCA = \dfrac{\pi}{2} - \theta$, $\overline{BD} = \overline{BC} = \sin\theta$이다.

이등변삼각형 BCD에서 $\angle BCD = \angle BDC = \dfrac{\pi}{2} - \theta$ 이다.

다음 그림과 같이 도형 DEH의 넓이를 S_1이라 하면

$S_1 = $ (부채꼴 BDE의 넓이) $-$ (삼각형 BDH의 넓이)이다.

부채꼴 BDE

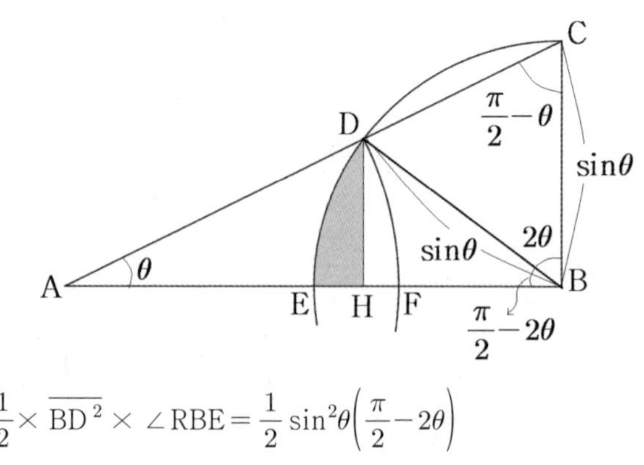

$$= \frac{1}{2} \times \overline{BD}^2 \times \angle RBE = \frac{1}{2}\sin^2\theta\left(\frac{\pi}{2} - 2\theta\right)$$

삼각형 $BDH = \dfrac{1}{2} \times \overline{BH} \times \overline{DH}$

$$= \dfrac{1}{2} \times \sin\theta \cos\left(\dfrac{\pi}{2} - 2\theta\right) \times \sin\theta \sin\left(\dfrac{\pi}{2} - 2\theta\right)$$

$$= \dfrac{1}{2} \sin\theta \sin2\theta \sin\theta \cos2\theta$$

$$= \dfrac{1}{4} \sin^2\theta \sin4\theta$$

따라서 $S_1 = \dfrac{1}{2} \sin^2\theta\left(\dfrac{\pi}{2} - 2\theta\right) - \dfrac{1}{4} \sin^2\theta \sin4\theta$

$$= \dfrac{1}{2} \sin^2\theta\left(\dfrac{\pi}{2} - 2\theta - \dfrac{1}{2} \sin4\theta\right) \cdots ㉠$$

다음 그림과 같이 도형 DFH의 넓이를 S_2이라 하면
$S_2 =$ (부채꼴 ADF의 넓이) $-$ (삼각형 ADH의 넓이)이다.

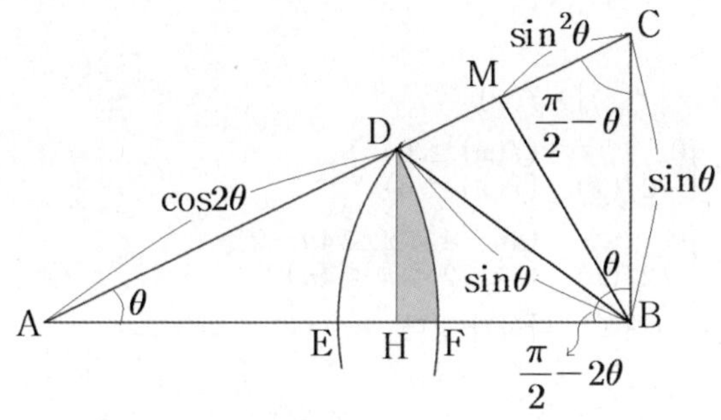

이등변삼각형 BCD의 꼭짓점 B에서 밑변 CD에 내린 수선의
발을 M이라 하면
$\angle CBM = \theta$이므로 $\overline{CM} = \overline{DM} = \sin^2\theta$이다.
$\overline{AC} = 1$이므로 $\overline{AD} = 1 - 2\sin^2\theta = \cos2\theta$
부채꼴 $ADF = \dfrac{1}{2} \times \overline{AD}^2 \times \angle DAF = \dfrac{1}{2} \theta \cos^2 2\theta$
삼각형 $BDH = \dfrac{1}{2} \times \overline{AH} \times \overline{DH}$

$$= \dfrac{1}{2} \times \cos2\theta \cos\theta \times \sin\theta \sin\left(\dfrac{\pi}{2} - 2\theta\right)$$

$$= \dfrac{1}{2} \cos2\theta \cos\theta \sin\theta \cos2\theta$$

$$= \dfrac{1}{4} \cos^2 2\theta \sin2\theta$$

따라서

$$S_2 = \dfrac{1}{2} \theta \cos^2 2\theta - \dfrac{1}{4} \cos^2 2\theta \sin2\theta$$

$$= \dfrac{1}{2} \cos^2 2\theta\left(\theta - \dfrac{1}{2} \sin2\theta\right) \cdots ㉡$$

그러므로 도형 DEF의 넓이는 $S(\theta) = S_1 + S_2$이므로
㉠, ㉡에서

$$S(\theta) = \dfrac{1}{2} \sin^2\theta\left(\dfrac{\pi}{2} - 2\theta - \dfrac{1}{2} \sin4\theta\right) + \dfrac{1}{2} \cos^2 2\theta\left(\theta - \dfrac{1}{2} \sin2\theta\right)$$

따라서

$$\dfrac{1}{4}\pi \sin^2\theta - S(\theta)$$

$$= \theta \sin^2\theta + \dfrac{1}{4} \sin^2\theta \sin4\theta - \dfrac{1}{2} \cos^2 2\theta\left(\theta - \dfrac{1}{2} \sin2\theta\right)$$

$$\lim_{\theta \to 0+} \dfrac{\dfrac{1}{4}\pi \sin^2\theta - S(\theta)}{\theta^3}$$

$$= \lim_{\theta \to 0+} \dfrac{\theta \sin^2\theta + \dfrac{1}{4} \sin^2\theta \sin4\theta}{\theta^3} - \dfrac{1}{2} \lim_{\theta \to 0+} \dfrac{\theta - \dfrac{1}{2} \sin2\theta}{\theta^3}$$

$$= 1 + 1 - \dfrac{1}{2} \times \dfrac{2}{3}$$

$$= \dfrac{5}{3}$$

[랑데뷰팁] $- \displaystyle\lim_{\theta \to 0+} \dfrac{\theta - \dfrac{1}{2} \sin2\theta}{\theta^3}$ 의 계산

① 교과외 풀이 $-$ 로피탈 정리 이용

$$\lim_{\theta \to 0+} \dfrac{\theta - \dfrac{1}{2} \sin2\theta}{\theta^3} = \lim_{\theta \to 0+} \dfrac{1 - \cos2\theta}{3\theta^2}$$

$$= \lim_{\theta \to 0+} \dfrac{\dfrac{1}{2} \times 4\theta^2}{3\theta^2} = \dfrac{2}{3}$$

[랑데뷰세미나(119) 참고 $f(x) \to 0$일 때,
$1 - \cos f(x) \Rightarrow \dfrac{1}{2}\{f(x)\}^2$으로 변환]
② 교과 내 풀이 $-$ 평균값 정리
$f(\theta) = \sqrt[3]{\theta} - \dfrac{1}{2} \sin2\sqrt[3]{\theta}$ 이라고 하면

$$f'(\theta) = \dfrac{1}{3\sqrt[3]{\theta^2}} - \dfrac{1}{2} \cos2\sqrt[3]{\theta} \times \dfrac{2}{3\sqrt[3]{\theta^2}}$$

$$= \dfrac{1 - \cos2\sqrt[3]{\theta}}{3\sqrt[3]{\theta^2}}$$

이다. $f(\theta)$는 실수 전체에서 연속이고 구간
$(-\infty, 0) \cup (0, \infty)$에서 미분가능하므로 평균값 정리에

의하여 $\dfrac{\theta - \dfrac{1}{2} \sin2\theta}{\theta^3} = \dfrac{1 - \cos2\sqrt[3]{\theta}}{3\sqrt[3]{\theta^2}}$ 을 만족하는 c가

$0 < c < \theta^3$에 적어도 하나 존재한다.
그런데 $\theta \to 0+$일 때 $c \to 0+$이므로

$$\lim_{\theta \to 0+} \dfrac{\theta - \dfrac{1}{2} \sin2\theta}{\theta^3}$$

$$= \lim_{c \to 0} \dfrac{1 - \cos2\sqrt[3]{c}}{3\sqrt[3]{c^2}}$$

$$= \lim_{c \to 0} \dfrac{\sin^2(2\sqrt[3]{c})}{3\sqrt[3]{c^2}(1 + \cos2\sqrt[3]{c})} = \dfrac{1}{3} \times 2 \times 2 \times \dfrac{1}{2} = \dfrac{2}{3}$$

43 정답 1

$f(x) = (x+a)^2 e^x + b$

$f'(x) = \{2(x+a) + (x+a)^2\}e^x$

$\quad = \{x^2 + 2(a+1)x + a(a+2)\}e^x$

$\quad = (x+a)(x+a+2)e^x$

증감표를 작성해 보자.

x	$\cdots$	$-a-2$	$\cdots$	$-a$	$\cdots$
$f'(x)$	$+$	0	$-$	0	$+$
$f(x)$		극대		극소	

따라서

함수 $f(x)$는 $x=-a-2$에서 극댓값

$f(-a-2) = 4e^{-a-2} + b$을, $x=-a$에서 극솟값 $f(-a) = b$을 갖는다.

조건 (가)를 만족하기 위해서는 극솟값 b가 음수이어야 한다.

$0 \le -a-2 \le -\dfrac{a}{3}$

$\therefore \ -3 \le a \le -2$

조건 (나)를 만족하기 위해서는 함수 $f(x)$의 극댓값이

$0 \le x \le -\dfrac{a}{3}$ 에서 나타나야 하고 함수 $f(x)$의 극솟값의

절댓값이 극댓값보다 작거나 같아야 한다.

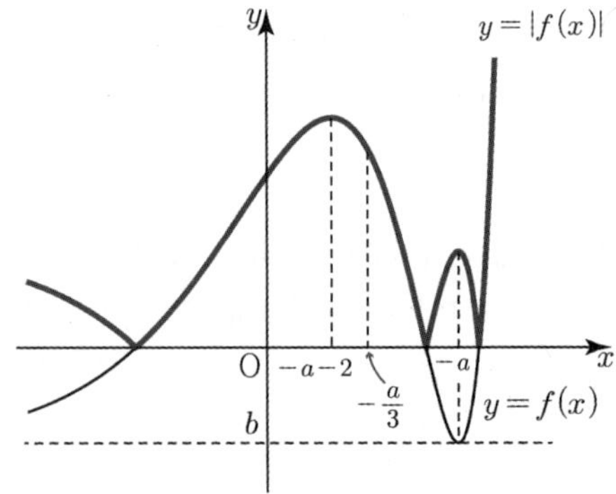

즉,

$f(-a-2) \ge |f(-a)|$

$4e^{-a-2} + b \ge -b$

$2b \ge -4e^{-a-2}$

$\therefore \ -2e^{-a-2} \le b < 0$

따라서 $g(a) = -2e^{-a-2} \ (-3 \le a \le -2)$이다.

$g'(a) = 2e^{-a-2} \ (-3 < a < -2)$에서 $g'\left(-\dfrac{5}{2}\right) = 2\sqrt{e}$

따라서 $\alpha = 2$, $\beta = \dfrac{1}{2}$이다.

$\therefore \ \alpha\beta = 1$

44 정답 944

$f(x) = (-1)^{\frac{n+1}{2}}\{x^2 - 2nx + n^2 - 1\}$

$\quad = (-1)^{\frac{n+1}{2}}\{x-(n-1)\}\{x-(n+1)\}$

$(n-1 < x \le n+1)$

$n=1$일 때, $f(x) = -(x-0)(x-2) \ \ (0 < x \le 2)$

$n=3$일 때, $f(x) = +(x-2)(x-4) \ \ (2 < x \le 4)$

$n=5$일 때, $f(x) = -(x-4)(x-6) \ \ (4 < x \le 6)$

$\qquad \vdots \qquad \vdots$

함수 $f(x)$의 그래프는 다음 그림과 같다.

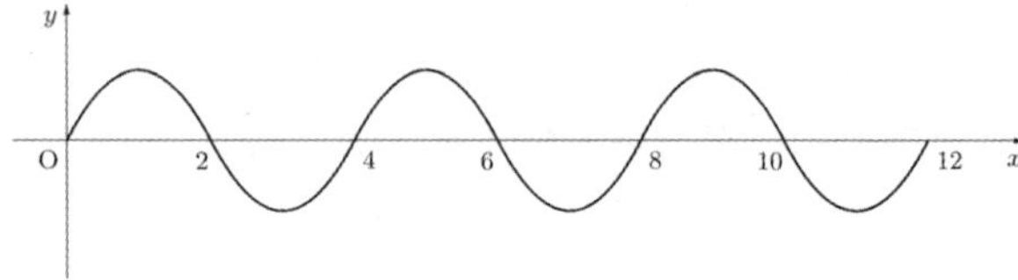

$g(x) = |f(x)| - f(x)$

$\quad = \begin{cases} 0 & (f(x) \ge 0) \\ -2f(x) & (f(x) < 0) \end{cases}$

$\quad = \begin{cases} 0 & (4n-4 < x \le 4n-2) \\ -2f(x) & (4n-2 < x \le 4n) \end{cases}$

이므로 그래프는 다음과 같다.

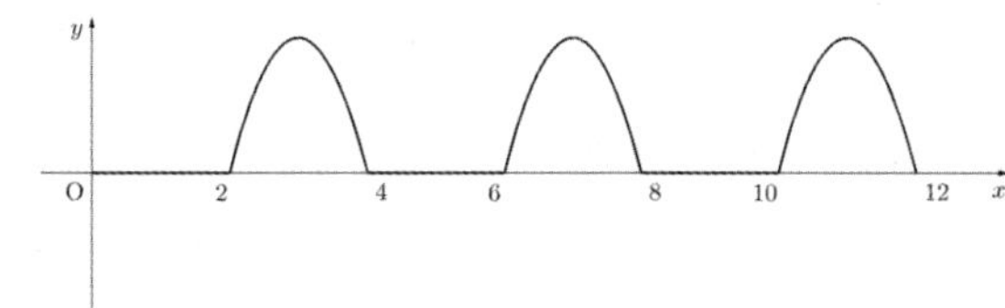

$g'(x) = \begin{cases} 0 & (4n-4 < x \le 4n-2) \\ -2f'(x) & (4n-2 < x \le 4n) \end{cases}$

$\Rightarrow g'(x) = \begin{cases} 0 & (0 < x < 2) \\ -4x+12 & (2 < x < 4) \end{cases}$ 패턴의 반복이므로

$y = g'(x)$와 $y = |g'(x)|$의 그래프는 다음과 같다.

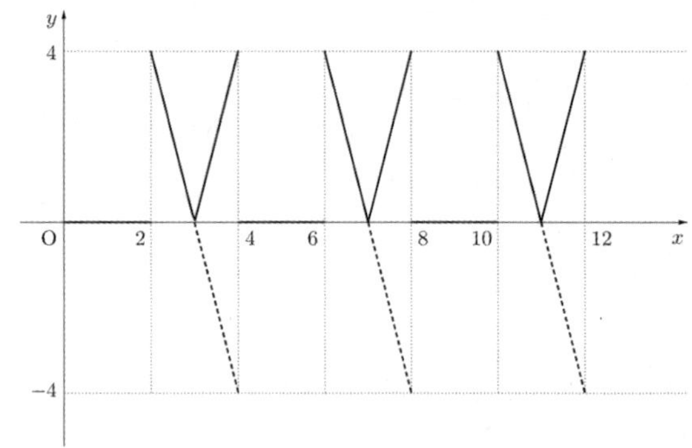

$h(x) = \lim_{h \to 0+} \left| \dfrac{g(e^{x+h}) - g(e^x)}{h} \right|$

$\quad = \lim_{h \to 0+} \left| \dfrac{g(e^{x+h}) - e^x}{e^{x+h} - e^x} \times \dfrac{e^{x+h} - e^x}{h} \right|$

$\quad = |g'(e^x)| e^{x+}$

$h(x)$는 함수 $|g'(e^x)|$가 불연속인 점과 뾰족점에서 미분가능하지 않다.

$g'(x)$는 $x=2n$에서 불연속, $x=4n-1$에서 뾰족점이다.
(n은 자연수)

$h(x)$는 $0<x<\ln t$, 즉 $1<e^x<t$의 범위에서 미분가능하지
않은 $x=a$의 개수가 10임을 만족하는 자연수 t를 찾아야 한다.

불연속인 점

$e^x=2,\ 4,\ 6,\ 8,\ 10,\ 12,\ 14,\ 16,\ \cdots$

$x=\ln2,\ \ln4,\ \ln6,\ \ln8,\ \ln10,\ \ln12,\ \ln14,\ \ln16,\ \cdots$

뾰족점 $\quad e^x=3,\ 7,\ 11,\ 15,\ \cdots$

$\qquad\qquad x=\ln3,\ \ln7,\ \ln11,\ \ln15,\ \cdots$

순서대로 나열하면,

k	1	2	3	4	5	6
a_k	$\ln2$	$\ln3$	$\ln4$	$\ln6$	$\ln7$	$\ln8$
e^{a_k}	2	3	4	6	7	8

7	8	9	10	11	12	$\cdots$
$\ln10$	$\ln11$	$\ln12$	$\ln14$	$\ln15$	$\ln16$	$\cdots$
10	11	12	14	15	16	$\cdots$

이므로 $t=15$이다.

$h(x)=\left|g'\left(e^{x+}\right)\right|e^{x+}$에서

$g'(2+)=g'(6+)=g'(10+)=g'(14+)=4$

$g'(4+)=g'(8+)=g'(12+)=0$

$g'(3+)=g'(7+)=g'(11+)=0$

$\displaystyle\sum_{k=1}^{10}kh(a_k)$

$\displaystyle=\sum_{k=1}^{10}k\left|g'\left(e^{a_k+}\right)\right|e^{a_k}$

$=1\times4\times2+4\times4\times6+7\times4\times10+10\times4\times14$

$=944$

45 정답 ④

아래의 그림과 같이 $y=x$ 그래프의 위아래로 교차된 부분 중
기울기가 1인 접선의 제1사분면의 접점의 x좌표가 x_1이라
하자. 함수 $y=2\sin x$ 의 그래프가 원점을 중심으로
$45\,^\circ$ 이동하여 제한된 범위에서 정의된 어떤 함수가 되려면
$k\le x_1$이어야 한다.

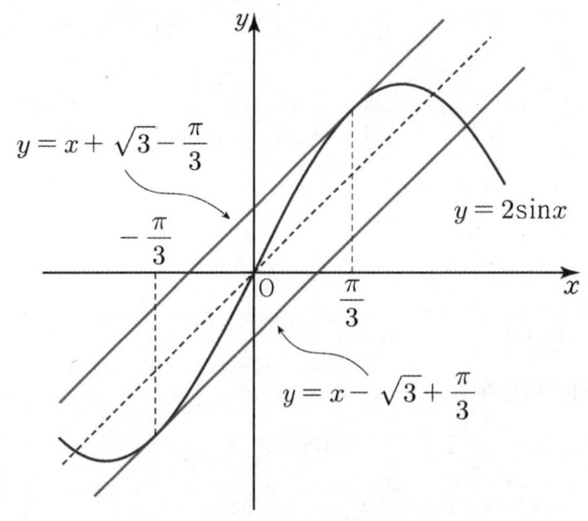

$y'=2\cos x=1 \Rightarrow \cos x=\dfrac{1}{2}\Rightarrow x_1=\dfrac{\pi}{3}$

따라서 제1사분면의 접점의 좌표는 $\left(\dfrac{\pi}{3},\ \sqrt{3}\right)$

접선의 방정식은 $y=x-\dfrac{\pi}{3}+\sqrt{3}$

따라서 $-\dfrac{\pi}{3}\le -k\le x\le k\le \dfrac{\pi}{3}$의 범위의

$y=2\sin x$의 그래프를 원점을 중심으로 양의 방향으로
$45\,^\circ$ 회전 시킨 그래프는 함수가 된다.

만약 k가 $\dfrac{\pi}{3}$보다 큰 값이면 정의역의 원소 하나에 하나의

원소가 대응된다는 함수의 정의에 위배된다.

$y=x$를 원점을 중심으로 양의 방향으로 $45\,^\circ$ 회전시키면 y축이

되고 $y=x-\dfrac{\pi}{3}+\sqrt{3}$ 을 원점을 중심으로 양의 방향으로

$45\,^\circ$ 회전시키면 $x=-a$가 된다.

따라서 a는 $y=x$와 $y=x-\dfrac{\pi}{3}+\sqrt{3}$ 사이 거리가 된다.

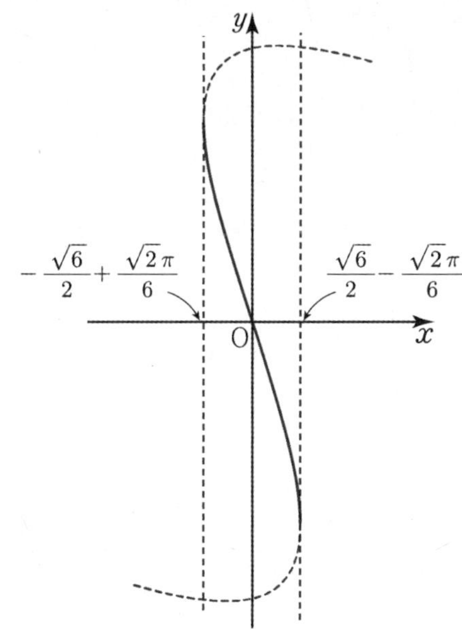

킬러극킬 – 미적분 **181**

이는 $(0, 0)$과 $x - y - \dfrac{\pi}{3} + \sqrt{3} = 0$사이 거리와 같으므로

$$a = \frac{\left| -\dfrac{\pi}{3} + \sqrt{3} \right|}{\sqrt{2}} = \frac{\sqrt{3}}{\sqrt{2}} - \frac{\pi}{3\sqrt{2}}$$

$$= \frac{\sqrt{6}}{2} - \frac{\sqrt{2}\,\pi}{6}$$

46 정답 ⑤

[그림 : 이정배T]

함수 $f(x)$는 주기가 $\dfrac{2\pi}{\dfrac{\pi}{5}} = 10$이므로

$t \to 0+$일 때, $t_1 \to 10-$이므로 $\displaystyle\lim_{t \to 0+} g(t) = 10$

$t = 5$일 때, $t_1 = 15$이므로 $g(5) = 10$이다.

또한 $\displaystyle\lim_{t \to 5-} g(t) = 0$, $\displaystyle\lim_{t \to 5+} g(t) = 10$

따라서 함수 $g(t)$의 그래프는 다음과 같다.

곡선 $h(t) = e^{t-k} + 9$이 $y = g(t)$와의 교점의 개수가 2이기 위해서는

$h(5) \leq 10$, $h(10) > 10$이어야 한다.

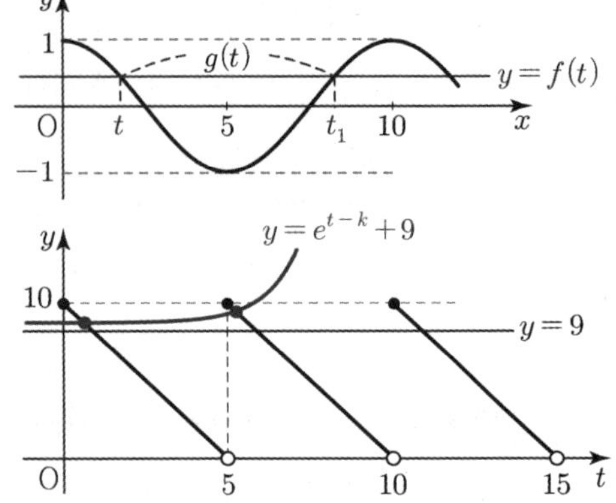

$h(5) = e^{5-k} + 9 \leq 10$

$e^{5-k} \leq 1$

$5 - k \leq 0$

$k \geq 5$

$h(10) > 10$

$h(10) = e^{10-k} + 9 > 10$

$e^{10-k} > 1$

$10 - k > 0$

$k < 10$

따라서

$5 \leq k < 10$이므로 자연수 k는

$k_1 = 5$, $k_2 = 6$, $k_3 = 7$, $k_4 = 8$, $k_5 = 9$

$m = 5$이고 $f'(x) = -\dfrac{\pi}{5} \sin\left(\dfrac{\pi}{5} x\right)$이므로

$$m \times f'\left(\frac{3k_1}{k_m} \right)$$

$$= 5 \times f'\left(\frac{\pi}{5} \times \frac{3 \times 5}{9} \right)$$

$$= 5 \times \left(-\frac{\pi}{5} \right) \times \sin\frac{\pi}{3}$$

$$= 5 \times \left(-\frac{\pi}{5} \right) \times \frac{\sqrt{3}}{3}$$

$$= -\frac{\sqrt{3}\,\pi}{2}$$

47 정답 ③

$$f(x) = \begin{cases} \dfrac{1}{9} e^{3x-3} - \dfrac{2}{3} a e^{2x-2} + a^2 e^{x-1} & (x < c) \\ x^3 - (3a-1)x^2 + (3a^2 - 2a)x + b & (x \geq c) \end{cases}$$

에서

$f_1(x) = \dfrac{1}{9} e^{3x-3} - \dfrac{2}{3} a e^{2x-2} + a^2 e^{x-1}$

$f_2(x) = x^3 - (3a-1)x^2 + (3a^2 - 2a)x + b$

라 하자.

$f_1(x) = \dfrac{1}{9} e^{3x-3} - \dfrac{2}{3} a e^{2x-2} + a^2 e^{x-1}$에서

$f_1'(x) = \dfrac{1}{3} e^{3x-3} - \dfrac{4}{3} a e^{2x-2} + a^2 e^{x-1}$

$\qquad = e^{x-1} \left(\dfrac{1}{3} e^{2x-2} - \dfrac{4}{3} a e^{x-1} + a^2 \right)$

$\qquad = e^{x-1} \left(e^{x-1} - a \right) \left(\dfrac{1}{3} e^{x-1} - a \right)$

$f_1'(x) = 0$의 해는 $e^{x-1} = a$에서 $x = \ln a + 1$,

$\dfrac{1}{3} e^{x-1} - a = 0$에서 $x = \ln a + \ln 3 + 1$이다.

증감표에서 함수 $f_1(x)$는 $x < \ln a + 1$에서 증가

$\ln a + 1 < x < \ln a + \ln 3 + 1$에서 감소

$x > \ln a + \ln 3 + 1$에서 증가

임을 알 수 있다.

(나) 조건을 만족하기 위해서는 $c \leq \ln a + 1$임을 알 수 있다. $\cdots$ ㉠

$f_2(x) = x^3 - (3a-1)x^2 + (3a^2 - 2a)x + b$에서

$f_2'(x) = 3x^2 - 2(3a-1)x + (3a^2 - 2a)$

$\qquad = (x - a)(3x - 3a + 2)$

$f_2'(x) = 0$의 해는 $x = a$ 또는 $x = \dfrac{3a-2}{3}$

따라서 삼차함수 $f_2(x)$는 $x < \dfrac{3a-2}{3}$에서 증가하고

$\dfrac{3a-2}{3} < x < a$에서 감소, $x > a$에서 증가한다.

(나) 조건을 만족하기 위해서는 $c \geq a$임을 알 수 있다. $\cdots$ ㉡

㉠, ㉡에서

$a \leq c \leq \ln a + 1$

그런데 $a = x$라 할 때, 좌표 평면에서 두 그래프
$y = x$와 $y = \ln x + 1$는 $x = 1$에서 접하고 모든 실수 x에
대하여 $\ln x + 1 \leq x$이다.

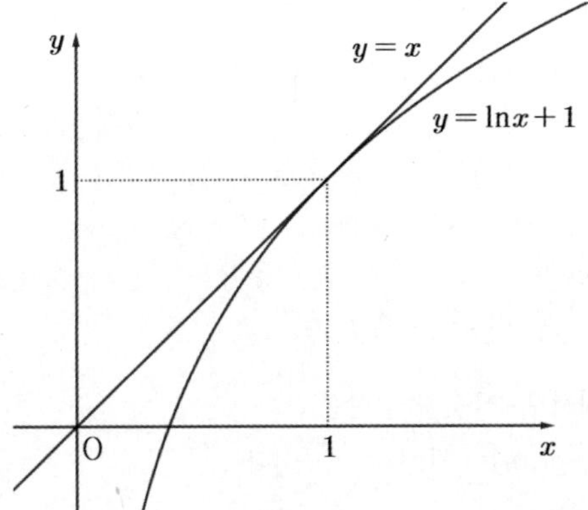

$x \leq c \leq \ln x + 1$을 만족하는 $c = 1$ 뿐이다.

따라서 두 그래프 $f_1(x)$와 $f_2(x)$가 증가하는 부분에서 만나기
위해서는 $a = 1$이어야 한다.

$\therefore \ a = 1$

따라서

$$f(x) = \begin{cases} \dfrac{1}{9}e^{3x-3} - \dfrac{2}{3}e^{2x-2} + e^{x-1} & (x < 1) \\[2mm] x^3 - 2x^2 + x + b & (x \geq 1) \end{cases}$$

함수 $f(x)$가 모든 실수에서 연속이므로
$\displaystyle\lim_{x \to 1-} f_1(x) = \lim_{x \to 1+} f_2(x)$가 성립한다.

$$f(x) = \begin{cases} \dfrac{1}{9}e^{3x-3} - \dfrac{2}{3}e^{2x-2} + e^{x-1} & (x < 1) \\[2mm] x^3 - 2x^2 + x + b & (x \geq 1) \end{cases}$$

따라서 $\dfrac{1}{9} - \dfrac{2}{3} + 1 = 1 - 2 + 1 + b$

$b = \dfrac{4}{9}$

따라서

$$f(x) = \begin{cases} \dfrac{1}{9}e^{3x-3} - \dfrac{2}{3}e^{2x-2} + e^{x-1} & (x < 1) \\[2mm] x^3 - 2x^2 + x + \dfrac{4}{9} & (x \geq 1) \end{cases}$$

이고 함수 $f(x)$의 그래프는 다음과 같다.

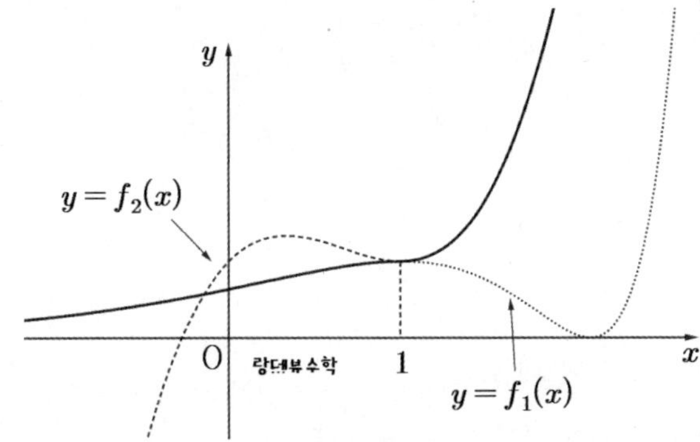

$f(2) = 8 - 8 + 2 + \dfrac{4}{9} = \dfrac{22}{9}$

48 정답 8

$g(x) = a\ln(f(x) + c) + b\,f(x)$

$g'(x) = \dfrac{af'(x)}{f(x) + c} + b\,f'(x)$

$\qquad = f'(x)\left(\dfrac{a}{f(x) + c} + b\right)$

$g'(x) = 0$의 해는 $f'(x) = 0$ 또는 $f(x) + c = -\dfrac{a}{b}$

$f(x) = \cos\dfrac{\pi}{2}x$에서 $f'(x) = -\dfrac{\pi}{2}\sin\dfrac{\pi}{2}x$이고

$f'(x) = 0$의 해는 $x = 2n$이고 조건 (가)에서

$f(2n-1) + c = -\dfrac{a}{b}$이다.

($2n$은 짝수, $2n-1$은 홀수이다. → n이 자연수일 때만 생각해도
된다.)

한편, $f(2n-1) = \cos\dfrac{(2n-1)\pi}{2} = 0$이므로 $c = -\dfrac{a}{b}$이다.

따라서 $b = -\dfrac{a}{c}$이고 $a > 0$, $c > 1$이므로 $b < 0$이다.

따라서

$g(x) = a\ln\left(f(x) - \dfrac{a}{b}\right) + b\,f(x)$

$g'(x) = f'(x)\left(\dfrac{a}{f(x) + c} + b\right)$

$\qquad = f'(x)\left(\dfrac{a}{f(x) - \dfrac{a}{b}} + b\right)$

$\qquad = b\,f'(x)\left(\dfrac{a}{b\,f(x) - a} + 1\right)$

$\qquad = -\dfrac{\pi}{2}b\sin\dfrac{\pi}{2}x\left(\dfrac{a}{b\cos\dfrac{\pi}{2}x - a} + 1\right)$

$\cdots = g'(1) = g'(2) = g'(3) = g'(4) = \cdots = 0$이고

(i) $x = \dfrac{1}{2}$을 대입하면

$$g'\left(\frac{1}{2}\right)=-\frac{\pi}{2}\,b\left(\frac{\sqrt{2}}{2}\right)\left(\frac{a}{\frac{\sqrt{2}}{2}b-a}+1\right)>0$$

→ 왜냐하면 $b<0$이므로 $\dfrac{a}{\frac{\sqrt{2}}{2}b-a}>-1$

따라서 $g'\left(\dfrac{1}{2}\right)=(양수)\times(양수)>0$

(ii) $x=\dfrac{3}{2}$을 대입하면

$$g'\left(\frac{3}{2}\right)=-\frac{\pi}{2}\,b\left(\frac{\sqrt{2}}{2}\right)\left(\frac{a}{-\frac{\sqrt{2}}{2}b-a}+1\right)<0$$

→ 왜냐하면 $b<0$이므로 $\dfrac{a}{-\frac{\sqrt{2}}{2}b-a}<-1$이다.

따라서 $g'\left(\dfrac{3}{2}\right)=(양수)\times(음수)<0$

(i), (ii)와 같은 방법으로 증감표를 작성해 보면 다음과 같다.

x	$\cdots$	0	$\cdots$	1	$\cdots$
$f'(x)$	$+$	0	$-$	0	$+$
$f(x)$	$\nearrow$		$\searrow$		$\nearrow$

2	$\cdots$	3	$\cdots$	4	$\cdots$
0	$-$	0	$+$	0	$-$
	$\searrow$		$\nearrow$		$\searrow$

따라서

$$\sin\frac{(2n-1)}{2}\pi=0,\ \cos\frac{4n-2}{2}\pi=\cos\frac{4n}{2}\pi=0$$

$$\sin\frac{4n-2}{2}\pi=-1,\ \sin\frac{4n}{2}\pi=1$$

함수 $g(x)$는 $x=2n-1$에서 극대, $x=4n-2$와 $x=4n$에서 극솟값을 갖는다.

$f(x)=\cos\dfrac{\pi}{2}x$에서 $f(2n-1)=0$, $f(4n-2)=-1$, $f(4n)=1$

⇨ $g(x)=a\ln(f(x)+c)+bf(x)$의 극댓값은 하나의 값이고 극솟값은 다른 두 값으로 나타난다.

그래프 개형은 다음과 같다.

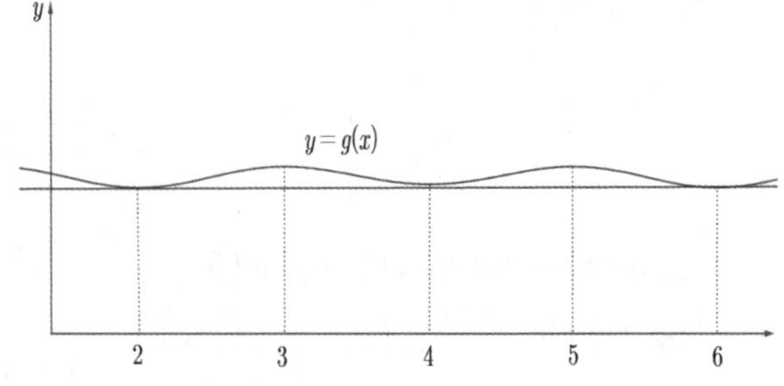

(나)에서 극댓값이 $2a$이므로

$$g(2n-1)=a\ln\left(f(2n-1)-\frac{a}{b}\right)+bf(2n-1)\text{이고}$$

$$f(2n-1)=\sin\frac{2n-1}{2}\pi=0\text{이므로}$$

$$a\ln\left(-\frac{a}{b}\right)=2a\text{에서 }\ln\left(-\frac{a}{b}\right)=2$$

$$c=-\frac{a}{b}=e^2$$

$$b=-\frac{a}{e^2}$$

그러므로

$$g(x)=a\ln(f(x)+e^2)-\frac{a}{e^2}f(x)$$

조건 (나)에서 두 극솟값의 합은

$$g(4n-2)+g(4n)=4\ln(e^4-1)\text{이다.}$$

$$f(4n-2)=-1\rightarrow g(4n-2)=a\ln(-1+e^2)+\frac{a}{e^2}$$

$f(4n)=1$이므로 $g(4n)=a\ln(1+e^2)-\dfrac{a}{e^2}$

두 극솟값의 합은

$$g(4n-2)+g(4n)=4\ln(e^4-1)=a\ln(e^4-1)$$

따라서 $a=4$, $b=-\dfrac{4}{e^2}$, $c=e^2$

$$g(x)=4\ln\left(\cos\frac{\pi}{2}x+e^2\right)-\frac{4}{e^2}\cos\frac{\pi}{2}x$$

$$g\left(\frac{bc}{a}\right)=g(-1)=4\ln e^2=8$$

49 정답 28

(i)

(나)에서 $n=1$을 대입하면

$0\le x<1$에서 $f(x)=\sin2\pi x$이므로 $f(2x+1)=\sin2\pi x$가 성립한다.

즉, $0\le x<1$일 때, $f(2x+1)=\sin2\pi x$

$2x+1=t$라 하면 $x=\dfrac{t-1}{2}$에서

$$0\le\frac{t-1}{2}<1\ \Rightarrow\ 1\le t<3$$

$$f(2x+1)=\sin2\pi x\ \Rightarrow f(t)=\sin2\pi\left(\frac{t-1}{2}\right)$$

$$\Rightarrow f(t)=\sin(\pi t-\pi)=-\sin\pi t$$

따라서

$1\le x<3$일 때, $f(x)=-\sin\pi x$이다.

(ii)

(나)에서 $n=2$을 대입하면

$1\le x<3$에서 $f(x)=-\sin\pi x$이므로 $f(2x+1)=-\sin\pi x$가 성립한다.

즉, $1 \leq x < 3$일 때, $f(2x+1) = -\sin \pi x$

$2x+1 = t$라 하면 $x = \dfrac{t-1}{2}$에서

$1 \leq \dfrac{t-1}{2} < 3 \Rightarrow 3 \leq t < 7$

$f(2x+1) = -\sin \pi x \Rightarrow f(t) = -\sin \pi \left(\dfrac{t-1}{2} \right) \Rightarrow$

$f(t) = -\sin \left(\dfrac{\pi}{2} t - \dfrac{\pi}{2} \right) = \cos \dfrac{\pi}{2} t$

따라서

$3 \leq x < 7$일 때, $f(x) = \cos \dfrac{\pi}{2} x$이다.

(i), (ii)에서

$$f(x) = \begin{cases} \sin 2\pi x & (0 \leq x < 1) \\ -\sin \pi x & (1 \leq x < 3) \\ \cos \dfrac{\pi}{2} x & (3 \leq x < 7) \\ \vdots & \vdots \end{cases}$$

임을 알 수 있다.

$$f'(x) = \begin{cases} 2\pi \cos 2\pi x & (0 \leq x < 1) \\ -\pi \cos \pi x & (1 \leq x < 3) \\ -\dfrac{\pi}{2} \sin \dfrac{\pi}{2} x & (3 \leq x < 7) \\ \vdots & \vdots \end{cases}$$

이므로

함수 $f(x)$는 모든 자연수 n에 대하여 $x = 2^n - 1$에 미분가능하지 않다.

$h(x) = g(f(x))$에서 양변 미분하면
$h'(x) = g'(f(x)) f'(x)$에서
$f'(2^n - 1)$의 값이 존재하지 않고 $f(2^n - 1) = 0$이므로
$h'(2^n - 1)$의 값이 존재하기 위해서는
$g'(f(2^n - 1)) = g'(0) = 0$이다. $\cdots \bigcirc$
$h''(x) = g''(f(x))\{f'(x)\}^2 + g'(f(x)) f''(x)$에서
$\{f'(2^n - 1)\}^2$의 값이 존재하지 않고 $f(2^n - 1) = 0$이고
$g'(0) = 0$이므로
$h''(2^n - 1)$의 값이 존재하기 위해서는
$g''(f(2^n - 1)) = g''(0) = 0 \cdots \bigcirc\!\!\bigcirc$

한편,

$f(6) = -1$, $f'(6) = -\dfrac{\pi}{2} \sin 3\pi = 0$,

$f''(6) = \left(\dfrac{\pi}{2} \right)^2$이므로

$h'(6) = g'(f(6)) f'(6) = 0$이고

$h''(6) = g''(f(6))\{f'(6)\}^2 + g'(f(6)) f''(6)$

$\qquad = g''(-1)(0)^2 + g'(-1) \left(\dfrac{\pi}{2} \right)^2$

$\qquad = \left(\dfrac{\pi}{2} \right)^2 g'(-1)$ 이다.

함수 $h(x)$는 $x = 6$에서 극댓값을 가지므로 $h''(6) < 0$에서
$g'(-1) < 0$이다. $\cdots \bigcirc\!\!\bigcirc$

$\bigcirc$, $\bigcirc\!\!\bigcirc$에서 $g'(x) = x^2(4x+a)$라 둘 수 있다. $\cdots \textcircled{\tiny 2}$

$g'(-1) = a - 4$

$\bigcirc\!\!\bigcirc$에서 $a - 4 < 0$

따라서 $a < 4$

$g'(1) = 4 + a < 8$이므로

$g'(1)$으로 가능한 자연수의 합은

$1 + 2 + 3 + 4 + 5 + 6 + 7 = 28$

50 정답 123

(가)에서 $g(\alpha) = \dfrac{2}{3 - \sin(f(\alpha))} = \dfrac{4}{5}$이므로

$\sin f(\alpha) = \dfrac{1}{2}$이다.

$0 < f(\alpha) < \dfrac{\pi}{2}$이므로 $f(\alpha) = \dfrac{\pi}{6} \cdots \bigcirc$

또한 $g'(\alpha) = 0$이므로 $g'(x) = \dfrac{2\cos f(x) \times f'(x)}{(3 - \sin f(x))^2}$에서

$g'(\alpha) = -\dfrac{2\cos \left(\dfrac{\pi}{6} \right) \times f'(\alpha)}{\left(3 - \sin \left(\dfrac{\pi}{6} \right) \right)^2} = 0$이므로 $f'(\alpha) = 0 \cdots \bigcirc$

$\bigcirc$, $\bigcirc$에서 $f(x) = \pi(x-\alpha)^2 + \dfrac{\pi}{6}$

따라서 $g(x) = \dfrac{2}{3 - \sin \left(\pi(x-\alpha)^2 + \dfrac{\pi}{6} \right)}$에서

$g(\alpha + x) = g(\alpha - x)$이므로 함수 $g(x)$는 $x = \alpha$에 대칭이다.

즉 $g'(\alpha + x) = -g'(\alpha - x) \Rightarrow g'(\alpha + x) + g'(\alpha - x) = 0$

따라서 함수 $g'(x)$는 $(\alpha, 0)$에 대칭인 함수이다.

(나)에서 $\alpha = 1$이다.

따라서 $f(x) = \pi(x-1)^2 + \dfrac{\pi}{6}$, $f'(x) = 2\pi(x-1)$이다.

$f(0) = \pi + \dfrac{\pi}{6}$, $f'(0) = -2\pi$,

$f(3) = 4\pi + \dfrac{\pi}{6}$, $f'(3) = 4\pi$

따라서 $g'(x) = \dfrac{2\cos f(x) \times f'(x)}{(3 - \sin f(x))^2}$에서

$g'(0) = \dfrac{2\cos \left(\pi + \dfrac{\pi}{6} \right) \times f'(0)}{\left(3 - \sin \left(\pi + \dfrac{\pi}{6} \right) \right)^2} = \dfrac{2 \times \left(-\dfrac{\sqrt{3}}{2} \right) \times (-2\pi)}{\left(3 + \dfrac{1}{2} \right)^2}$

$\qquad = \dfrac{2\sqrt{3}\pi}{\dfrac{49}{4}} = \dfrac{8\sqrt{3}}{49} \pi$

$g'(3) = \dfrac{2\cos \left(4\pi + \dfrac{\pi}{6} \right) \times f'(3)}{\left(3 - \sin \left(4\pi + \dfrac{\pi}{6} \right) \right)^2} = \dfrac{2 \times \left(\dfrac{\sqrt{3}}{2} \right) \times (4\pi)}{\left(3 - \dfrac{1}{2} \right)^2}$

$$= \frac{4\sqrt{3}\,\pi}{\dfrac{25}{4}} = \frac{16\sqrt{3}}{25}\pi$$

따라서 $\dfrac{g'(3)}{g'(0)} = \dfrac{\dfrac{16\sqrt{3}}{25}\pi}{\dfrac{8\sqrt{3}}{49}\pi} = \dfrac{98}{25}$

따라서 $p=25$, $q=98$이므로 $p+q=123$

51 정답 5

이차항의 계수가 $a\,(a>0)$인 이차함수 $f(x)$는 (가) 조건에서
축의 방정식이 $x=1$이므로
$f(x)=a(x-1)^2+q$이다.
$f'(x)=2a(x-1)$이므로
$g(x)=2a(x-1)\ln\{a(x-1)^2+q\}$이다.
(나)의 $2a(x-1)\{g(x)-2a(x-1)\} \geq 0$에서
$x \leq 1$일 때, $g(x) \leq 2a(x-1)$
$x \geq 1$일 때, $g(x) \geq 2a(x-1)$
을 만족해야 한다.
$g'(x)=2a\ln\{a(x-1)^2+q\}+\dfrac{4a^2(x-1)^2}{a(x-1)^2+q}$이다.
모든 실수 x에 대하여 $g'(x)>0$이므로 $g(x)$는 증가함수이다.
따라서 다음 그림과 같이 $x=1$에서의 함수 $g(x)$의 접선의
기울기 $g'(1)$와 $y=2a(x-1)$의 기울기를 비교했을 때,
$g'(1) \geq 2a$이면 조건 (나)를 만족한다.

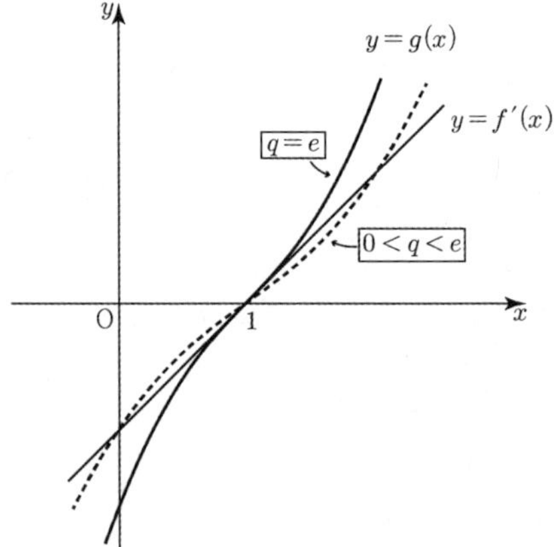

따라서
$g'(1)=2a\ln q$이므로
$2a\ln q \geq 2a$
$\ln q \geq 1$
$q \geq e$이다.

따라서 이차함수 $f(x)$의 최솟값은 e이다.
한편, $g(1)=0$이고
$g(x)=2a(x-1)\ln\{a(x-1)^2+q\}$에서
$g(2-x)=2a(1-x)\ln\{a(1-x)^2+q\}$
$\qquad =-2a(x-1)\ln\{a(x-1)^2+q\}=-g(x)$ 이므로

$g(2-x)+g(x)=0$이 성립한다.
즉, 함수 $g(x)$는 양수 a의 값에 관계없이 $(1,0)$에 대칭인
함수이다.

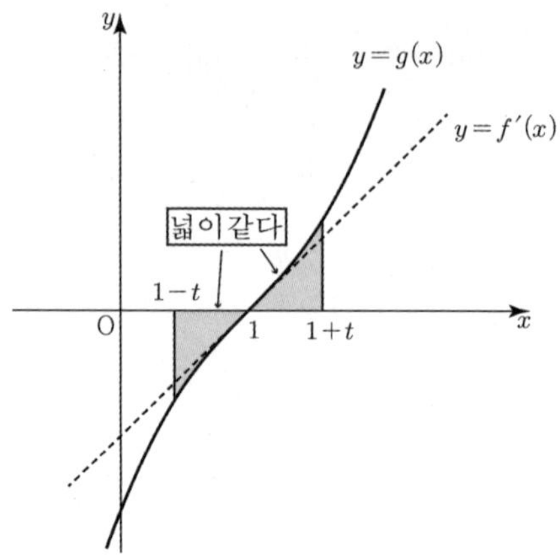

그러므로 $\displaystyle\int_{1-t}^{1+t} g(x)dx = \int_{1+t}^{1-t} g(x)dx = 0$ 이다.

$\displaystyle\int_m^b g(x)dx = \int_e^b g(x)dx = 0$을 만족하는 $b=2-e$이다.

$b < 2-e$이면 $\displaystyle\int_e^{2-e} g(x)dx > 0$이므로

$\displaystyle\int_e^b g(x)dx \geq 0$을 만족하는 b의 범위는 $b \leq 2-e$
따라서 b의 최댓값은 $-e+2$이다.
$p=-1$, $q=2$이므로 $p^2+q^2=5$이다.

52 정답 169

(가)에서 사차함수 $f(x)$가 최댓값을 가지므로 사차항의 계수는
음수이다.
$f(0)=1$, $f'(0)=0$이고 조건(가)에서 방정식 $f(x)=1$의
서로 다른 실근의 개수는 2이기 위해서는
$f(x)=mx^2(x-n)^2+1$ 또는 $f(x)=mx^3(x-n)+1$ 꼴이다.
또한 (가)에서 $x>0$에서 $f(x) \geq x+1$의 해가 존재하므로
$f(x)=mx^3(x-n)+1 \ (m<0, n>0)$꼴이다. $\cdots\bigcirc$

(나)에서 함수 $|f(x)-g(f(x))|$의 미분가능하지 않는 점은
곡선 $y=f(x)-g(f(x))$와 $y=0$의 접점이 아닌 교점이다.
$g(f(x))=\dfrac{af(x)}{\{f(x)\}^2+1}$이므로

$f(x)-\dfrac{af(x)}{\{f(x)\}^2+1}=f(x)\left[1-\dfrac{a}{\{f(x)\}^2+1}\right]=0$에서

$f(x)=0$ 또는 $\{f(x)\}^2+1=a$
(i) $f(x)=0$일 때, $\bigcirc$에서 $y=f(x)$의 그래프는 x축과
두 점에서 만나므로 미분가능하지 않는 점의 개수가 2이다.
(ii) $\{f(x)\}^2+1=a$일 때, $f(x)=\pm\sqrt{a-1}$이고
$y=f(x)$의 그래프는 $y=-\sqrt{a-1}$과 두 점에서 만나므로
미분가능하지 않는 점의 개수가 2이다.

한편,

$\sqrt{a-1} < M$일 때, $y=f(x)$의 그래프는 $y=\sqrt{a-1}$ 과
두 점에서 만난다. 그런데 미분가능하지 않은 $x=\alpha$의 개수가
5이므로 $y=f(x)$와 $y=\sqrt{a-1}$ 의 두 교점 중 하나는
접점이어야 한다. ㉠의 그래프에서 $(0, 1)$이 $y=1$과 접하므로
$\sqrt{a-1}=1$이다.

즉, $a=2$

(i), (ii)에서 함수 $|f(x)-g(f(x))|$가 미분가능하지 않은 점의

개수가 5개 되게 하는 함수 $g(x)$는 $g(x)=\dfrac{2x}{x^2+1}$ 이다.

함수 $g(x)$의 그래프는 다음과 같다.

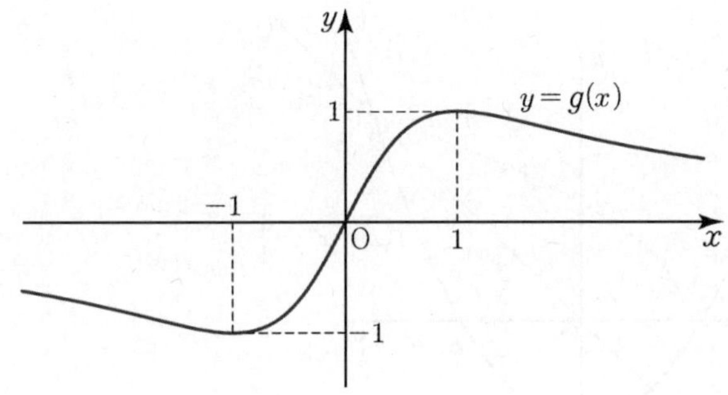

즉, $g(x)=0$의 해는 $x=0$이 유일하고 함수 $g(x)$의 치역은
$\{y\,|-1 \leq y \leq 1\}$이다.

(다)에서 함수 $|kg(x)-f(kg(x)-1)|$의 미분가능하지 않는
점은 곡선 $y=kg(x)-f(kg(x)-1)$와 $y=0$의 접점이 아닌
교점이다.

$kg(x)=t \cdots$㉡라 두면 $y=t-f(t-1)$와 $y=0$의 접점이 아닌
교점에서 미분가능하지 않다고 할 수 있다.

㉠에서 $f(t-1)=m(t-1)^3(t-1-n)+1$이므로

$h(t)=m(t-1)^3(t-1-n)+1 \ (m<0, n>0)$라 하면
$y=h(t)$와 $y=t$의 교점은

$t=\gamma \ (\gamma<1),\ t=1,\ t>1 \cdots$㉢에서 한 개 이상의 교점을
갖는다.

㉡에서 $g(x)=\dfrac{t}{k}$ 이다.

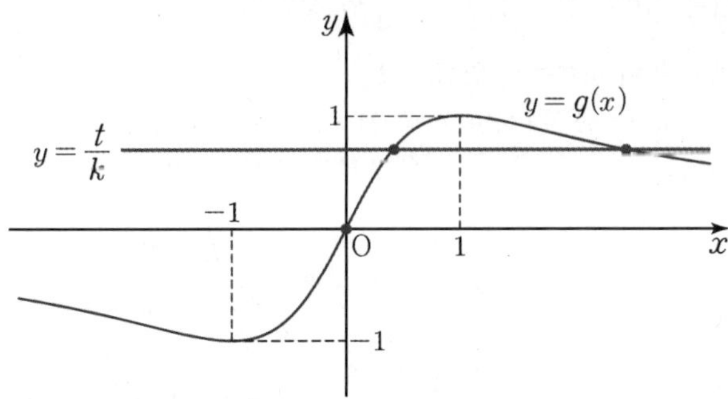

(iii) $t=1$일 때, $|k|>1$이므로 $y=g(x)$와 $y=\dfrac{1}{k}$은 교점의

개수가 2이고 모두 접점이 아니다.

(iv) $y=g(x)$와 $y=0$의 교점은 1개다.

(iii), (iv)에서 함수 $|kg(x)-f(kg(x)-1)|$의 미분가능하지

않는 점의 개수가 3이기 위해서는 ㉢의 $y=h(t)$와 $y=t$의
교점에서 $\gamma=0$이고 $t>1$에서의 교점은 접점이어야 한다.

따라서 방정식 $h(t)=t$는 $t=0,\ t=1,\ t>1$인 중근을 갖는다.

$h(t)=m(t-1)^3(t-1-n)+1$에서

$h(0)=0$이므로 $m(1+n)+1=0$에서 $n+1=-\dfrac{1}{m}$

$m(t-1)^3\left(t+\dfrac{1}{m}\right)+1=t \Rightarrow m(t-1)^3\left(t+\dfrac{1}{m}\right)-(t-1)=0$

$\Rightarrow (t-1)\left\{m(t-1)^2\left(t+\dfrac{1}{m}\right)-1\right\}$

$= (t-1)\left\{(t^2-2t+1)(mt+1)-1\right\}$

$= (t-1)\left\{mt^3+(1-2m)t^2+(m-2)t\right\}$

$= (t-1)t\left\{mt^2+(1-2m)t+(m-2)\right\}$

따라서 $mt^2+(1-2m)t+(m-2)=0$은 중근을 갖는다.

$D=(1-2m)^2-4m(m-2)$

$\quad =4m^2-4m+1-4m^2+8m$

$\quad =4m+1$

따라서 $D=0$에서 $m=-\dfrac{1}{4}$이다. $n=3$

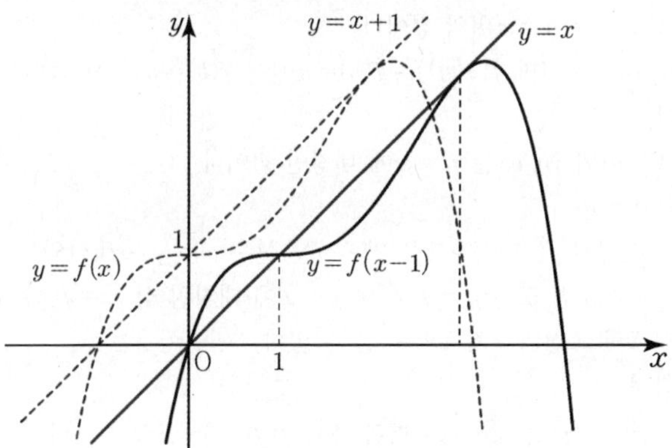

$h(t)=f(t-1)=-\dfrac{1}{4}(t-1)^3(t-4)+1$

따라서 $f(x)=-\dfrac{1}{4}x^3(x-3)+1$

$f'(x)=-\dfrac{3}{4}x^2(x-3)-\dfrac{1}{4}x^3=-\dfrac{1}{4}x^2(4x-9)$

따라서 $x=\dfrac{9}{4}$에서 $f(x)$는 최댓값을 갖는다.

$\therefore\ b=\dfrac{9}{4}$

$g(b)=g\left(\dfrac{9}{4}\right)=\dfrac{2\times\dfrac{9}{4}}{\left(\dfrac{9}{4}\right)^2+1}=\dfrac{\dfrac{9}{2}}{\dfrac{97}{16}}=\dfrac{72}{97}$

$p=97,\ q=72$

$p+q=169$

53 정답 5

$h(x)=-\dfrac{2e^x}{e^{2x}+1}$ 이라 할 때,

$h'(x)=\dfrac{2e^x(e^{2x}-1)}{(e^{2x}+1)^2}$ 이므로 $h'(x)=0$의 해는 $x=0$이다.

따라서 $h(x)$는 $x=0$에서 극솟값 $h(0)=-1$을 갖고 $\lim\limits_{|x|\to\infty} h(x)=0$이므로 함수 $h(x)$의 치역은

$\{y \mid -1 \leq y < 0\}$이다.

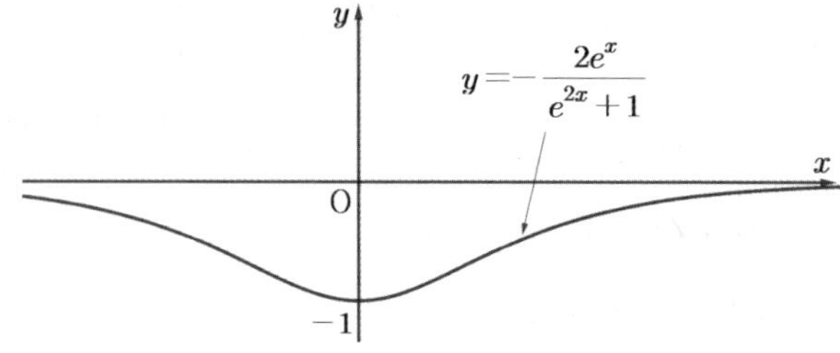

따라서

$-1 \leq h(x) < 0$이므로 $k-1 \leq g(x) < k \cdots$㉠

$f(f(x))=x$을 만족하는 실수 a가 존재하면 $f(f(a))=a$가 성립한다.

이때 $f(a)$가 될 수 있는 값은 a이거나 a가 아닌 어떤 수 b로 생각할 수 있다.

(i) $f(a)=a$이면 $f(f(a))=f(a)=a$이므로 항상 성립한다.

➩ (a, a)는 $y=x$ 위의 점이다.

(ii) $f(a)=b$이면 $f(f(a))=f(b)=a$에서 $f(b)=a$가 성립해야 한다.

➩ (a, b)와 (b, a)는 $y=x$에 대칭인 점이다.

(단, $a \neq b$)

(i), (ii)에서 $f(f(x))=x$을 만족하는 실수 a는 $y=f(x)$와 $y=x$의 교점 또는 $y=f(x)$와 $y=x$에 대칭인 식 $x=f(y)$의 그래프의 교점의 x좌표임을 알 수 있다.

따라서

$y=x^2+g(t)$와 $y=x$가 접할 때는 $f(f(x))=x$의 실근의 개수는 1이다.

$x^2+g(t)=x$

$x^2-x+g(t)=0$

$D=1-4g(t)=0$에서 $g(t)=\dfrac{1}{4}$

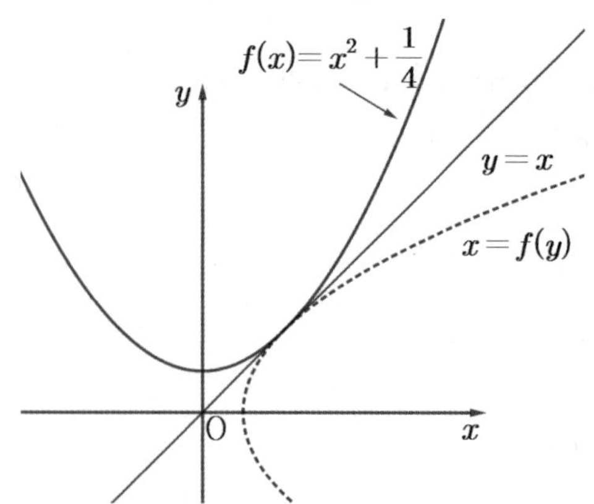

따라서 $f(f(x))=x$의 실근의 개수는 2이기 위해서는

$g(t)<\dfrac{1}{4}$이다. $\cdots$㉡

$g(t)<0$일 때, $y=x^2+g(t)$와 $y=x$의 교점 중 x좌표가

음수인 점에서 $y=x^2+g(t)$의 접선의 기울기가 -1이면 $y=x^2+g(t)$와 그것의 $y=x$에 대칭인 그래프 $x=y^2+g(t)$는 그 교점에서 접하게 된다.

$y=x^2+g(t)$

$y'=2x \to 2x=-1$

$x=-\dfrac{1}{2}$

즉, 교점 $\left(-\dfrac{1}{2},\ -\dfrac{1}{2}\right)$에서 $y=x^2+g(t)$와 $x=y^2+g(t)$의 그래프는 접한다.

$-\dfrac{1}{2}=\left(-\dfrac{1}{2}\right)^2+g(t)$에서 $g(t)=-\dfrac{3}{4}$일 때

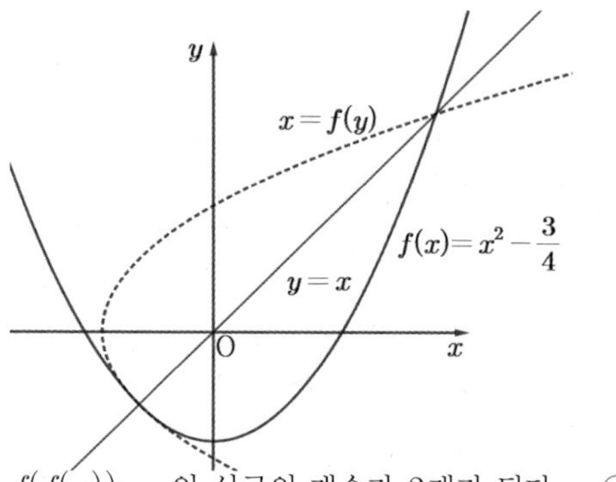

$f(f(x))=x$의 실근의 개수가 2개가 된다. $\cdots$㉢

따라서 ㉡, ㉢에서

$f(f(x))=x$의 실근의 개수가 2가 되기 위해서는

$-\dfrac{3}{4} \leq g(t) < \dfrac{1}{4}$이다.

㉠의 $k-1 \leq g(x) < k$에서 $k=\dfrac{1}{4}$이면 모든 실수 t

에 대하여 $f(f(x))=x$의 실근의 개수가 2가 된다.

따라서 $k=\dfrac{1}{4}$

$\therefore\ 80k^2=5$

[랑데뷰팁]

다음 그림과 같이 $g(t)< -\dfrac{3}{4}$인 경우

예를 들어 $g(t)=-1$인 경우

즉, $f(x)=x^2-1$이면 $f(f(x))=x$의 실근의 개수는 4이다.

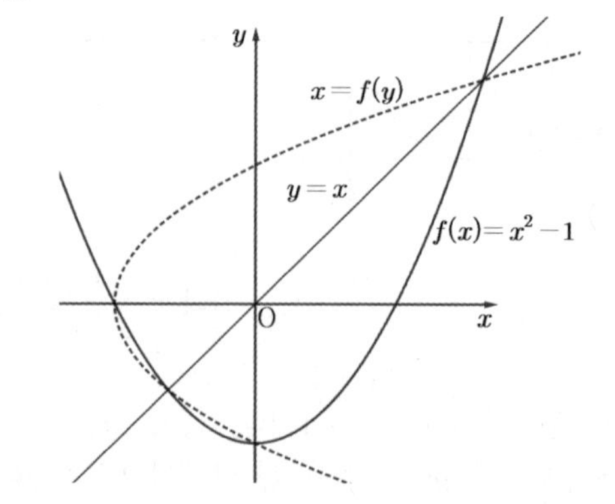

54 정답 3

함수 $g(x)=2e^{ax^3+bx}-1$는 $a>0$, $g(0)=1$, 점근선이
$x=-1$이고 역함수가 존재하므로 실수 전체의 집합에서
증가한다.
따라서 $g(x)=0$의 실근의 개수는 1이고 그 실근을 $x=\alpha$라
하면 그래프 개형은 다음 그림과 같다.

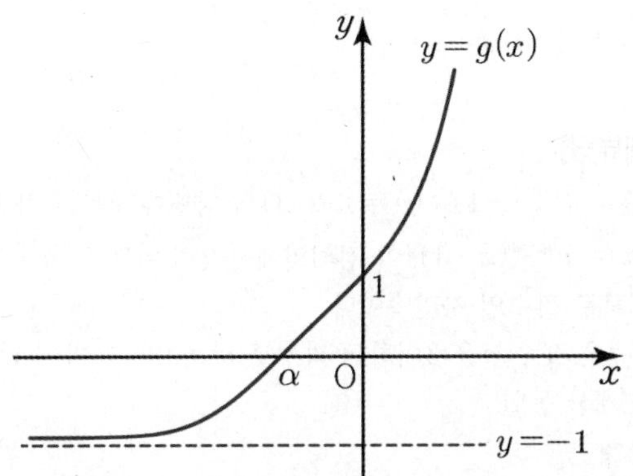

한편,
$$h(x)=\begin{cases}(f\circ g^{-1})(x) & (x<0 \text{ or } x>1)\\ x^2+cx & (0\leq x\leq 1)\end{cases} \text{에서}$$
$x=g(t)$를 대입하면
$$h(g(t))=\begin{cases}(f\circ g^{-1})(g(t)) & (g(t)<0 \text{ or } g(t)>1)\\ \{g(t)\}^2+cg(t) & (0\leq g(t)\leq 1)\end{cases}$$
$$=\begin{cases}f(t) & (g(t)<0 \text{ or } g(t)>1)\\ \{g(t)\}^2+cg(t) & (0\leq g(t)\leq 1)\end{cases}$$
$$=\begin{cases}t^2-1 & (t<\alpha \text{ or } t>0)\\ \{g(t)\}^2+cg(t) & (\alpha\leq t\leq 0)\end{cases}$$

함수 $h(x)$가 실수 전체의 집합에서 연속이므로 $h(g(t))$도
$x=\alpha$와 $t=0$에서 연속이다.
따라서
$k(t)=h(g(t))$라 하면
함수 $k(t)$는 $t=\alpha$에서 연속이므로 $\displaystyle\lim_{t\to\alpha-}k(t)=\lim_{t\to\alpha+}k(t)$이
성립한다.
$g(\alpha)=0$이므로 $\alpha^2-1=0$에서
$\therefore\ \alpha=-1\ (\alpha<0)$
따라서 $g(-1)=2e^{-a-b}-1=0$
$e^{-a-b}=\dfrac{1}{2}$
$e^{a+b}=2$
$a+b=\ln2 \cdots\ominus$

또한 함수 $k(t)$는 $t=0$에서 연속이므로 $\displaystyle\lim_{t\to0-}k(t)=\lim_{t\to0+}k(t)$이
성립한다.
$g(0)=1$이므로 $0^2-1=1+c$에서
$\therefore\ c=-2$

따라서
$$k(t)=\begin{cases}t^2-1 & (t<-1 \text{ or } t>0)\\ \{g(t)\}^2-2g(t) & (-1\leq t\leq 0)\end{cases}$$

$$k'(t)=\begin{cases}2t & (t<-1 \text{ or } t>0)\\ 2g(t)g'(t)-2g'(t) & (-1\leq t\leq 0)\end{cases}$$

$t=0$에서 좌우 미분계수를 비교하면
$0=2g(0)g'(0)-2g'(0)$
$g(0)=1$이므로 항등식이다.
따라서 $t=0$에서 미분가능하다.

$t=-1$에서 좌우 미분계수를 비교하면
$-2=2g(-1)g'(-1)-2g'(-1)$
$g(-1)=0$이므로 $g'(-1)=1$

$g(x)=2e^{ax^3+bx}-1$에서
$g'(x)=2e^{ax^3+bx}(3ax^2+b)$
$g'(-1)=2e^{-a-b}(3a+b)$이고 $\ominus$ $a+b=\ln2$
에서 $e^{-a-b}=\dfrac{1}{e^{\ln2}}=\dfrac{1}{2}$이므로
$3a+b=1$이다.
그러므로 $a=\dfrac{1-\ln2}{2}$, $b=\dfrac{3\ln2-1}{2}$이다.
$$g(x)=2e^{\frac{1-\ln2}{2}x^3+\frac{3\ln2-1}{2}x}-1$$
따라서
$g(2)=2e^{3-\ln2}-1$
$\quad=2\times e^3\times e^{-\ln2}-1$
$\quad=e^3-1$
$g(2)+1=e^3$
따라서 $\ln(g(2)+1)=\ln e^3=3$

$f(x)=x^2-1$, $g(x)=2e^{\frac{1-\ln2}{2}x^3+\frac{3\ln2-1}{2}x}-1$
$$h(x)=\begin{cases}(f\circ g^{-1})(x) & (x<0 \text{ or } x>1)\\ x^2-2x & (0\leq x\leq 1)\end{cases}$$
의 그래프는 다음과 같다.

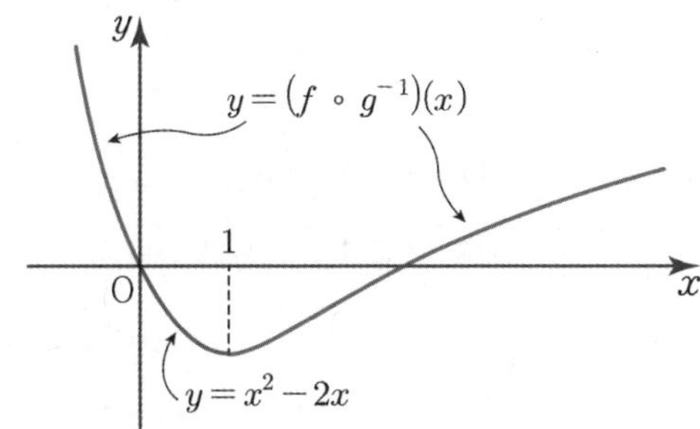

55 정답 8

(가)에서 $f(x) = (x-1)^n Q(x)$이고 n은 3이하의 자연수이다.

(나)에서 $f(x) = x^m (x-1)^n \ (n = 1, 2, 3)$

$f'(x) = x^{m-1}(x-1)^{n-1}\{(m+n)x-m)\}$

$g'(x) = \dfrac{f(x)+xf'(x)}{xf(x)} = \dfrac{1}{x} + \dfrac{f'(x)}{f(x)}$

$xg'(x) = 1 + \dfrac{xf'(x)}{f(x)}$

$\qquad = 1 + \dfrac{x\{(x)^{m-1}(x-1)^{n-1}\{(m+n)x-m)\}\}}{x^m(x-1)^n}$

$\qquad = 1 + \dfrac{(m+n)x-m}{x-1} = \dfrac{n}{x-1} + m+n+1$

$|xg'(x)|$가 $x = \dfrac{1}{2}$에서 미분가능하지 않으므로

$y = \dfrac{n}{x-1} + m+n+1$은 $\left(\dfrac{1}{2}, 0\right)$을 지난다.

대입하면 $m-n=-1$

n은 3이하 자연수이므로 (m, n)은 $(1, 2)$, $(2, 3)$

(i) $m = 1, n = 2$일 때

$f(x) = x(x-1)^2$, $g(x) = \ln\{x^2(x-1)^2\}$이므로

$g(x)$는 $x \neq 0, x \neq 1$인 모든 실수에서 정의된다.

또한 $|xg'(x)| = \left|\dfrac{2}{x-1}+4\right|$이므로 $x = \dfrac{1}{2}$에서 연속이지만

미분가능하지 않는다.

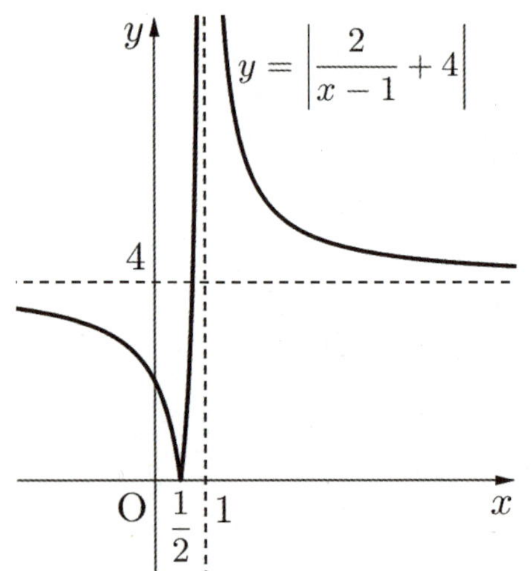

(ii) $m = 2, n = 3$일 때

$f(x) = x^2(x-1)^3$, $g(x) = \ln\{x^3(x-1)^3\}$이므로

$g(x)$의 정의역이 $x < 0$ 또는 $x > 1$이므로 주어진 조건에 맞지 않다.

(i), (ii)에서 $g(x) = \ln\{x^2(x-1)^2\}$ 이다.

$g'(x) = \dfrac{4x-2}{x(x-1)}$이므로 증감표는 다음과 같다.

x	$\cdots$	0	$\cdots$	$\left(\dfrac{1}{2}\right)$	$\cdots$	1	$\cdots$
$g'(x)$	$-$	$\times$	$+$	$\cup$	$-$	$\times$	$+$
$g(x)$	$\searrow$	$\times$	$\nearrow$	$-4\ln2$	$\searrow$	$\times$	$\nearrow$

따라서 극대점은 $\left(\dfrac{1}{2}, -4\ln2\right)$이 $e^{-k} = e^{\ln16} = 16$이므로

$\alpha \times e^{-k} = \dfrac{1}{2} \times 16 = 8$이다.

[랑데뷰팁]

$f(x) = x^m(x-1)^n \ (n = 1, 2, 3)$의 양변에 x를 곱하면

$xf(x) = x^{m+1}(x-1)^n$이 정의역에서 양수이므로 $m+1$과

n은 모두 짝수인 자연수이다.

즉, m은 홀수 n은 3이하의 짝수로 $n = 2$일 수 밖에 없다.

이하 계산 동일

---

56 정답 ⑤

일반적으로 실수 전체의 집합에서 미분가능하며 감소하는

함수(제외→$y = x$에 대칭함수$\left($예 : $y = \dfrac{1}{x}\right)$,

$y = x$와의 교점이 $x = a$일 때 $f''(a) = 0$인 함수$($예 : $y = -x^3))$

와 그 역함수는 $y = x$위의 점에서 교점을 갖고 그 교점에서의

접선의 기울기가 -1보다 크거나 같으면 $y = x$ 위의 교점

외에는 교점을 갖지 않는다. $y = x$위의 점에서의

접선의 기울기가 -1보다 작으면 $y = x$위의 교점 외에 $y = x$에

대칭인 다른 교점이 $y = x$위가 아닌 곳에 존재한다.

즉, $y = f(x)$와 $y = x$의 교점을 t라 할 때

$f'(t) < -1$이면 $y = f(x)$와 $y = f^{-1}(x)$는 3개의 교점을

갖는다.

[랑데뷰세미나 참고]

따라서

$y = f(x)$와 $y = x$의 교점의 x좌표를 $x = t$라 하면

$f'(t) = -1$일 때, 두 곡선 $y = f(x)$와 $y = g(x)$의 교점의

개수가 1이고 그때 k의 값이 최대이다.

$f(t) = t$에서 $k(t+1)e^{-t} = t \cdots \ominus$

$f'(x) = ke^{-x} - k(x+1)e^{-x} = -kxe^{-x}$

$f'(t) = -1$에서 $-kte^{-t} = -1$이므로 $k = \dfrac{e^t}{t} \cdots \ominus$

$\ominus$, $\ominus$에서 $\dfrac{t+1}{t} = t$이 성립한다.

$t^2 - t - 1 = 0$에서 $t = \dfrac{1+\sqrt{5}}{2} \ (\because t > 0)$

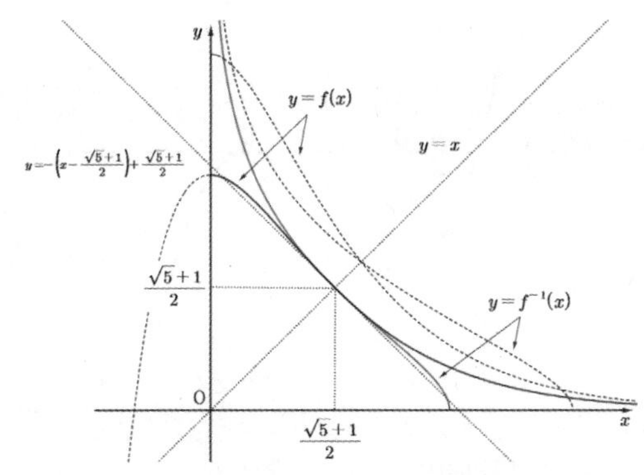

따라서 $k=\dfrac{2}{\sqrt{5}+1}e^{\frac{\sqrt{5}+1}{2}}=\dfrac{\sqrt{5}-1}{2}e^{\frac{\sqrt{5}+1}{2}}$

그러므로 $0<k\le\dfrac{\sqrt{5}-1}{2}e^{\frac{\sqrt{5}+1}{2}}$ 이면 두 곡선

$y=f(x)$와 $y=g(x)$의 교점의 개수가 1이다.

57 정답 ⑤

$\{f'(g(x))-e\}\{2f'(x)-2e^x+x^2-e\}=$

$x[\{f'(g(x))-e\}^2+e]$의 양변을 $f'(g(x))-e$로 나누면

$2f'(x)-2e^x+x^2-e=x\{f'(g(x))-e\}+\dfrac{ex}{f'(g(x))-e}\cdots$㉠

$f'(x)=e^x+e$이므로 $f'(g(x))-e=e^{g(x)}+e-e=e^{g(x)}$이다.

따라서 ㉠은

$2(e^x+e)-2e^x+x^2-e=xe^{g(x)}+\dfrac{ex}{e^{g(x)}}$

$\Rightarrow x^2+e=x\left(e^{g(x)}+e^{1-g(x)}\right)$이다. $\cdots$㉡

두 함수 f와 g는 서로 역함수 관계이므로 $g(f(t))=t$를 만족한다.

따라서 ㉡의 양변에 $x=f(t)$를 대입하면 $g(f(t))=t$이므로

$\{f(t)\}^2+e=f(t)\left(e^t+e^{-t+1}\right)$

$\{f(t)\}^2-f(t)\left(e^t+e^{-t+1}\right)+e=0$

$\{f(t)-e^t\}\{f(t)-e^{-t+1}\}=0$

따라서 $f(t)=e^t$ 또는 $f(t)=e^{-t+1}$

$x\in[1,e]$일 때, $t\in[0,1]$이므로 다음 그림과 같이

$y=e^t+et+k$가 $(0,e)$을 지날 때, k의 최댓값은 $e-1$이고

$(1,1)$을 지날 때, k의 최솟값은 $1-2e$임을 알 수 있다.

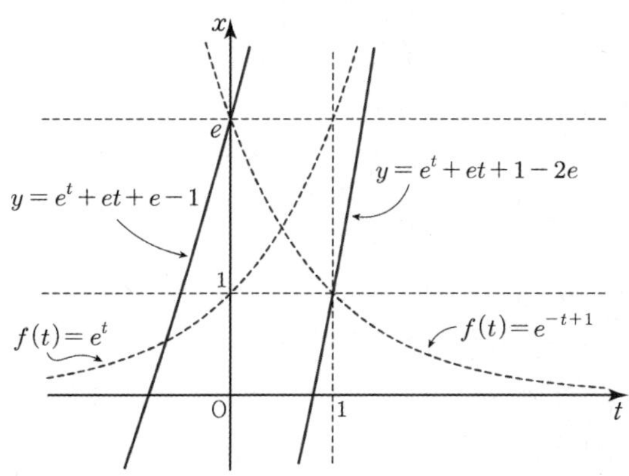

$m=1-2e$, $M=e-1$

따라서 $M+m=-e$

58 정답 ④

(가)에서 사차함수 $y=f(x)$와 삼차함수 $y=g(x)$의 그래프는

두 점에서 만나고 그 때의 x좌표가 $x=0$과 $x=\alpha$이다.

즉, $f(0)=g(0)$, $f(\alpha)=g(\alpha)$

(다)에서 $\dfrac{f(0)}{g(0)}\ne1$이므로 $f(0)=g(0)=0\cdots$㉠이다.

(다)에서

$\displaystyle\lim_{x\to0}\dfrac{f(\sin x)}{g(1-\cos x)}=\lim_{x\to0}\dfrac{f'(\sin x)\cos x}{g'(1-\cos x)\sin x}=-1$이므로

$f'(0)=0\cdots$㉡이다.

㉠, ㉡에서 사차함수 $f(x)$는 x^2을 인수로 갖는 사차식 임을 알 수 있다.

$\therefore f(x)=x^2(x^2+ax+b)$

따라서 $f(x)$는 $x=0$에서 x축에 접한다.

$g(0)=0$이고 (나)에 의해 삼차함수 $g(x)$도 x축에 접해야 한다.

따라서 $g(x)=x^2(px+q)$ $(p>0)$꼴이다.

$\displaystyle\lim_{x\to0}\dfrac{f(\sin x)}{g(1-\cos x)}$

$=\displaystyle\lim_{x\to0}\dfrac{\sin^2x(\sin^2x+a\sin x+b)}{(1-\cos x)^2\{p(1-\cos x)+q\}}$

$\qquad\qquad\leftarrow$분모, 분자에 $\times(1+\cos x)^2$

$=\displaystyle\lim_{x\to0}\dfrac{\sin^2x(\sin^2x+a\sin x+b)\times(1+\cos x)^2}{(1-\cos^2x)^2\{p(1-\cos x)+q\}}$

$=\displaystyle\lim_{x\to0}\dfrac{\sin^2x(\sin^2x+a\sin x+b)\times(1+\cos x)^2}{\sin^4x\{p(1-\cos x)+q\}}$

$=\displaystyle\lim_{x\to0}\dfrac{(\sin^2x+a\sin x+b)\times(1+\cos x)^2}{\sin^2x\{p(1-\cos x)+q\}}$

$\qquad\leftarrow a=b=0$일 때 수렴할 수 있다.

$=\displaystyle\lim_{x\to0}\dfrac{(1+\cos x)^2}{\{p(1-\cos x)+q\}}$

$=\dfrac{4}{q}=-1$

따라서 $q=-4$이다.

$\therefore f(x)=x^4$, $g(x)=x^2(px-4)$

(가), (나)에서 $f(x)$와 $g(x)$는 $x=\alpha$에서 접하므로

방정식 $f(x)-g(x)=x^2(x-\alpha)^2$꼴이다.

따라서 $f(x)-g(x)=x^2(x^2-px+4)$에서 $p=4$

$\therefore \alpha=2$

$f(2)=2^4=16$이다.

[그림 · 해설추1]

$g(x)=\dfrac{f(x)}{x-a}=\dfrac{f(x)-0}{x-a}$에서 $g(x)$는 $(a,0)$와 $(x,f(x))$을

잇는 직선의 기울기를 의미한다.

따라서, 함수 $g(x)$는 x축 위의 점 $(a,0)$에서 $x>a$인

곡선 $y=f(x)$ 위의 점을 이은 직선의 기울기의 변화를

나타낸다.

$f(x)$의 최고차항의 계수가 -1이고 $x=\dfrac{5}{3}$에서 극솟값을 갖고

$f(1)<0$이므로 그래프 개형은 다음과 같다.

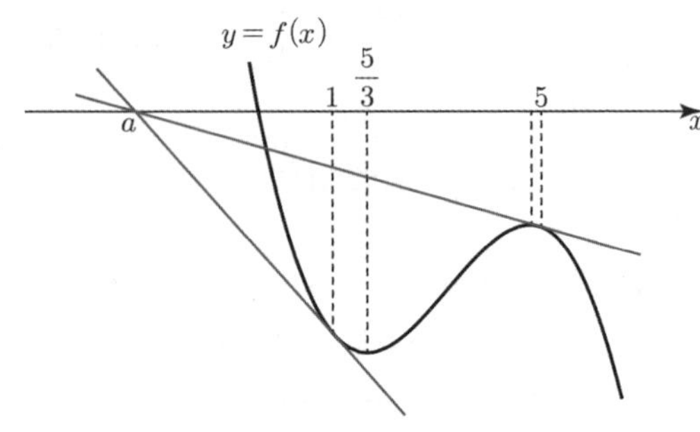

이때, $g(x)$는 $x=1$에서 극소, $x=5$에서 극대를 가지고

기울기가 모두 음수이므로 그 값이 모두 음수이다.

따라서 $|g(x)|$의 그래프는 다음과 같다.

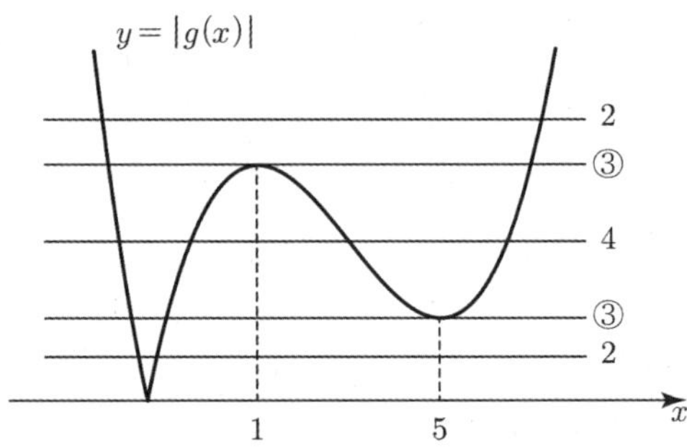

$|g(x)|=k$인 실근의 개수가 3이 2개 나타나므로 조건에 맞지

않다.

방정식 $|g(x)|+g(t)=0$이 서로 다른 실근의 개수는

$y=|g(x)|$, $y=-g(t)$의 교점의 개수와 같다.

$y=-g(t)$는 $y=-g(x)$의 그래프에서 $x=t$를 대입한 y의

값이다.

따라서 $|g(x)|=-g(t)$인 실근의 개수가 3인 것이 2개가 되기

위해서는 극댓값이 $f(5)$이어야 하고 그 값이 $f(5)=0$이어야

한다.

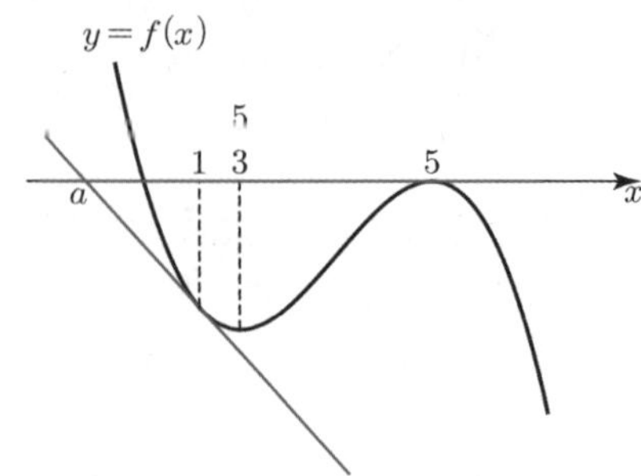

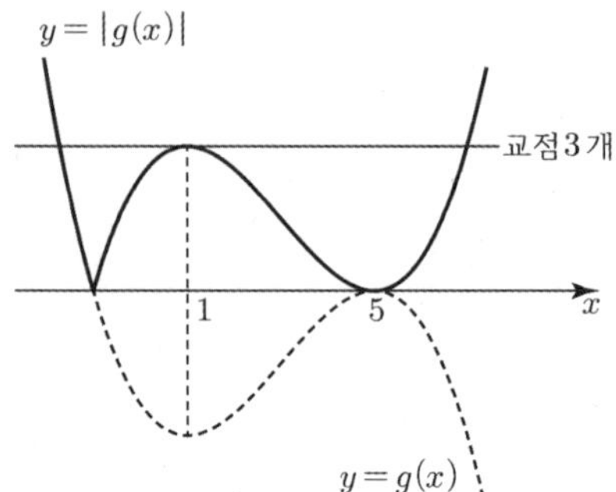

따라서 $f'(x)=-3\left(x-\dfrac{5}{3}\right)(x-5)=-3x^2+20x-25$

$\therefore\ f(x)=-x^3+10x^2-25x+C$

$f(5)=0$에서 $C=0$

$\therefore\ f(x)=-x^3+10x^2-25x$

한편 $(1,f(1))$에서의 접선의 방정식은

$y=-8(x-1)-16 \Rightarrow y=-8x-8$에서 x절편이 $(a,0)$이므로

$a=-1$이다.

따라서

$f(-1)-f'(-1)=36-(-48)=84$

(가)에서 $f(x)=ax(x-k)^2$꼴이다.

(나)에서

$\displaystyle\int_0^k f(x)dx=a\int_0^k x(x-k)^2dx=\dfrac{ak^4}{12}$이고 $\dfrac{ak^4}{12}=1$

$\therefore\ a=\dfrac{12}{k^4}$

$f(x)=\dfrac{12}{k^4}x(x-k)^2\cdots\ㄱ$

(다)에서 $x_1<x_2$인 임의의 두 실수 x_1, x_2 에 대하여

$f(x_2)-f(x_1)+3ax_2-3ax_1 \geq 0$이므로 양변을

$x_2-x_1(>0)$로 나누어 식을 정리하면

$\dfrac{f(x_2)-f(x_1)}{x_2-x_1}\geq-3a$이다.

$\dfrac{f(x_2)-f(x_1)}{x_2-x_1}$ 은 두 점 $(x_1,f(x_1))$과 $(x_2,f(x_2))$을

잇는 직선의 기울기를 나타내므로 x_1을 상수로 보고 x_2를

변수로 보면 $(x_1,f(x_1))$을 고정시킨 채 $(x_2,f(x_2))$을

함수 $f(x)$의 그래프를 따라 움직이며 기울기의 변화를 관찰할 수 있다.

이때,
$$\lim_{x_2 \to x_1} \frac{f(x_2)-f(x_1)}{x_2-x_1} = \lim_{x \to x_1+} \frac{f(x)-f(x_1)}{x-x_1} = f'(x_1)$$ 이다.

즉, $f'(x)$ 의 최솟값이 $-3a$이므로
$$f'(x) = a(x-k)^2 + 2ax(x-k)$$
$$= a(3x^2 - 4kx + k^2)$$
$$= a\left\{3\left(x - \frac{2}{3}k\right)^2 - \frac{1}{3}k^2\right\}$$

$f(x)$ 의 변곡점 $\left(x = \dfrac{2}{3}k\right)$ 에서 $f'(x)$ 는 최솟값을 가진다.

$$f'\left(\frac{2}{3}k\right) = -\frac{a}{3}k^2 \geq -3a$$

따라서 $k^2 \leq 9$이므로 $-3 \leq k \leq 3$이다.

㉠에서
$$f(6) = \frac{72(6-k)^2}{k^4} = \frac{72(k-6)^2}{k^4}$$

$$h(k) = \frac{72(k-6)^2}{k^4}$$ 라 하면

$$h'(k) = \frac{144(k-6)k^4 - 72(k-6)^2 4k^3}{k^8}$$

$$= \frac{-144(k-6)(k-12)}{k^5}$$

증감표는 다음과 같다.

k	-3	$\cdots$	0	$\cdots$	3
$h'(k)$		$+$		$-$	
$h(k)$	72				8

따라서 $f(6)$의 최솟값은 $k=3$일 때 8이다.

61 **정답** 149

$\pi > 1$이므로

$x < 0$일 때 $0 < \pi^x < 1$이고

$x > 0$일 때 $\pi^x > 1$이다.

$i(x) = \pi^x$라 하면 (가)에서 $x \neq 1$인 x에 대하여

$f(i(x)) > f(i(1))$이 성립하므로

삼차함수 $f(x)$는 $x = i(1)$에서 극소이다.

즉, 삼차함수 $f(x)$는 $x = \pi$에서 극솟값을 갖는다.

($x > 0$에서 극소이자 최소이다.) 극솟값을 k라 하면

$$f(x) = (x+\alpha)(x-\pi)^2 + k \ (\alpha \geq 0, \ k는 \ 상수)꼴이다.$$

(나)에서 삼차함수의 도함수인 이차함수 $f'(x)$는 삼차함수의
변곡점의 x좌표에서 최솟값을 가지므로

$$f'(x) = (x-\pi)^2 + 2(x+\alpha)(x-\pi) \cdots ㉠$$
$$= 3x^2 + (2\alpha - 4\pi)x + \pi^2 - 2\alpha\pi 에서$$
$$f''(x) = 6x + (2\alpha - 4\pi) = 0 \Rightarrow x = \frac{2\pi - \alpha}{3}$$

따라서 ㉠에 대입하면
$$f'\left(\frac{2\pi-\alpha}{3}\right) = \left(\frac{-\pi-\alpha}{3}\right)^2 + 2\left(\frac{2\pi+2\alpha}{3}\right)\left(\frac{-\pi-\alpha}{3}\right)$$
$$= -\frac{1}{3}(\pi+\alpha)^2 = -\frac{16}{27}\pi^2$$
$$\Rightarrow (\pi+\alpha)^2 = \frac{16}{9}\pi^2 \Rightarrow \alpha = \frac{\pi}{3} 이다. \ (\alpha \geq 0)$$

삼차함수의 대칭성을 이용하면 $x = -\alpha$와 $x = \pi$의 $2:1$로
내분하는 점이 변곡점의 x좌표이므로 $x = \dfrac{2\pi - \alpha}{3}$ 를 구할
수 있다.

따라서 $f(x) = \left(x + \dfrac{\pi}{3}\right)(x-\pi)^2 + k$,

$$f'(x) = (x-\pi)\left(3x - \frac{\pi}{3}\right) \cdots ㉡$$

한편,
$$\lim_{x \to 0-} h'(x) = f'(0) = \frac{\pi^2}{3} 이고$$

$h(x)$가 $x = 0$에서 미분가능하므로 $f'(\beta) = f'(0)$을
만족하는 β를 구하자.

즉, $g(x) = f(x+\beta) - f(\beta) + f(0) \cdots ㉢$이면

함수 $h(x) = \begin{cases} f(x) & (x < 0) \\ g(x) & (x \geq 0) \end{cases}$ 는 $x = 0$에서 연속이고

미분가능하다.

따라서 ㉡에서
$$f'(\beta) = (\beta - \pi)\left(3\beta - \frac{\pi}{3}\right) = 3\beta^2 - \frac{10}{3}\pi\beta + \frac{\pi^2}{3} = \frac{\pi^2}{3}$$
$$\Rightarrow \beta\left(3\beta - \frac{10}{3}\pi\right) = 0$$

$\beta = 0$이면 평행이동하지 않게 되고 그럼 함수 $h(x)$가
역함수를 가지지 않게 되어 모순이다. 따라서 $\beta = \dfrac{10}{9}\pi$

예를 들어 $k = 0$일 때는 다음 그림과 같은 상황이다.

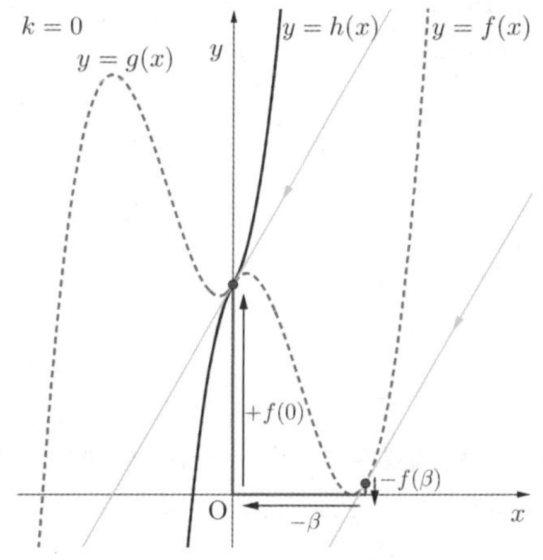

㉢에서

$$h(x)=\begin{cases}\left(x+\dfrac{\pi}{3}\right)(x-\pi)^2+k & (x<0)\\[2mm] f\left(x+\dfrac{10}{9}\pi\right)-f\left(\dfrac{10}{9}\pi\right)+\dfrac{\pi^3}{3}+k & (x\geq 0)\end{cases}$$

$$=\begin{cases}\left(x+\dfrac{\pi}{3}\right)(x-\pi)^2+k & (x<0)\\[2mm] \left(x+\dfrac{13}{9}\pi\right)\left(x+\dfrac{\pi}{9}\right)^2-\dfrac{13}{729}\pi^3+\dfrac{\pi^3}{3}+k & (x\geq 0)\end{cases}$$

$$=\begin{cases}\left(x+\dfrac{\pi}{3}\right)(x-\pi)^2+k & (x<0)\\[2mm] \left(x+\dfrac{13}{9}\pi\right)\left(x+\dfrac{\pi}{9}\right)^2+\dfrac{230}{729}\pi^3+k & (x\geq 0)\end{cases}$$

따라서

$$h\left(\frac{5}{9}\pi\right)=(2\pi)\left(\frac{2}{3}\pi\right)^2+\frac{230}{729}\pi^3+k$$

$$=\frac{8}{9}\pi^3+\frac{230}{729}\pi^3+k=\frac{648+230}{729}\pi^3+k$$

$$=\frac{878}{729}\pi^3+k$$

이고 $h\left(-\dfrac{\pi}{3}\right)=k$이다.

그러므로 $h\left(\dfrac{5}{9}\pi\right)-h\left(-\dfrac{\pi}{3}\right)=\dfrac{878}{729}\pi^3+k-k=\dfrac{878}{729}\pi^3$

따라서 $p=729,\ q=878$이므로 $q-p=149$

[다른 풀이]–유승희T

$x<0$에서 $h(x)=f(x)=\left(x+\dfrac{\pi}{3}\right)(x-\pi)^2+k$

$x\geq 0$에서 $h(x)=g(x)$는 $f(x)$를 x축의 음의 방향으로

$\dfrac{10}{9}\pi$만큼, y축의 양의 방향으로

$f(0)-f\left(\dfrac{10}{9}\pi\right)$만큼 평행이동한 그래프이므로

$$g(x)=f\left(x+\frac{10}{9}\pi\right)+f(0)-f\left(\frac{10}{9}\pi\right)$$

그러므로 $h\left(-\dfrac{\pi}{3}\right)=f\left(-\dfrac{\pi}{3}\right)=k$이고,

$$h\left(\frac{5}{9}\pi\right)=g\left(\frac{5}{9}\pi\right)=f\left(\frac{5}{3}\pi\right)+f(0)-f\left(\frac{10}{9}\pi\right)$$

$$=\frac{878}{729}\pi^3+k$$

따라서, $h\left(\dfrac{5}{9}\pi\right)-h\left(-\dfrac{\pi}{3}\right)=\dfrac{878}{729}\pi^3$

$q=878,\ p=729$이다.

$\therefore\ q-p=149$

62 정답 8

$y=e^{f(x)}-f(x)$의 개형은 $f(x)$가 다항함수이고 최고차항의
계수가 양수라면 $x\to\infty$일 때 $f(x)\to\infty$이므로 $e^{f(x)}\to\infty$이다.
$e^{f(x)}$가 $f(x)$에 비해 기하급수적으로 증가하므로

$e^{f(x)}-f(x)$는 $x\to\infty$일 때 ∞가 된다.

$x\to-\infty$일 때 $f(x)$가 짝수차 함수이면 같은 방법으로
$e^{f(x)}-f(x)$는 ∞이고
$f(x)$가 홀수차 이면 $x\to-\infty$이면 $f(x)\to-\infty$이고
따라서 $e^{f(x)}\to 0+$이다.
즉, $e^{f(x)}-f(x)\to\infty$이다.
따라서 $y=e^{f(x)}-f(x)$는 $f(x)$가 최고차항의 계수가 양수인
다항함수와 같은 성질을 갖는 함수이면
$x\to\infty$, $x\to-\infty$일 때 모두 ∞이 되는 아래로 볼록 형태의
그래프 개형을 갖는다.

(가)에서 $e^{f(1)}-f(1)=1\to f(1)=0$
(나)에서 $g'(x)=f'(x)\left(e^{f(x)}-1\right)$
$g'(x)=0$에서 $f'(x)=0$ 또는 $f(x)=0$일 때 극값을 갖는다.
극값이 3개 존재하는 경우는
(i) $f(x)>0$이고 $f'(x)=0$인 근이 3개
(ii) $f(0)=0$이고 $f'(x)=0$의 변곡점이 아닌 근이 1개
그런데 (i)인 경우는 (다)를 만족하지 못한다.
따라서 (ii)가 성립해야 하고
(다)에서 $g''(x)=f''(x)e^{f(x)}+\{f'(x)\}^2e^{f(x)}-f''(x)$이고
$f'(x)=0,\ f(x)\neq 0$ 이므로
(ii)의 변곡점에서 $f''(x)=0$이다.
따라서, $f(x)$는 극소점이 1개, 기울기가 0인 변곡점이 1개다.
그 변곡점 좌표의 x값이 γ이면 (다)를 만족한다.
$f(\gamma)=2$이므로 $f(x)=\dfrac{1}{8}(x-\gamma)^3(x+k)+2$이다.

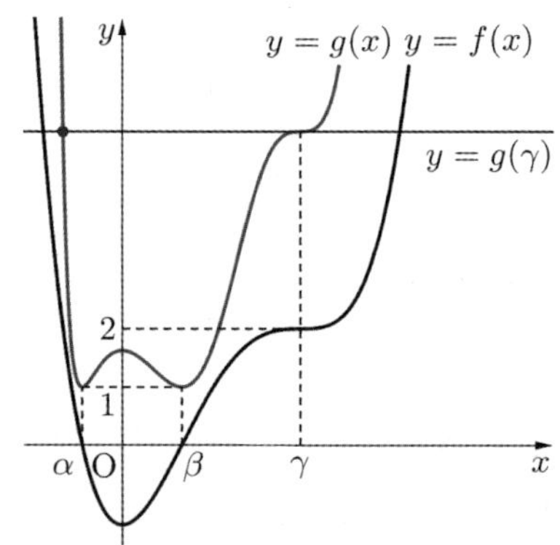

굵게 표시된 점이 함수 $y=|g(x)-g(\gamma)|$가 미분가능하지 않은
점이다.

(가)에서 $g(1)=1$이므로 $f(1)=0\Rightarrow\beta=1$
$(1-\gamma)^3(1+k)=-16$
(나)에서 $g'(0)=0$이므로 $f'(0)=0$

$$f'(x)=\frac{3}{8}(x-\gamma)^2(x+k)+\frac{1}{8}(x-\gamma)^3$$에서

$$f'(0)=\frac{3}{8}\gamma^2k-\frac{1}{8}\gamma^3=0$$

따라서 $\gamma=3k$
$(3k-1)^3(1+k)=16$

$(27k^3 - 27k^2 + 9k - 1)(k+1) - 16 = 0$

$27k^4 - 18k^2 + 8k - 17 = 0$에서 조립제법으로 좌변을 인수분해하면

$(k-1)(27k^3 + 27k^2 + 9k + 17) = 0$이고

$f(k) = 27k^3 + 27k^2 + 9k + 17$ 이라 하면

$f'(k) = 81k^2 + 54k + 9 = 9(3k+1)^2 \geq 0$이고

$f(x) = 0$의 해는 $x < 0$에서 한 개 존재한다.

(나)에서 $\gamma > 0$이므로 $k > 0$이다.

따라서 만족하는 $k = 1$뿐이다.

따라서 $\gamma = 3$

$f(x) = \dfrac{1}{8}(x-3)^3(x+1) + 2$에서 $\beta = 1$이므로

$5\beta = 5$

$f(5) = 6 + 2 = 8$

63 정답 4

함수 $f(x)$가 $\left(0, \dfrac{1}{2}\right)$에서 x축에 평행한 접선을 가지므로

$f(0) = \dfrac{1}{2}$, $f'(0) = 0$이다.

한편, $h(x) = f(\tan x)$라 하면

$h'(x) = f'(\tan x)\sec^2 x$에서

$h'(0) = f'(0) = 0 \cdots \bigcirc$

$h'\left(-\dfrac{\pi}{4}\right) = f'(-1) \times 2 = 4$

$h'\left(\dfrac{\pi}{4}\right) = f'(1) \times 2$

이다.

함수 $h(x)$의 역함수가 $g(x)$이므로

$h(g(x)) = x$

$h'(g(x))g'(x) = 1$

$g'(x) = \dfrac{1}{h'(g(x))} \cdots \bigcirc\bigcirc$

(가)에서 $g'(a) = \dfrac{1}{h'(g(a))}$ 의 값이 존재하지 않으므로

$h'(g(a)) = 0$

$\bigcirc$에서 $g(a) = 0$이므로 $h(0) = a = f(0) = \dfrac{1}{2}$

$\therefore a = \dfrac{1}{2}$

따라서 $f'(2a) = f'(1)$을 구하면 된다.

(나)에서 $g(0) = k \left(k \neq -\dfrac{\pi}{4}\right)$라 하면 $g(1) = -k$이고

(다)에서 $\dfrac{-k - \dfrac{\pi}{4}}{k + \dfrac{\pi}{4}} = -1 \neq \dfrac{1}{2}$로 모순이므로 $k = -\dfrac{\pi}{4}$이다.

즉, $g(0) = -\dfrac{\pi}{4}$, $g(1) = \dfrac{\pi}{4}$이다.

$h(g(x)) = x$에서 $h(g(0)) = h\left(-\dfrac{\pi}{4}\right) = f(-1) = 0$,

$h(g(1)) = h\left(\dfrac{\pi}{4}\right) = f(1) = 1$이다.

(다)에서 $\dfrac{g'(1)}{g'(0)} = \dfrac{1}{2}$이므로 $g'(1) = \dfrac{g'(0)}{2}$이다.

$g'(0) = \dfrac{1}{h'(g(0))} = \dfrac{1}{h'\left(-\dfrac{\pi}{4}\right)}$

$h'(x) = f'(\tan x)\sec^2 x$에서 $h'\left(-\dfrac{\pi}{4}\right) = f'(-1) \times 2 = 4$

$(\because f'(-1) = 2)$

이므로 $g'(0) = \dfrac{1}{4}$

따라서 $g'(1) = \dfrac{1}{8}$

$\bigcirc\bigcirc$에서 $g'(1) = \dfrac{1}{h'(g(1))} = \dfrac{1}{h'\left(\dfrac{\pi}{4}\right)}$이므로 $h'\left(\dfrac{\pi}{4}\right) = 8$이다.

$h'(x) = f'(\tan x)\sec^2 x$에서 $h'\left(\dfrac{\pi}{4}\right) = f'(1) \times 2$이므로

$8 = f'(1) \times 2$이다.

$\therefore f'(2a) = f'(1) = 4$

64 정답 ④

$f(a) - f(t) = f'(a)(a-t) \Rightarrow f(t) = f'(a)(t-a) + f(a)$

곡선 $y = f(x)$ 위의 점 $(a, f(a))$에서의 접선

$y = f'(a)(x-a) + f(a)$ 가 점 $\mathrm{P}(t, f(t))$을 지남을 뜻한다.

즉 $g(a)$는 곡선 $y = f(x)$ 위의 점 $(a, f(a))$에서의 접선이

$y = f(x)$와 만나는 점의 개수이다.

$f'(x) = \begin{cases} e^x + xe^x & (x < 0) \\ e^{-x} - xe^{-x} & (x \geq 0) \end{cases}$

에서 $f'(0) = 1$이고 $f(x)$는 실수 전체에서 미분가능함을 알 수 있다.

$x < 0$일 때 $f''(x) = e^x(x+2)$에서 변곡점의 좌표는

$\left(-2, -\dfrac{2}{e^2}\right)$이다.

또한 $f(-x) = -f(x)$이므로 함수 $f(x)$는 원점대칭이고

$f'(x)$는 y축 대칭이므로 $g(a)$도 y축 대칭이다.

$x < 0$에서 접선과 $f(x)$의 교점의 개수는 다음 그림과 같다.

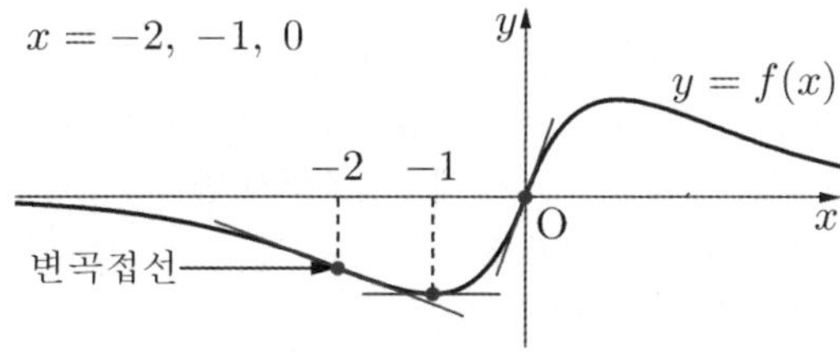

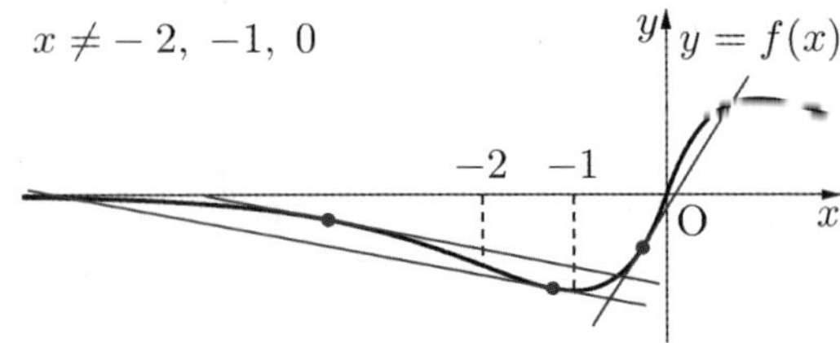

따라서 $g(a)$는 다음 그림과 같다.

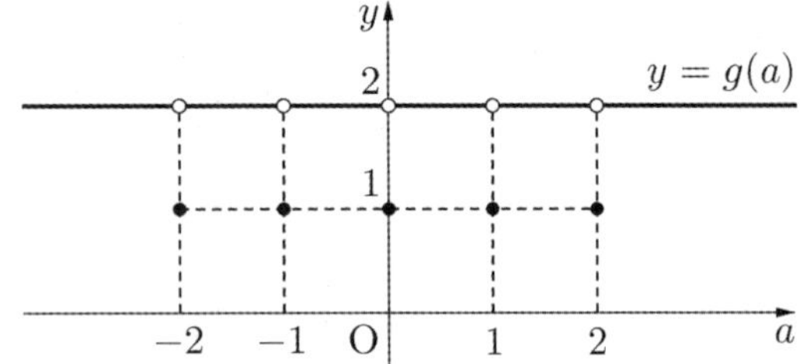

따라서 $\alpha_1 = -2$이고 $m = 5$이므로 $\alpha_5 = 2$이다.

따라서

$$f(\alpha_1) = f(-2) = -\frac{2}{e^2}$$

$$f(\alpha_m) = f(\alpha_5) = f(2) = \frac{2}{e^2}$$

따라서 $f(\alpha_m) - f(\alpha_1) = \frac{4}{e^2}$

65 정답 329

$y = xf(x)$을 y축 대칭이동하면 $y = -xf(-x)$이고 그것을 x축 대칭이동하면 $y = xf(-x)$이다.

즉, $y = xf(-x)$는 $y = xf(x)$를 원점대칭 이동한 그래프이다.

따라서 $g(x)$의 $x > 0$인 부분만 생각해도 되겠다.

함수 $g(x)$가 역함수가 존재하므로 함수 $g(x)$는 증가함수이거나 감소함수이다.

그런데 $f(x)$가 최고차항의 계수가 1인 사차함수이므로

$\lim\limits_{x \to \infty} f(x) = \infty$이므로 $\lim\limits_{x \to \infty} g(x) = \infty$가 된다.

따라서 함수 $g(x)$는 증가함수이다.

또한 함수 $g(x)$는 $(0, 0)$을 지나고 증가함수 $g(x)$와 그 역함수의 교점은 반드시 $y = x$위에 있으므로 (나)에서 $y = g(x)$와 $y = h(x)$가 교점의 개수가 3이기 위해서는 $x = 0$에서 x축과 만나고 $x > 0$인 부분에서 $y = x$와 만나고 마찬가지로 $x < 0$에서 $y = x$와 만난다.

(가)에서 함수 $|g(x) - h(x)|$가 실수 전체에서 미분가능 하려면 $g(x)$와 $h(x)$의 교점은 $y = x$에서 접하면서 만나야 한다.

즉, $A(x) = g(x) - h(x)$라 할 때,

$A(x_1) = 0$이면 $A'(x_1) = 1$이다.

$g(x) = h(x)$의 해는 $g(x) = x$의 해와 같기 때문이다.

따라서

$x > 0$일 때, 양수 a, b에 대하여

$g(x) = x^3(x-a)^2 + x$ 또는 $g(x) = x^2(x-a)^3 + x$

또는 $g(x) = (x+b)x^2(x-a)^2 + x$ 중 하나의 꼴이다.

$x > 0$일 때, $g(x) = xf(x)$이므로

$f(x) = x^2(x-a)^2 + 1$ 또는 $f(x) = x(x-a)^3 + 1$ 또는 $f(x) = (x+b)x(x-a)^2 + 1$이다.

$f(1) = 2$이므로 각 경우의 a값 또는 a, b의 값을 구해보자.

(1) $f(x) = x^2(x-a)^2 + 1 \Rightarrow f(1) = (1-a)^2 + 1 = 2$에서 $a = 0$ 또는 $a = 2$

(i) $a = 0$이면 $f(x) = x^4 + 1$이고 $g(x) = x^5 + x$에서 $g(x)$가 $y = x$와 교점이 없으므로 모순이다.

(ii) $a = 2$이면 $f(x) = x^2(x-2)^2 + 1$이고

$g(x) = x^3(x-2)^2 + x$

$\begin{aligned}g'(x) &= 3x^2(x-2)^2 + 2x^3(x-2) + 1 \\ &= x^2(x-2)\{3(x-2) + 2x\} + 1 \\ &= x^2(x-2)(5x-6) + 1\end{aligned}$

$g'(2) = g'\left(\frac{6}{5}\right) = 1$이고 $\frac{6}{5} < x < 2$의 적당한 값

$x = \frac{8}{5}$에서 $g'\left(\frac{8}{5}\right) = -\frac{6}{125} < 0$이므로

$x > 0$에서 $g'(x) = 0$인 x값이 존재한다.

따라서 $x > 0$에서 증가함수가 아니므로 역함수가 존재하지 않아 모순이다.

(2) $f(x) = x(x-a)^3 + 1 \Rightarrow f(1) = (1-a)^3 + 1 = 2$에서 $a = 0$

$a = 0$이면 $f(x) = x^4 + 1$이고 $g(x) = x^5 + x$에서 $g(x)$가 $y = x$와 교점이 없으므로 모순이다.

따라서 조건을 만족하는 함수 $f(x)$는

$f(x) = (x+b)x(x-a)^2 + 1$뿐이다.

$g(x) = (x+b)x^2(x-a)^2 + x$이므로 다음 그림과 같이 $g(x)$는 $x = 0$과 $x = a$에서 $y = x$에 접한다.

조건 (나)에서 $\alpha_2 = 0$이고 $\alpha_3 = a$임을 알 수 있다.

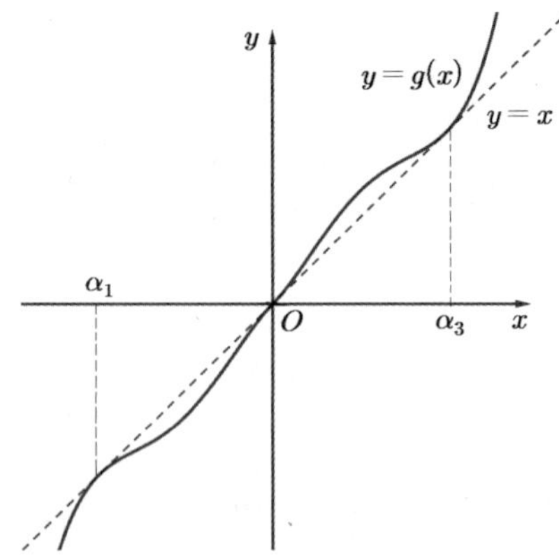

$k(x) = \{h(x)\}^2 \Rightarrow k'(x) = 2h(x)h'(x)$이므로

(다)에서 $k'(\alpha_3) = 2h(\alpha_3)h'(\alpha_3) = \frac{4}{3}$

따라서 $h(\alpha_3)h'(\alpha_3) = \frac{2}{3}$이다.

$x=\alpha_3$는 $y=h(x)$와 $y=x$의 교점이고 그 점에서 접하므로

$h(\alpha_3)=\alpha_3,\ h'(\alpha_3)=1$

따라서 $\alpha_3\times 1=\dfrac{2}{3}$에서 $\alpha_3=\dfrac{2}{3}$이다.

따라서 $f(x)=(x+b)x\left(x-\dfrac{2}{3}\right)^2+1$이다.

$f(1)=2$이므로 $f(1)=(1+b)\times 1\times\dfrac{1}{9}+1=2$에서 $b=8$이다.

따라서 $f(x)=(x+8)x\left(x-\dfrac{2}{3}\right)^2+1$

따라서 $f(2)=10\times 2\times\dfrac{16}{9}+1=\dfrac{329}{9}$

$\therefore\ 9\times f(2)=329$

66 정답 4

$f(x)$가 이차항의 계수가 1이므로

$\displaystyle\lim_{x\to\infty}g(x)=\infty,\ \lim_{x\to-\infty}g(x)=0$이다.

$g'(x)=e^{x-1}\{f(x)+f'(x)\}$에서

(i) $f(x)+f'(x)=0$이 서로 다른 두 근을 가진다면 $y=g(x)$는 극대, 극소를 갖게 되고 그럼 $y=g(x)$와 $y=g(t)$의 교점 개수의 변화가 생겨 $y=|g(x)-g(t)|$가 미분가능하지 않은 실수 x의 개수 $h(t)$가 적어도 2개 이상 생긴다.(모순)

(ii) $f(x)+f'(x)=0$이 실근을 갖지 않는다면 $y=g(x)$는 $g'(x)=0$인 x값이 없이 단순히 증가하게 되므로 $y=g(x)$와 $y=g(t)$는 항상 한 점에서 만나게 되고 그 만나는 점에서 항상 미분가능하지 않으므로 $h(t)=1$로 불연속인 x가 존재하지 않는다.(모순)

(iii) $f(x)+f'(x)=0$은 중근을 가지면 $y=g(x)$와 $y=g(t)$는 항상 한 점에서 만나게 되지만 중근을 갖는 $x=\alpha$에서 $y=g(t)$가 $y=g(x)$에 접하게 되므로 그 점$(x=\alpha)$에서 미분가능하다.

따라서 $h(t)$는

$x<\alpha$일 때 $h(t)=1,\ h(\alpha)=0,$

$x>\alpha$일 때, $h(t)=1$

로 $y=|g(x)-g(t)|$가 미분가능하지 않은 실수 $x\,(x=\alpha)$가 한 개 존재한다.(적합)

(i), (ii), (iii)에서 $g'(x)=e^{x-1}(x-\alpha)^2$이다.

$g(x)=e^{x-1}(x^2+ax+b)$라 두면

$g'(x)=e^{x-1}\{x^2+(a+2)x+(a+b)\}$이다.

$x^2-2\alpha x+\alpha^2=x^2+(a+2)x+(a+b)$

$a=-2\alpha-2,\ b=\alpha^2+2\alpha+2$

$g(x)=e^{x-1}\{x^2-2(\alpha+1)x+\alpha^2+2\alpha+2\}$

$g(\alpha)=e^{\alpha-1}\times 2=2$

따라서 $\alpha=1,\ a=-4,\ b=5$이다.

$\therefore\ f(x)=x^2-4x+5$

$g(x)=e^{x-1}(x^2-4x+5)$의 그래프는 다음과 같다.

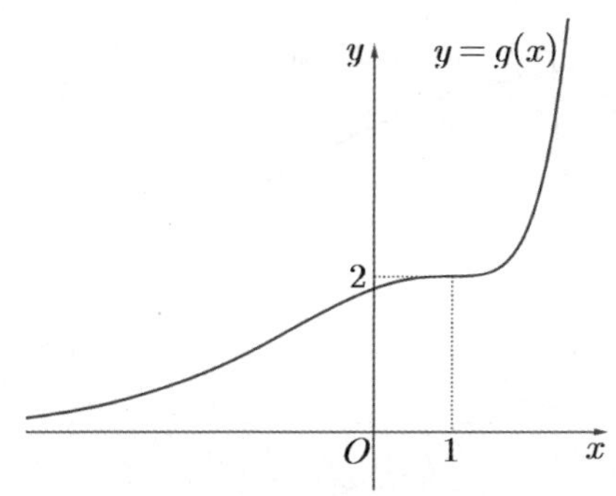

따라서 $y=g(x)$와 $y=t$의 그래프 교점으로 $y=|g(x)-t|$의 미분가능을 살펴보자.

$t\le 0$일 때, 교점이 존재하지 않으므로 $k(t)=0$

$t>0$일 때는 교점이 항상 한 점에서 존재한다.

그런데 $t=2$일 때는 $y=g(x)$와 $y=g(2)$는 접하게 된다.

따라서

$0<t<2$일 때, $y=t$를 x축으로 볼 때 그래프 개형은 다음과 같다.

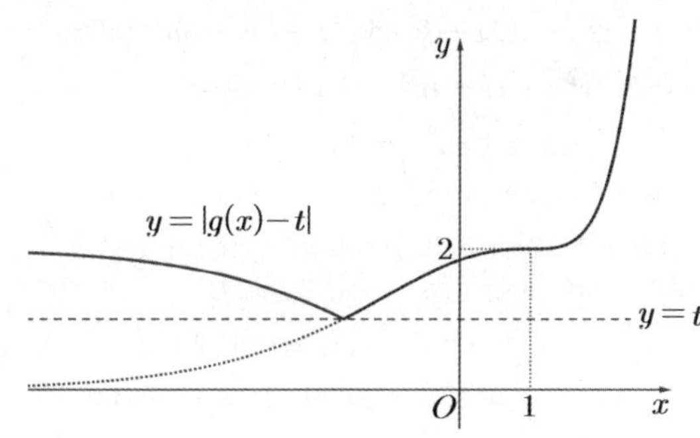

따라서 $k(t)=1$

$t=2$일 때,

$y=2$를 x축으로 볼 때 그래프 개형은 다음과 같다.

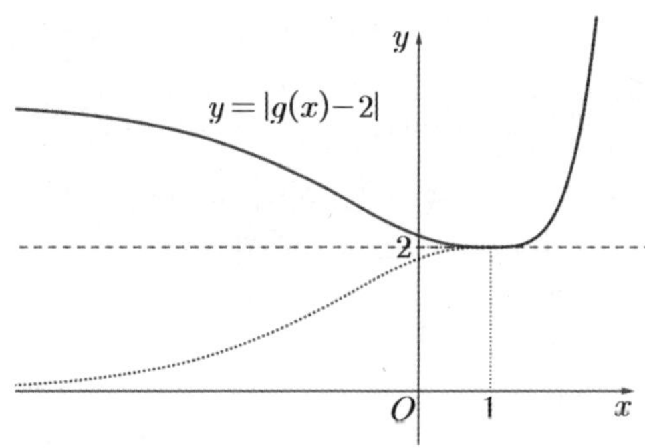

따라서 $k(t)=0$

$t>2$일 때,

$y=t$를 x축으로 볼 때 그래프 개형은 다음과 같다.

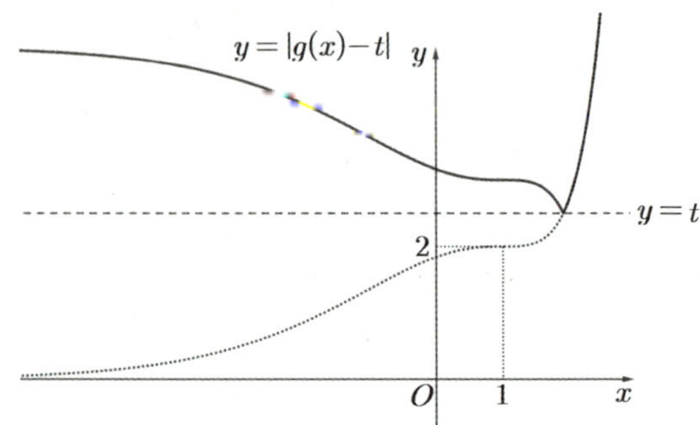

따라서 $k(t)=1$이다.

그러므로 함수 $k(t)$는 $t=0$과 $t=2$일 때 불연속이 된다.

$\beta_1=0$, $n=2$이므로 $\beta_2=2$

따라서 $\beta_n \times f(\alpha-\beta_1)=2 \times f(1-0)=2 \times 2=4$

67 정답 ④

$f(x)=(2x-3n)\cos 2x+(2x^2-6nx+4n^2-1)\sin 2x$

$f'(x)=2\cos 2x-2(2x-3n)\sin 2x+(4x-6n)\sin 2x$
$\qquad +2(2x^2-6nx+4n^2-1)\cos 2x$
$\qquad =(4x^2-12nx+8n^2)\cos 2x$
$\qquad =4(x-n)(x-2n)\cos 2x$

이므로 열린구간 $(3n-3,\,3n)$에서 함수 $f(x)$가 극값을 가지려면

$f'(x)=0$인 $x=n$, $x=2n$, $\cos 2x=0$일 때이다.

우선 $f'(x)=0$ 가 $x=n$, $x=2n$ 인 경우부터 살펴보자.

$3n-3 \leq 2n$ 의 해는 $n \leq 3$이므로 $n \geq 4$부터는

$x=n$, $x=2n$ 의 해는 $(3n-3,\,3n)$에서 생기지 않는다.

따라서 $x=n$, $x=2n$ 의 해는 $n=1$일 때 $(0,3)$에서 2개,

$n=2$일 때 $(3,6)$에서 1개, $n=3$일 때 $(6,9)$에서 0개 이다.

$y=\cos 2x$는 주기가 $\dfrac{2\pi}{2}=\pi$이고 $\cos 2x=0$일 때는

$x=\dfrac{\pi}{4}$, $\dfrac{3}{4}\pi$, $\dfrac{5}{4}\pi$, $\cdots$이다.

$a\pi=3b$를 만족하는 정수 a, b는 $a=0$, $b=0$이 유일하므로

열린구간 $(0,\,3)$에서는 $\cos 2x=0$의 해가

$x=\dfrac{\pi}{4}$, $x=\dfrac{3}{4}\pi$로 2개다.

또한, 다음 그림과 같이 열린구간 $(3n-3,\,3n)$의 구간의 길이인

3과 $y=\cos 2x$의 주기인 π의 차이의 n배가 $\dfrac{\pi}{4}$ 보다 작을 때

까지는 $(3n-3,\,3n)$에서

$y=\cos 2x$는 x축과 두 점에서 만난다.

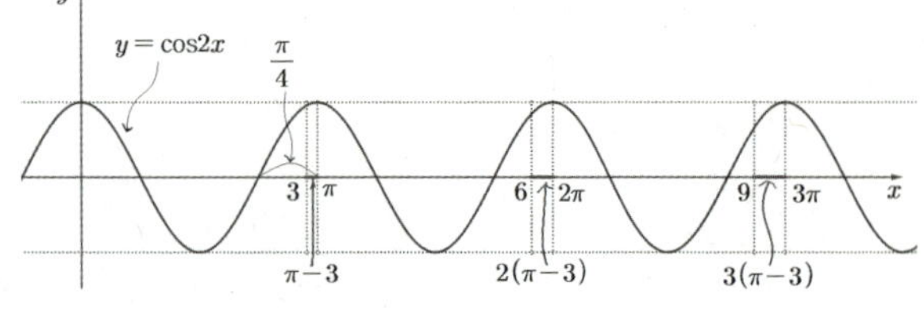

즉, $n(\pi-3)>\dfrac{\pi}{4}$을 만족하는 최소 자연수 n은 6이므로

열린구간 $(15,\,18)$에는 $\cos 2x=0$의 해의 개수는 처음으로 1개가 된다.

$m_1=6 \cdots \bigcirc$

$n(\pi-3)$의 값은 n이 커질수록 커진다.

따라서 다음 그림과 같이 구간 $((n-1)\pi,\,n\pi)$에서 $x=3n$의

위치가 $n\pi-3n>\dfrac{3}{4}\pi$이면 구간 $(3(n-1),\,3n)$에서

$y=\cos 2x$는 x축과 한점에서 만난다.

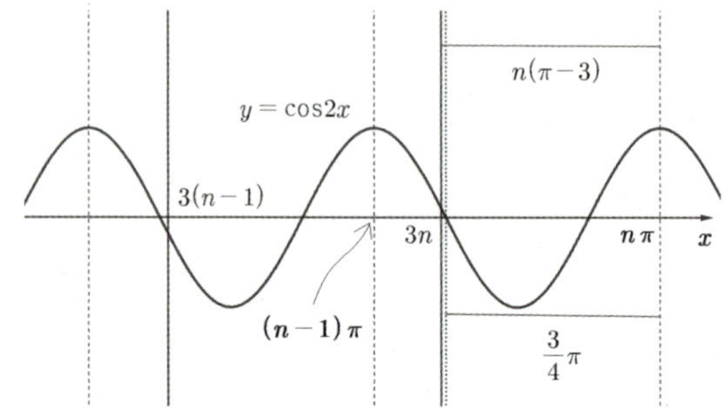

$n(\pi-3)>\dfrac{3}{4}\pi$을 만족하는 최소 자연수 n은 17이므로

열린구간 $(48,\,51)$에는 $\cos 2x=0$의 해의 개수는 두 번째로 1개가 된다.

$m_2=17 \cdots \bigcirc\!\bigcirc$

열린구간 $(3n-3,\,3n)$에서 함수 $f(x)$가 극값을 가지려면

$f'(x)=0$인 $x=n$, $x=2n$, $\cos 2x=0$일 때이다.

(i) $n=1$일 때,

열린구간 $(0,\,3)$에서 $f'(x)=0$의 해는

$x=1$, $x=2$, $x=\dfrac{\pi}{4}$, $x=\dfrac{3}{4}\pi$ 으로 $a_1=4$

(ii) $n=2$일 때,

열린구간 $(3,\,6)$에서 $f'(x)=0$의 해는

$x=4$, $x=\dfrac{5}{4}\pi$, $x=\dfrac{7}{4}\pi$으로 $a_2=3$

(iii) $n=3$일 때,

열린구간 $(6,\,9)$에서 $f'(x)=0$의 해는 정수해는 존재하지 않고

$x=\dfrac{9}{4}\pi$, $x=\dfrac{11}{4}\pi$으로 $a_3=2$

$\bigcirc$에서 $n=4$, $n=5$일 때는 $f'(x)=0$의 해는 2개씩

존재하므로 $a_4=a_5=2$이고

$a_6=a_{m_1}=1$이다.

또한 $\bigcirc\!\bigcirc$에서 $a_7=\cdots=a_{16}=2$이고 $a_{17}=a_{m_2}=1$

따라서

$\displaystyle\sum_{k=1}^{m_2} a_k=\sum_{k=1}^{17} a_k=(4+3+2+2+2+1)+(2 \times 10+1)$
$\qquad =14+21=35$

$a > 0$이므로 함수 $p(x)$는 $x > -\dfrac{2}{a}$에서 정의된다.

$f(x)$가 $x = k$에서 미분가능할 때,

$$\lim_{h \to 0} \frac{f(k+h) - f(k-h)}{h} = 2f'(k) = 0$$에서

$f'(k) = 0$이다.

$q(x) = b\left(x + \dfrac{1}{a}\right)^2 + c$의 꼭짓점이 $\left(-\dfrac{1}{a}, c\right)$이므로

$q'\left(-\dfrac{1}{a}\right) = 0$으로 $k = -\dfrac{1}{a}$이다.

$$\lim_{h \to 0} \frac{f(k+h) - f(k-h)}{h} = 0$$을 만족시키는 모든 실수 k의 값의

합이 0이므로 $k = \dfrac{1}{a}$일 때 성립한다.

따라서 $p(x)$와 $q(x)$의 교점의 x좌표가 $x = \dfrac{1}{a}$이다.

따라서 $f(x) = \begin{cases} b\left(x + \dfrac{1}{a}\right)^2 + c & \left(-\dfrac{2}{a} < x \leq \dfrac{1}{a}\right) \\ \ln(ax + 2) & \left(x > \dfrac{1}{a}\right) \end{cases}$ 이고

$f(x)$의 그래프는 다음 그림과 같다.

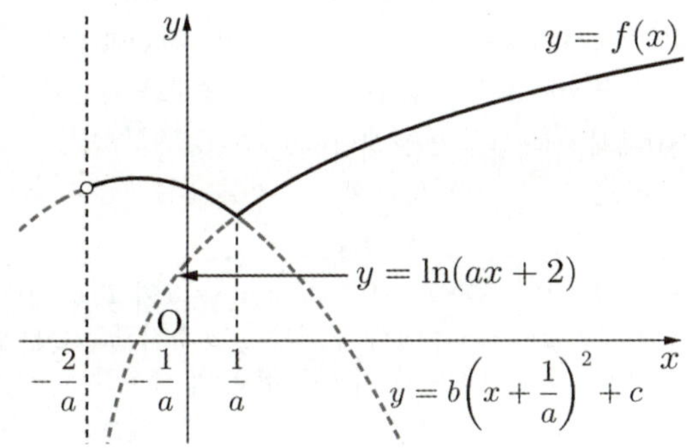

$x = \dfrac{1}{a}$에서 연속이므로 $\dfrac{4b}{a^2} + c = \ln 3 \cdots \text{㉠}$

한편 $\lim\limits_{h \to 0} \dfrac{f\left(\dfrac{1}{a} + h\right) - f\left(\dfrac{1}{a} - h\right)}{h} = 0$이기 위해서는

$\lim\limits_{x \to \frac{1}{a}+} f'(x) + \lim\limits_{x \to \frac{1}{a}-} f'(x) = 0$이어야 한다. $\left(\, x = \dfrac{1}{a}$에서

미분가능과 관계없이 성립한다. $\right)$

[랑데뷰세미나(87) 참고]

따라서 $\lim\limits_{x \to \frac{1}{a}+} f'(x) = \lim\limits_{x \to \frac{1}{a}} \dfrac{a}{ax + 2} = \dfrac{a}{3}$

$\lim\limits_{x \to \frac{1}{a}-} f'(x) = \lim\limits_{x \to \frac{1}{a}} 2b\left(x + \dfrac{1}{a}\right) = \dfrac{4b}{a}$

따라서 $\dfrac{a}{3} + \dfrac{4b}{a} = 0 \;\Rightarrow\; \dfrac{4b}{a^2} = -\dfrac{1}{3} \cdots \text{㉡}$

㉠, ㉡에서 $-\dfrac{1}{3} + c = \ln 3$

$\therefore\; c = \ln 3 + \dfrac{1}{3}$

[랑데뷰팁]
모든 실수에서 연속인 함수 $f(x)$가
$$f(x) = \begin{cases} p(x) & (x \geq k) \\ q(x) & (x < k) \end{cases} \text{ 일 때}$$
$$\lim_{h \to 0} \frac{f(k+h) - f(k-h)}{h} = p'(k) + q'(k)$$이다.

69 정답 13

$g(x) = e^x f(x)$을 미분하면 $g'(x) = e^x \{f(x) + f'(x)\}$이고
$h(x) = f(x) + f'(x)$라 하면 $h(x)$는 최고차항의 계수가 1인
삼차함수이다. $e^x > 0$이므로 $g(x)$의 그래프 개형은 $h(x)$에
의해 결정된다.

(가), (나)에서 $g(0)$이 극값이고 $|g(x) - g(2)|$가
$x = a \; (a < 0)$에서만 미분가능하지 않으려면
$h(x) = x(x-2)^2$이다.

x		$\cdots$	0	$\cdots$	2	$\cdots$
$h(x)$		$-$	0	$+$	0	$+$
$g(x)$		$\searrow$	극소	$\nearrow$	변곡점	$\nearrow$

따라서 $g'(x) = e^x \{x(x-2)^2\} = e^x(x^3 - 4x^2 + 4x)$

$f(x) = x^3 + ax^2 + bx + c$라 두면

$f'(x) = 3x^2 + 2ax + b$이다.

$h(x) = x^3 + (a+3)x^2 + (2a+b)x + b + c = x^3 - 4x^2 + 4x$

$a = -7,\, b = 18,\, c = -18$

따라서 $f(x) = x^3 - 7x^2 + 18x - 18$이므로

$g(x) = e^x(x^3 - 7x^2 + 18x - 18)$이다. $\therefore g(2) = -2e^2$

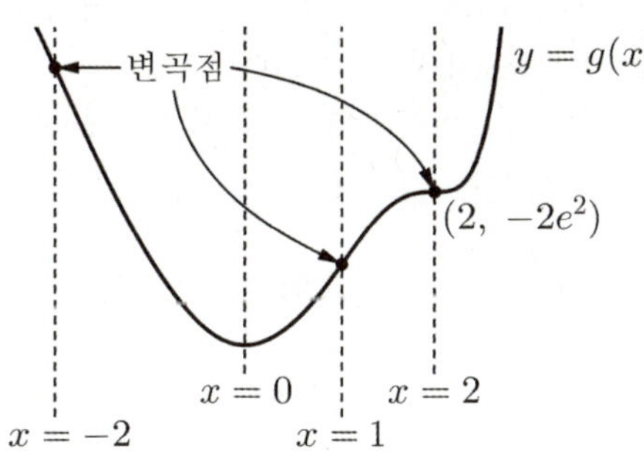

(다)에서 $g(x_2) - kx_2 \leq g(x_1) - kx_1$을 정리하면

$\dfrac{g(x_2) - g(x_1)}{x_2 - x_1} \leq k$이다.

$g(x)$가 실수전체에서 연속이고 미분가능하므로 평균값 정리에
의하여

$\dfrac{g(x_2) - g(x_1)}{x_2 - x_1} = g'(c) \;\; (0 \leq x_1 < c < x_2 \leq 2)$인 c가

존재한다.

$\therefore g'(c) \leq k$

$q''(x) = e^x(x+2)(x-1)(x-2)$ 이고 $g(x)$ 의 변곡점의 x좌표는 $x = -2, 1, 2$이다.

구간 $[0, 2]$에서 $g(x)$ 의 변곡점 $x = 1$에서 가지므로 $g'(x)$ 의 최댓값은 $g'(1)$이다.

$g'(1) = e$ 이므로 $k \geq e$ 따라서 $m = e$

따라서 $g(2) \times m = -2e^2 \times e = -2e^3$

$p = 2, q = 3$이므로 $p^2 + q^2 = 4 + 9 = 13$

[랑데뷰팁]

다음 그림과 같은 그래프 개형을 생각할 수도 있다.

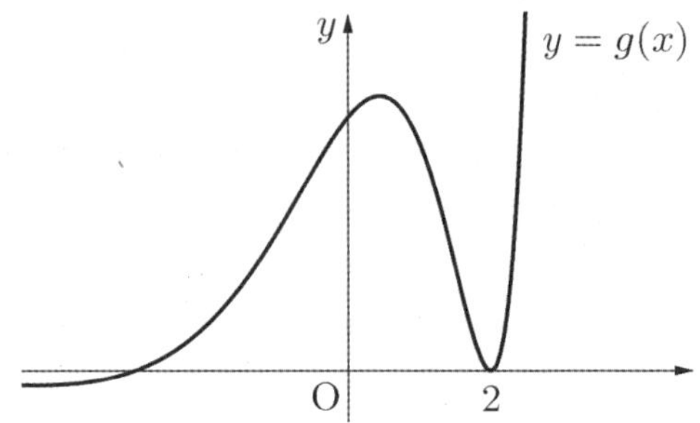

그렇지만 $g(x) = e^x(x+a)(x-2)^2 + d$에서

$g'(x) = e^x(x-2)\{x^2 + (a+1)x - 2\}$

$g'(0) = 4 \neq 0$으로 조건을 만족하지 못한다.

---

70 정답 98

(가)에서 함수 $f(x)$는 $(1, 0)$이 꼭짓점이고 이차항의 계수가 정수인 이차함수이다.

$f(x) = k(x-1)^2$ (k는 정수)

따라서 $f(x)$는 $x = 1$에 대칭이다.

$y = \ln(k(x-1)^2 + a)$와 $y = e^{-k(x-1)^2}$도 $x = 1$에 대칭이므로 함수 $g(x)$는 $x = 1$에 대칭인 함수이다.

함수 $g(x)$가 실수 전체에서 정의되므로 로그의 진수부분이 $k(x-1)^2 + a > 0$이다.

즉, $k > 0, a > 0$

$g(x) = \ln(k(x-1)^2 + a) + e^{-k(x-1)^2} - b$

$g'(x) = \dfrac{2k(x-1)}{k(x-1)^2 + a} - 2k(x-1)e^{-k(x-1)^2}$

$\quad = 2k(x-1)\left(\dfrac{1}{k(x-1)^2 + a} - \dfrac{1}{e^{k(x-1)^2}}\right)$

$g'(x) = 0$의 해는 $x = 1$과 $k(x-1)^2 + a = e^{k(x-1)^2} \cdots \unicode{x1D4D8}$의 해이다.

$y = k(x-1)^2 + a$와 $y = e^{k(x-1)^2}$의 그래프 개형은 다음과 같다.

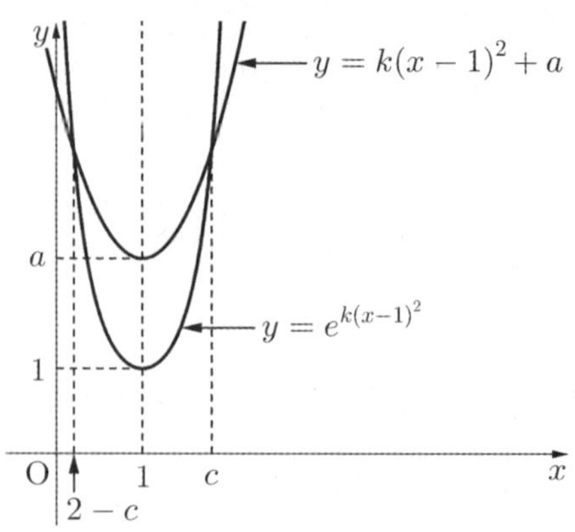

따라서 $x = 1$에 대칭인 두 점에서 만나고 그 점의 x좌표가 $g'(x) = 0$의 해이다. $\cdots \unicode{x1D4DB}$

조건(나)에서 $x_1 = x_2$일 때는 항상 성립한다.

$x_1 \neq x_2$일 때 $(x_1 - x_2)(g(x_1) - g(x_2)) \geq 0$의 양변을 $(x_1 - x_2)^2$으로 나누면 $\dfrac{g(x_1) - g(x_2)}{x_1 - x_2} \geq 0$이고 이것은

함수 $g(x)$ 위의 임의의 서로 다른 두 점 $(x_1, g(x_1))$과 $(x_2, g(x_2))$을 잇는 직선의 기울기가 0보다 크거나 같음을 나타내므로 함수 $g(x)$는 구간 $[c, \infty)$에서 증가하는 함수이다.

상수 c의 최솟값이 2이고, 함수 $g(x)$는 미분가능하므로 $g'(2) = 0$, 즉 $x = 2$일 때 함수 $g(x)$는 극솟값을 갖는다.

$g'(2) = 0$에서 $\unicode{x1D4D8}$에 $x = 2$을 대입하면 $k + a = e^k$

$\therefore a = e^k - k$

$\unicode{x1D4DB}$에서 $g'(x) = 0$의 해가 $x = 0$, $x = 1$, $x = 2$이고 $x = 0$과 $x = 2$에서 극솟값이고 $x = 1$에서 극댓값을 가지므로 (다)에서 함수 $g(x)$의 최솟값이 0이상 이므로 $g(x)$의 극솟값 $g(2) \geq 0$이다.

따라서

$g(2) = \ln(k + e^k - k) + e^{-k} - b = k + \dfrac{1}{e^k} - b \geq 0$

$b \leq k + \dfrac{1}{e^k}$

따라서

$ab \leq (e^k - k)\left(k + \dfrac{1}{e^k}\right)$

$\quad = ke^k + 1 - k^2 - \dfrac{k}{e^k}$

$\quad = k\left(e^k - \dfrac{1}{e^k}\right) + 1 - k^2 = p\left(e^2 - \dfrac{1}{e^2}\right) + q$

따라서 k가 정수 이므로 $k = 2$이므로 $p = 2$, $q = -3$

따라서 $f(x) = 2(x-1)^2$이고 $pq = -6$이므로

$f(pq) = 2 \times (-7)^2 = 98$

원주각의 성질에 의해 $\angle CBD = \angle CAD = \alpha$

α, β는 모두 예각이므로

$\cos\alpha = \dfrac{3}{4}$, $\sin\beta = \dfrac{3}{4}$에서

$\sin\alpha = \sqrt{1-\cos^2\alpha} = \dfrac{\sqrt{7}}{4}$, $\cos\beta = \sqrt{1-\sin^2\beta} = \dfrac{\sqrt{7}}{4}$

$\sin(\alpha+\beta) = \sin\alpha\cos\beta + \cos\alpha\sin\beta$

$= \dfrac{\sqrt{7}}{4} \times \dfrac{\sqrt{7}}{4} + \dfrac{3}{4} \times \dfrac{3}{4} = 1$

따라서 $\alpha+\beta = \dfrac{\pi}{2}$이고 삼각형 ACD는 $\angle ACD = 90°$인

직각삼각형이다.

$\overline{AD}$는 원의 지름이므로 $\overline{AD} = 2R$이라고 하면

사인법칙에 의해 $\dfrac{\sqrt{7}}{\sin\alpha} = \dfrac{2R}{\sin\dfrac{\pi}{2}}$이므로 $R = 2$

원 T의 넓이가 최대가 되려면 〈그림1〉과 같이 $\overline{AC}$와 $\overset{\frown}{AC}$의

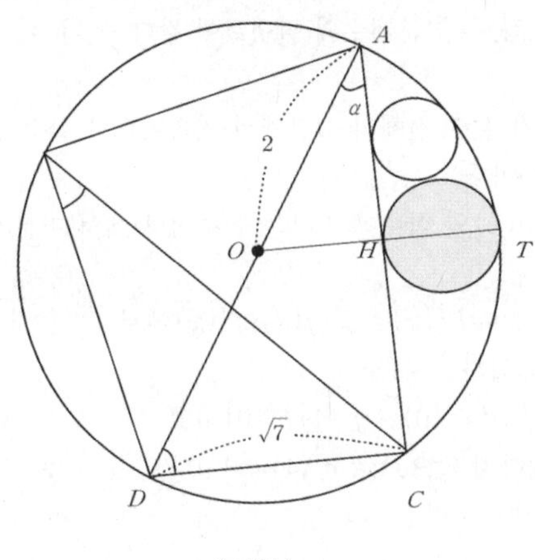

〈그림1〉

중점이 원 T의 지름의 양 끝점이 될 때이다. ($\overline{OH} \perp \overline{AC}$)

$\overline{OH} = 2\sin\alpha = 2 \times \dfrac{\sqrt{7}}{4} = \dfrac{\sqrt{7}}{2}$이므로

원 T의 반지름은 $\dfrac{1}{2}\left(2 - \dfrac{\sqrt{7}}{2}\right) = 1 - \dfrac{\sqrt{7}}{4}$

따라서 원 T의 넓이의 최댓값은

$\left(1 - \dfrac{\sqrt{7}}{4}\right)^2 \pi = \left(\dfrac{23}{16} - \dfrac{\sqrt{7}}{2}\right)\pi$이다.

$p + q = 16 + 23 = 39$

72 정답 ②

[그림 : 최성훈T]

그림과 같이 점 M과 점 N이 겹치도록 원 C_3을 이동하면

$\overline{NQ} = \overline{MQ}$이다.

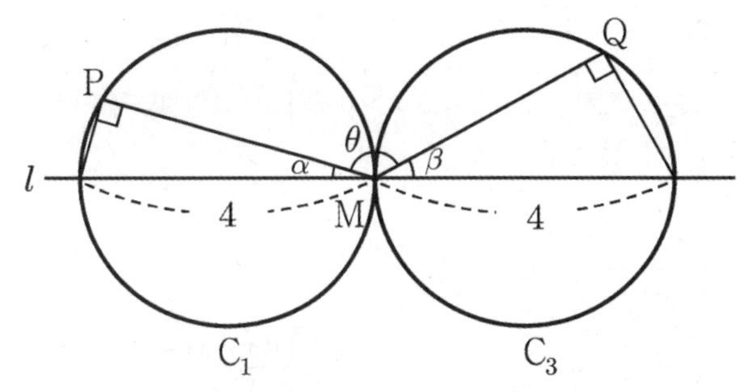

직선 MP와 직선 l이 이루는 예각의 크기를 α,

직선 MQ가 직선 l과 이루는 예각의 크기를 β라 하면

$\angle PRQ = \angle PMQ = \theta$이므로

$\theta = \pi - (\alpha + \beta)$이다.

한편, $\overline{MP} = 4\cos\alpha$, $\overline{NQ} = 4\cos\beta$이므로

$\overline{MP} \times \overline{NQ} \times \cos\theta$

$= 4\cos\alpha \times 4\cos\beta \times \cos\theta$

$= 16\cos\alpha\cos\beta\cos\theta$

$\cos\alpha\cos\beta\cos\theta$의 최댓값은 α, β, θ가 모두 예각일 때

나타난다.

(∵ 한 각이 둔각이면 코사인값이 음수이므로)

$\cos\theta = -\cos(\alpha+\beta)$이므로

$\cos(\alpha+\beta) = \cos\alpha\cos\beta - \sin\alpha\sin\beta = -\cos\theta$

$\cos(\alpha-\beta) = \cos\alpha\cos\beta + \sin\alpha\sin\beta \leq 1$

따라서 $2\cos\alpha\cos\beta \leq 1 - \cos\theta$

$0 < \cos\theta < 1$이므로 양변에 $\cos\theta$를 곱하면

$2\cos\alpha\cos\beta\cos\theta \leq \cos\theta - \cos^2\theta$

$\therefore \cos\alpha\cos\beta\cos\theta \leq -\dfrac{1}{2}\left(\cos\theta - \dfrac{1}{2}\right)^2 + \dfrac{1}{8}$

$\Rightarrow \cos\alpha\cos\beta\cos\theta \leq \dfrac{1}{8}$

따라서 $16\cos\alpha\cos\beta\cos\theta \leq 2$

$\therefore M = 2$

한편, 점 P와 Q가 두 원이 직선 l과 만나는 점 중 M이 아닌

점일 때,

$\overline{MP} \times \overline{NQ} \times \cos\theta = = 4 \times 4 \times \cos\pi = -16$이다.

$\therefore m = -16$

$M - m = 18$

73 정답 4

$\{f(x)\}^3 = \dfrac{2xf(x)}{x^2+1} + af(x) - 2$을 정리하면

$\{f(x)\}^3 + 2 = \left\{\dfrac{2x}{x^2+1} + a\right\}f(x)$

$f(x) > 0$이므로

$\dfrac{2x}{x^2+1} + a = \{f(x)\}^2 + \dfrac{2}{f(x)}$이다.

$f(x) = t$라 두면

$y = t^2 + \dfrac{2}{t}$ $(t > 0)$

$$y' = 2t - \frac{2}{t^2} = \frac{2t^3 - 2}{t^2}$$

$y' = 0$을 만족하는 $t = 1$이고 $t > 0$에서 $t = 1$일 때 극소이면서 최솟값 3을 갖는다. $\cdots$ ㉠

또한

$y = \dfrac{2x}{x^2+1} + a$을 미분하면

$$y' = \frac{2(x^2+1) - 2x \times 2x}{(x^2+1)^2} = \frac{-2(x+1)(x-1)}{(x^2+1)^2}$$

따라서 $y = \dfrac{2x}{x^2+1}$는

$x = -1$에서 극소이면서 최솟값 -1, $x = 1$에서 극대이면서 최댓값 1을 갖는다. $\cdots$ ㉡

㉠, ㉡에서

$$\frac{2x}{x^2+1} + a = \{f(x)\}^2 + \frac{2}{f(x)} \geq 3 \text{에서}$$

$$-1 \leq \frac{2x}{x^2+1} \leq 1 \text{이므로}$$

$$a - 1 \leq a + \frac{2x}{x^2+1} \leq a + 1 \text{이므로}$$

$a - 1 \geq 3$이다.

따라서 $a \geq 4$이다. 따라서 최솟값은 4이다.

[랑데뷰팁]1−㉠ $f(x) > 0$이므로 산술 기하 평균 적용 가능

$$\{f(x)\}^2 + \frac{2}{f(x)} = \{f(x)\}^2 + \frac{1}{f(x)} + \frac{1}{f(x)}$$
$$\geq 3\sqrt[3]{\{f(x)\}^2 \times \frac{1}{f(x)} \times \frac{1}{f(x)}}$$
$$= 3$$

[랑데뷰팁]2

$\dfrac{2x}{x^2+1} + a = \{f(x)\}^2 + \dfrac{2}{f(x)}$에서

$a = 4$, $x = -1$일 때 $f(-1) = 1$로 $f(x) = 1$인 값이 존재한다.

또한 $f(x)$가 실수 전체의 집합에서 미분가능하므로 함수 $f(x)$는 1이상인 부분이 존재해야 한다.

---

74 정답 28

$$f(x) = \begin{cases} \dfrac{x-1}{e^x} & (x \geq 1) \\ \dfrac{1-x}{e^x} & (0 \leq x < 1) \\ (1-x)e^x & (x < 0) \end{cases} \text{이다.}$$

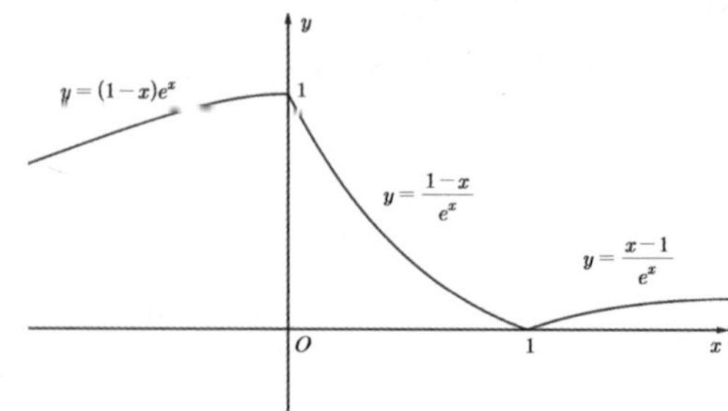

$$f'(x) = \begin{cases} \dfrac{2-x}{e^x} & (x \geq 1) \\ \dfrac{x-2}{e^x} & (0 \leq x < 1) \\ -xe^x & (x < 0) \end{cases}$$

따라서 함수 $f(x)$는 $x = 0$과 $x = 1$에서 미분가능하지 않다.

$\displaystyle\lim_{x \to 0-} f'(x) = 0$, $\displaystyle\lim_{x \to 0+} f'(x) = -2$

$\displaystyle\lim_{x \to 1-} f'(x) = -\frac{1}{e}$, $\displaystyle\lim_{x \to 1+} f'(x) = \frac{1}{e}$이다.

함수 $f(x)$는 $x = 0$에서는 좌,우 미분계수가 절댓값이 다르지만 $x = 1$에서는 좌,우 미분계수의 절댓값이 같다. $\cdots$ ㉠

함수 $h''(x)$가 실수 전체의 집합에서 연속이므로 실수 전체에서 정의되는 함수이다.

따라서 함수 $h(x)$와 함수 $h'(x)$는 실수 전체에서 미분가능해야 한다.

$h(x) = g(f(x)) \Rightarrow h'(x) = g'(f(x))f'(x)$에서

(i) $x = 0$을 대입하면

$h'(0) = g'(f(0))f'(0) = g'(1)f'(0)$이고

$f'(0)$이 존재하지 않으므로 $g'(1) = 0$이다.

(ii) $x = 1$을 대입하면

$h'(1) = g'(f(1))f'(1) = g'(0)f'(1)$이고 $f'(1)$이 존재하지 않으므로 $g'(0) = 0$이다.

$h'(x) = g'(f(x))f'(x) \Rightarrow$

$h''(x) = g''(f(x))\{f'(x)\}^2 + g'(f(x))f''(x)$

(iii) $x = 1$을 대입하면

$h''(1) = g''(0)\{f'(1)\}^2 + g'(0)f''(1)$ $(\because f(1) = 0)$

$= g''(0)\{f'(1)\}^2$ $(\because g'(0) = 0)$

㉠에서 $\{f'(1)\}^2$은 존재하므로 $h''(x)$는 $x = 1$에서 정의된다.

(iv) $x = 0$을 대입하면

$h''(0) = g''(1)\{f'(0)\}^2 + g'(1)f''(0)$ $(\because f(0) = 1)$

$= g''(1)\{f'(0)\}^2$ $(\because g'(1) = 0)$

㉠에서 $\{f'(0)\}^2$은 존재하지 않으므로 $g''(1) = 0$이다.

(i)~(iv)에서 $g'(0) = g'(1) = g''(1) = 0 \cdots$ ㉡

그런데 $g(x) = ae^x - e^{bx}$ $\left(-\dfrac{1}{4} \leq x \leq \dfrac{1}{4}\right)$에 적용할 수 있는 건 $g'(0) = 0$뿐이다.

$$g(x+1) - g(x) = \frac{18}{2 + \cos x}$$

$$g'(x+1) - g'(x) = \frac{18\sin x}{(2 + \cos x)^2}$$

$g''(x+1) - g''(x)$

$$= \frac{18\cos x \cdot (2+\cos x)^2 - 18\sin x \cdot 2(2+\cos x) \cdot (-\sin x)}{(2+\cos x)^4}$$

양변에 $x=0$을 대입하면 $g''(1) - g''(0) = \frac{162}{81} = 2$

ⓛ에서 $g''(1) = 0$이므로 $g''(0) = -2$이다.

이제 $g(x) = ae^x - e^{bx} \left(-\frac{1}{4} \le x \le \frac{1}{4} \right)$에 $g'(0) = 0$와

$g''(0) = -2$을 이용하여 상수 a, b를 구할 수 있다.

$g'(x) = ae^x - be^{bx} \Rightarrow a - b = 0$

$g''(x) = ae^x - b^2 e^{bx} \Rightarrow a - b^2 = -2$

그러므로 $a = b = 2 \ (a > 0, b > 0)$

따라서 $g(x) = 2e^x - e^{2x} \left(-\frac{1}{4} \le x \le \frac{1}{4} \right)$

$\therefore \ g(0) = 1$

$g(x+1) = g(x) + \frac{18}{2+\cos x}$에서 $x = 0$을 대입하면

$g(1) = g(0) + 6 = 7$

따라서, $a \times b \times g(1) = 2 \times 2 \times 7 = 28$

75 정답 20

$f(x) = a(x-p)^2 + q$라 하면 $(a > 0, q > 0)$

$g(x) = \frac{1}{2}x + \ln f(x) \to g'(x) = \frac{1}{2} + \frac{f'(x)}{f(x)}$에서

$k(x) = \frac{f'(x)}{f(x)} = \frac{2a(x-p)}{a(x-p)^2 + q}$라 하면

$y = k(x)$의 그래프는 $(p, 0)$에 대칭이고

$\lim\limits_{x \to \pm\infty} k(x) = 0$이므로

다음 그림과 같은 개형을 갖는 그래프이다.

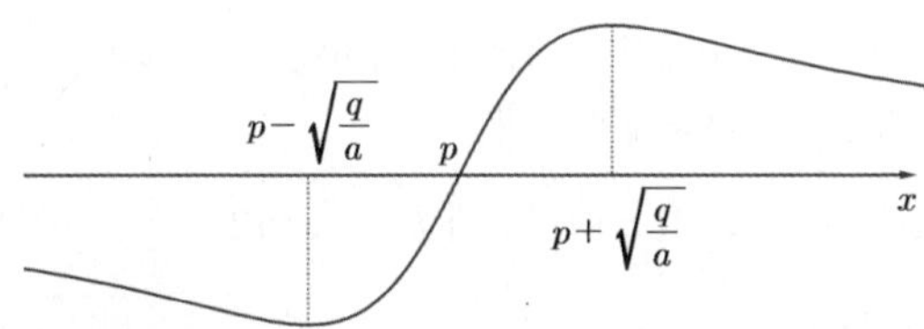

$k'(x) = \dfrac{2a^2(x-p)^2 + 2aq - \{2a(x-p)\}^2}{\{a(x-p)^2 + q\}^2}$

$\qquad = \dfrac{-2a^2(x-p)^2 + 2aq}{\{a(x-p)^2 + q\}^2}$

$k'(x) = 0$에서 $2a^2(x-p)^2 = 2aq \to x - p = \pm\sqrt{\dfrac{q}{a}}$

따라서 함수 $k(x)$는 $x = p - \sqrt{\dfrac{q}{a}}$ 에서 극솟값이자 최솟값을 갖는다.

$g'(x) = \frac{1}{2} + k(x)$는 $y = k(x)$의 그래프를 y축으로 $\frac{1}{2}$만큼 평행이동한 그래프이고 (가)에서 절댓값함수가 미분가능하기 위해서는 $g'\left(p - \sqrt{\dfrac{q}{a}} \right) = 0$이어야 한다.

따라서 $g'\left(p - \sqrt{\dfrac{q}{a}} \right) = \dfrac{1}{2} + \dfrac{2a\left(-\sqrt{\dfrac{q}{a}} \right)}{a \times \dfrac{q}{a} + q} = 0$

$\dfrac{1}{2} \times (2q) = 2a\sqrt{\dfrac{q}{a}} \to \dfrac{q}{a} = 2\sqrt{\dfrac{q}{a}}$ 에서 $\dfrac{q}{a} = 4$

$\therefore \ q = 4a$

따라서 $f(x) = a\{(x-p)^2 + 4\}$꼴이다.

$g'(x) = 0$의 $x = p - \sqrt{\dfrac{4a}{a}} = p - 2$이므로

(가)에서 $g(p-2) = 3\ln 2$이다.

$g(p-2) = \frac{1}{2}(p-2) + \ln 8a = \ln 8 \to \frac{1}{2}(p-2) = -\ln a$

$\therefore \ p = 2 - 2\ln a$

따라서 $f(x) = a\{(x - 2 + 2\ln a)^2 + 4\}$

(나)에서 $g(x)$는 $x = 2$에서 최대 기울기를 가지므로 $x = 2$에서 변곡점임을 뜻한다.

$g(x) = \frac{1}{2}x + \ln f(x) \ \Rightarrow \ g'(x) = \frac{1}{2} + \frac{f'(x)}{f(x)} \ \Rightarrow$

$g''(x) = \dfrac{f''(x)f(x) - \{f'(x)\}^2}{\{f(x)\}^2}$

$g''(2) = 0$에서 $f''(2)f(2) = \{f'(2)\}^2$이다.

$f(x) = a\{(x-2+2\ln a)^2 + 4\} \to f'(x) = 2a(x-2+2\ln a) \to$
$f''(x) = 2a$

$f(2) = a\{4(\ln a)^2 + 4\}$, $f'(2) = 4a\ln a$, $f''(2) = 2a$이므로

$2a^2\{4(\ln a)^2 + 4\} = 16a^2(\ln a)^2 \to 4(\ln a)^2 + 4 = 8(\ln a)^2$

$\ln a = \pm 1$

(i) $\ln a = -1$일 때

$a = \dfrac{1}{e}$이므로 $f(x) = \dfrac{1}{e}\{(x-4)^2 + 4\}$,

$f'(x) = \dfrac{2}{e}(x-4)$

$f(2) = \dfrac{8}{e}$, $f'(2) = -\dfrac{4}{e}$에서

$g'(2) = \dfrac{1}{2} + \dfrac{f'(2)}{f(2)} = \dfrac{1}{2} - \dfrac{1}{2} = 0$

(나)조건에 모순이다.

(ii) $\ln a = 1$일 때

$a = e$이므로 $f(x) = e(x^2 + 4)$, $f'(x) = 2ex$

$g'(x) = \dfrac{1}{2} + \dfrac{2x}{x^2 + 4}$이고

$m(x) = \dfrac{1}{2} + \dfrac{2x}{x^2 + 4}$라 할 때,

$m'(x) = \dfrac{2(x^2+4) - 4x^2}{(x^2+4)^2} = \dfrac{-2(x^2-4)}{(x^2+4)^2}$

증감표에서 확인해 보면 함수 $m(x)$는 $x = -2$에서 최솟값, $x = 2$에서 최댓값을 가지므로 (나) 조건을 만족한다.

따라서 $f(x) = e(x^2 + 4)$이다.

$f(-4) = 20e$이므로

$\dfrac{f(-4)}{e} = 20$

76 정답 ②

$(x-2)\{f(x)-g(x)\} \leq 0$

$0 < x \leq 2$일 때, $f(x) \geq g(x)$

$x > 2$일 때, $f(x) < g(x)$ 이므로

$(0, -1)$을 지나는 일차함수 $g(x)$는 $0 < x < 2$에서

$y = e^x - 1$에 접할 때, 기울기 a가 최대이다.

따라서 접점의 좌표를 $(s, e^s - 1)$라 하면 $y' = e^x$이므로

$$\frac{(e^s - 1) - (-1)}{s - 0} = e^s \Rightarrow \therefore\ s = 1$$

따라서 정의역의 t에 관계없이 a의 최댓값은 e이다.

$\therefore\ h(t) = e$

$y = ex - 1$과 $y = \sqrt{x-2} + t$이 접할 때, t의 최댓값이 α이다.

$y = \sqrt{x-2} + t$의 접점의 좌표를 $(u, \sqrt{u-2} + t)$라 하면

$y' = \dfrac{1}{2\sqrt{x-2}}$에서

$$\frac{\sqrt{u-2} + t - (-1)}{u - 0} = \frac{1}{2\sqrt{u-2}} = e$$

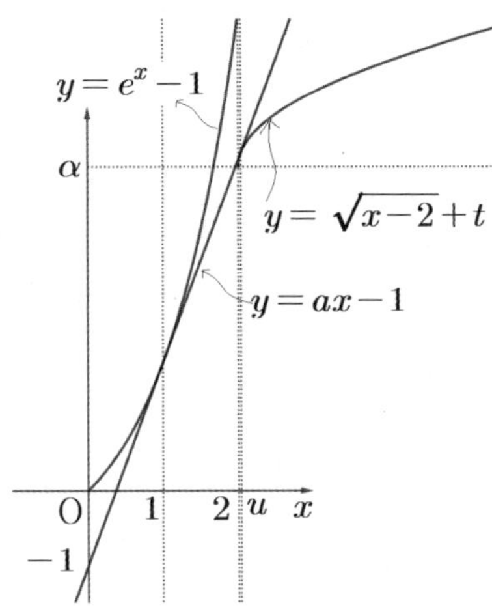

$\dfrac{1}{2\sqrt{u-2}} = e$에서 $u = 2 + \dfrac{1}{4e^2}$

$$\frac{\sqrt{u-2} + t + 1}{u} = e \Rightarrow \sqrt{2 + \frac{1}{4e^2} - 2} + t + 1 = e\left(2 + \frac{1}{4e^2}\right)$$

$$\Rightarrow t + \frac{1}{2e} + 1 = 2e + \frac{1}{4e}$$

$$\therefore\ t = 2e - \frac{1}{4e} - 1$$

따라서 $\alpha = 2e - \dfrac{1}{4e} - 1$

77 정답 9

$y = f(x)$의 그래프는 다음과 같다.

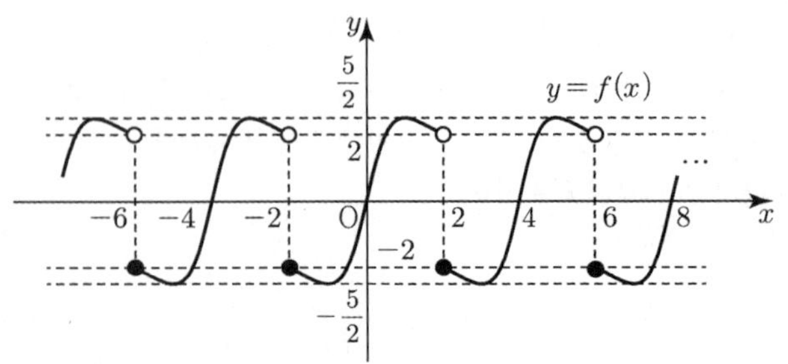

$y = |f(x)|$의 그래프는 다음과 같다.

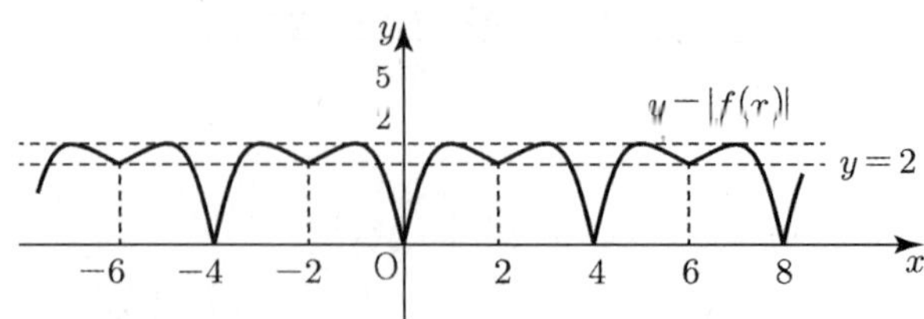

따라서 $|f(x)|$는 $x = 2n$에서 미분가능하지 않다.

$\{\cdots,\ (-4, 0),\ (-2, 2),\ (0, 0),\ (2, 2),\ (4, 0),\ \cdots$ 등에서 미분가능하지 않는다.$\}$

즉, 정수 n에 대하여 $(4n+2, 2)$과 $(4n, 0)$에서 미분가능하지 않다.

함수 $|g(|f(x)|)|$는 $0 \leq |f(x)| \leq \dfrac{5}{2}$이므로

$|f(x)| = t$라 두면 $y = |g(t)|$이고 $t = 0,\ 2$

($\leftarrow y = |f(x)|$의 뾰족점의 y좌표의 값)에서 미분가능하지

않고 $t = \dfrac{5}{2}$에서는 미분가능하다.

($\leftarrow y = |f(x)|$의 뾰족점이 아니므로)

▷[랑데뷰팁]의 ② 참고

따라서 최고차항의 계수가 1인 사차함수 $g(x)$는

$g(0) = g'(0) = 0,\ g(2) = g'(2) = 0$을 만족하므로

$g(t) = t^2(t-2)^2 + a$꼴이면 $0 \leq t \leq \dfrac{5}{2}$의 모든 t에 대해

미분가능하다.

즉, $g(x) = x^2(x-2)^2$이면 함수 $|g(|f(x)|)|$은 실수 전체에서 미분가능하게 된다.

그런데 열린구간 $(4n, 4n+4)$에서만 미분가능하면 조건을 만족하므로 $x = 4n$에서는 미분가능하지 않아도 된다.

$g'(0) = 0$일 필요는 없다.

$y = |g(t)|$는 $t = 0$에서는 미분가능하지 않아도 되고

$t = 2$에서는 미분가능해야 한다.

그럼 $g(t) = t(t-2)^2(t-k)$꼴인데 $k > \dfrac{5}{2}$이면

$y = |g(t)|$의 정의역인 $0 \leq t \leq \dfrac{5}{2}$ 범위 밖이므로 미분가능을

따질 필요가 없게 된다.

또한 $t = \dfrac{5}{2}$에서는 미분가능하므로 $k \geq \dfrac{5}{2}$이면

$g(t) = t(t-2)^2(t-k)$는

$0 \leq t \leq \dfrac{5}{2}$의 모든 t에 대해 미분가능하다.

따라서

(i) $g(x) = x^2(x-2)^2$일 때 $g(-1) = 9 < 30$

(ii) $g(x) = x(x-2)^3$일 때 $g(-1) = 27 < 30$

(iii) $g(x) = x(x-2)^2(x-k)\ \left(k \geq \dfrac{5}{2}\right)$일 때

$g(-1) = -1 \times (-3)^2 \times (-1-k) = 9 + 9k$에서

$k \geq \dfrac{5}{2}$이므로 $g(-1) \geq \dfrac{63}{2} > 30$이므로 만족한다.

따라서 (iii)에서 $g(x)=x(x-2)^2(x-k)$ $\left(k \geq \dfrac{5}{2}\right)$이고

$g(1)=1-k$에서 $k \geq \dfrac{5}{2}$이므로 $g(1) \leq -\dfrac{3}{2}$

$\therefore M=-\dfrac{3}{2}$

따라서 $4M^2=4\times\dfrac{9}{4}=9$

[랑데뷰팁]

① $f(k)=0$일 때 $x=k$에서 $y=|f(x)|$가 미분가능하기
위해서는 $f(x)$는 $(x-k)^n (n \geq 2)$인 인수를 가진
다항함수이다.

⇨ $f(k)=0$이므로 $y=f(x)$는 $(k,0)$을 지나고 절댓값
기호 $(|\ |)$을 씌우면 x축 아랫부분이 꺾여서 올라가는
그래프가 된다.

그럼 $x=k$에서 미분계수가 $K(K\neq 0)$라면

즉, $f'(k)=K$일 때, $\lim\limits_{x\to k+}|f(x)|=K$라면

$\lim\limits_{x\to k-}|f(x)|=-K$이다. 따라서 $K\neq 0$이면 $y=|f(x)|$는

$x=k$에서 미분가능하지 않는다.

따라서 $f(k)=0$인 $x=k$에서 $y=|f(x)|$가 미분가능하기
위해서는 $f'(k)=0$이므로 $f(x)$는 $(x-k)^n (n \geq 2)$인
인수를 가져야 한다.

② $y=f(g(x))$에서 함수 $g(x)$가 (x_1, y_1)에서
미분가능하지 않을 때 $y=f(g(x))$가 $x=x_1$에서
미분가능하기 위해서는 $f'(y_1)=0$을 만족한다.

⇨ $y'=f'(g(x))g'(x)$에서 $g'(x_1)$이 존재하지 않으므로
$f'(g(x_1))=f'(y_1)=0$이어야 함수 $f(g(x))$가 $x=x_1$에서
미분가능하다. 따라서 $f'(y_1)=0$을 만족한다.

---

78 정답 106

(나)에서 $-p \leq x \leq p$일 때
$f(x+2p)=\sin x+2\sin p$이다.

$x+2p=t$라 두면
$f(t)=\sin(t-2p)+2\sin p\ (p \leq t \leq 3p)$

따라서 $p \leq x \leq 3p$일 때
$f(x+2p)=\sin(x-2p)+4\sin p$

다시 $x+2p=t$라 두면
$f(t)=\sin(t-4p)+4\sin p\ (3p \leq t \leq 5p)$

따라서 $3p \leq x \leq 5p$일 때
$f(x+2p)=\sin(x-4p)+6\sin p$

같은 방법으로 $f(x)$의 그래프를 파악할 수 있다.

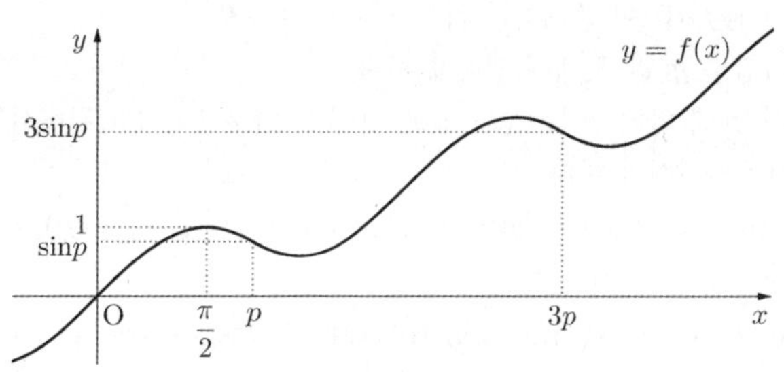

(다)에서 극값 중 적어도 하나는 0이다.

따라서 방정식 $f(x)=0$의 양수인 해의 개수가 3일 때의 상황은
다음 그림과 같다.

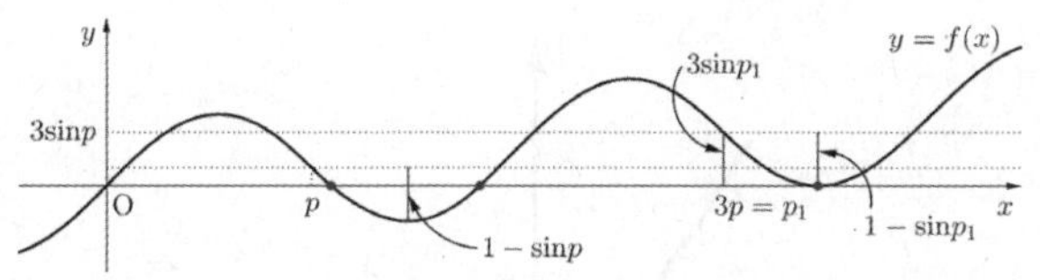

따라서 $3\sin p_1=1-\sin p_1$

따라서 $\sin p_1=\dfrac{1}{4}\to\cos p_1=\dfrac{\sqrt{15}}{4}$

마찬가지로 방정식 $f(x)=0$의 양수인 해의 개수가
7일 때 $7\sin p_2=1-\sin p_2$이 성립한다.

따라서 $\sin p_2=\dfrac{1}{8}\to\cos p_2=\dfrac{3\sqrt{7}}{8}$

$\cos(p_1-p_2)=\cos p_1\cos p_2+\sin p_1\sin p_2$

$\qquad=\dfrac{\sqrt{15}}{4}\times\dfrac{3\sqrt{7}}{8}+\dfrac{1}{4}\times\dfrac{1}{8}$

$\cos(p_1-p_2)=\dfrac{3\sqrt{105}+1}{32}$

따라서 $a=105,\ b=1$

$a+b=106$

---

79 정답 27

$f(x)=|e^x-1|$의 그래프는 다음과 같다.

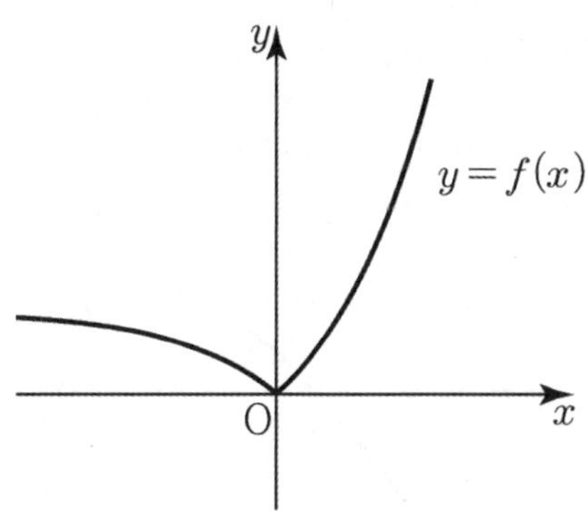

함수 $f(x)$는 $x=0$에서 미분가능하지 않고 좌미분계수는 -1과
우미분계수는 1을 갖는다.

즉, $\lim\limits_{x\to 0+}f'(x)=1,\ \lim\limits_{x\to 0-}f'(x)=-1\cdots\bigcirc$

$h(x)=f(x)-f(g(x))$라 두면
$h'(x)=f'(x)-f'(g(x))g'(x)$이다.

그런데 $f'(0)$이 존재하지 않으므로 $x=0$주변의
사차함수 $g(x)$에 대해 생각해 보자.
우선 ㉠에 의해 함수 $h(x)$가 $x=0$에서 미분가능이기 위해서는
$g(0)=0$이어야 한다.
$\Rightarrow g(0)=k\ (k\neq 0)$이라면 $f'(g(0))g'(0)=(\pm e^k)\times g'(0)$으로
일정한 값을 갖게 된다.
그럼 $h'(0)=|f'(0)|-e^k g'(0)$에서 $h(x)$는 $x=0$에서
미분가능하지 않게 된다.
따라서 $g(0)=0$
사차함수 $g(x)$가 $(0, 0)$을 지나고
(i) $x=0$에서 감소하고 있을 때 $\Rightarrow g'(0)<0$

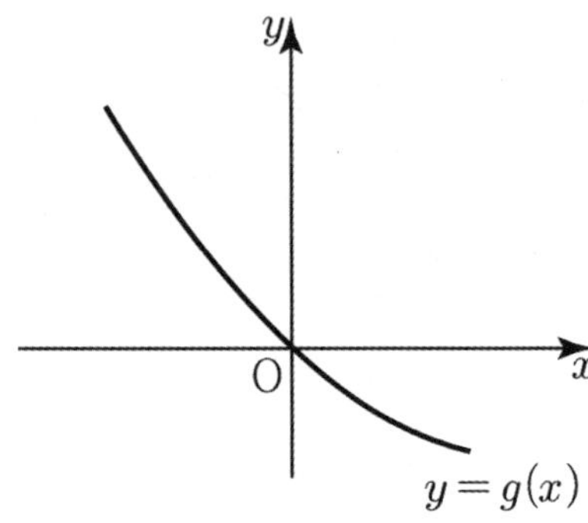

$$\lim_{x\to 0+}f'(g(x))=\lim_{t\to 0-}f'(t)=-1$$
$$\lim_{x\to 0-}f'(g(x))=\lim_{t\to 0+}f'(t)=1$$

따라서
$$\lim_{x\to 0+}h'(x)=\lim_{x\to 0+}\{f'(x)-f'(g(x))g'(x)\}$$
$$=1-(-1)\times g'(0+)$$
$$=1+g'(0+)$$
$$\lim_{x\to 0-}h'(x)=\lim_{x\to 0-}\{f'(x)-f'(g(x))g'(x)\}$$
$$=-1-(1)\times g'(0-)$$
$$=-1-g'(0-)$$
$g(x)$는 $x=0$에서 미분가능하므로
$$g'(0)=g'(0+)=g'(0-)$$
따라서 $g'(0)=-1\ \cdots$ ㉡

(ii) $x=0$에서 증가하고 있을 때 $\Rightarrow g'(0)>0$

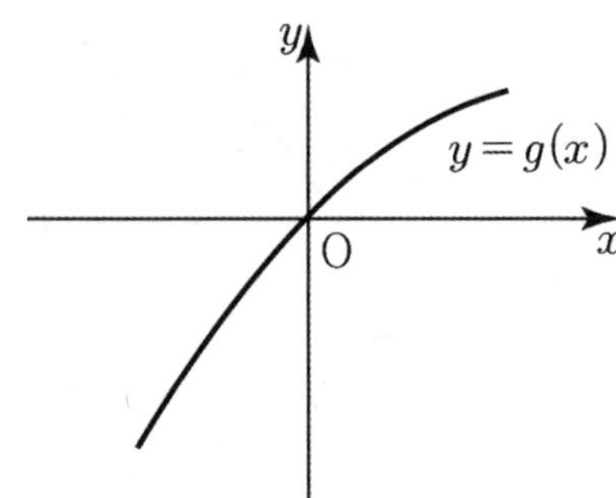

$$\lim_{x\to 0+}f'(g(x))=\lim_{t\to 0+}f'(t)=1$$
$$\lim_{x\to 0-}f'(g(x))=\lim_{t\to 0-}f'(t)=-1$$

따라서
$$\lim_{x\to 0+}h'(x)=\lim_{x\to 0+}\{f'(x)-f'(g(x))g'(x)\}$$
$$=1-(1)\times g'(0+)$$
$$=1-g'(0+)$$
$$\lim_{x\to 0-}h'(x)=\lim_{x\to 0-}\{f'(x)-f'(g(x))g'(x)\}$$
$$=-1-(-1)\times g'(0-)$$
$$=-1+g'(0-)$$
따라서 $g'(0)=1\ \cdots$ ㉢
사차함수 $y=g(x)$가 $x=0$이 아닌 x축과의 교점
$x=\alpha$에서 $h(x)=|e^x-1|-|e^{g(x)}-1|$
가 미분가능하기 위해서는 $g(x)$가
$(x-\alpha)^n\ (n\geq 2)$의 인수를 가져야 한다.
그런데 $g(2)\times g(3)\leq 0$이므로 $y=g(x)$는 닫힌구간
$[2, 3]$에서 x축과 반드시 만나므로 그 점을 $x=\alpha$라 하자.
만약 $x=0$, $x=\alpha$이외의 점 $x=\beta$에서 x축과 만난다면,
즉 $g(x)=ax(x-\alpha)^2(x-\beta)$이면 $h(x)$는 $x=\beta$
에서 미분가능하지 않는다.
따라서 $g(x)=ax(x-\alpha)^3$꼴이고
$g'(x)=a(x-\alpha)^2(4x-\alpha)$이다.
$2\leq \alpha\leq 3$일 때 라 두면
① $a>0$이면 $x=0$에서 감소하므로 (i)의 ㉡에서
$g'(0)=-a\alpha^3=-1$
따라서 $a=\dfrac{1}{\alpha^3}$

따라서 $g(x)=\dfrac{1}{\alpha^3}x(x-\alpha)^3$

$$g(-1)=\dfrac{(1+\alpha)^3}{\alpha^3}=\left(1+\dfrac{1}{\alpha}\right)^3$$

$$\dfrac{1}{3}\leq \dfrac{1}{\alpha}\leq \dfrac{1}{2}\Rightarrow \dfrac{4}{3}\leq 1+\dfrac{1}{\alpha}\leq \dfrac{3}{2}$$

따라서 $\dfrac{64}{27}\leq g(-1)\leq \dfrac{27}{8}$

$M=\dfrac{27}{8}$

② $a<0$이면 $x=0$에서 증가하므로 (ii)의 ㉢에서
$g'(0)=-a\alpha^3=1$
따라서 $a=-\dfrac{1}{\alpha^3}$

따라서 $g(x)=-\dfrac{1}{\alpha^3}x(x-\alpha)^3$

$$g(-1)=-\dfrac{(1+\alpha)^3}{\alpha^3}=-\left(1+\dfrac{1}{\alpha}\right)^3$$

$$\dfrac{1}{3}\leq \dfrac{1}{\alpha}\leq \dfrac{1}{2}\Rightarrow \dfrac{4}{3}\leq 1+\dfrac{1}{\alpha}\leq \dfrac{3}{2}$$

따라서 $-\dfrac{27}{8}\leq g(-1)\leq -\dfrac{64}{27}$

따라서 $m=-\dfrac{27}{8}$

$$4(M-m)=4\times\left(\dfrac{27}{8}+\dfrac{27}{8}\right)=27$$

80 정답 90

$y = \dfrac{3\sqrt{2}}{4(x^2+1)}$ 는 모든 실수 x에 대하여

$\dfrac{3\sqrt{2}}{4(x^2+1)} > 0$이므로 $y=0$을 점근선으로 가진다.

$y=f(x)$는 $y = \dfrac{3\sqrt{2}}{4(x^2+1)}$ 를 시계방향으로 $45°$ 회전시킨

함수이므로 $y=-x$를 점근선으로 가지게 된다.

그러므로 $\lim\limits_{x \to \infty}\{f(x)+x\}=0 \cdots$ ㉠ 을 만족하게 된다.

먼저 a의 값을 구해보도록 하자.

$\lim\limits_{x \to \infty}\dfrac{p(x)+q(x)}{g(x)} = \lim\limits_{x \to \infty}\dfrac{g(f(x))}{g(x)} + \lim\limits_{x \to \infty}\dfrac{f(g(x))}{g(x)}$ 에서

우선 $\lim\limits_{x \to \infty}\dfrac{f(g(x))}{g(x)}$ 의 값을 구하도록 하자.

$g(x)=t$라고 하면 $x \to \infty$일 때

$t \to \infty$이므로 $\lim\limits_{x \to \infty}\dfrac{f(g(x))}{g(x)} = \lim\limits_{t \to \infty}\dfrac{f(t)}{t}$ 이다.

그런데 ㉠에 의해

$\lim\limits_{t \to \infty}\dfrac{f(t)}{t} = \lim\limits_{t \to \infty}\dfrac{f(t)+t-t}{t} = \lim\limits_{t \to \infty}\dfrac{-t}{t} = -1$

이 된다.

그리고 $g(x)$를 인수분해 하면 $g(x)=(x-1)(x-2)(x+2)$가

되므로

$\lim\limits_{x \to \infty}\dfrac{g(f(x))}{g(x)} = \lim\limits_{x \to \infty}\dfrac{\{f(x)-1\}\{f(x)-2\}\{f(x)+2\}}{(x-1)(x-2)(x+2)}$

가 된다. 이 식 또한 ㉠에 의해

$\lim\limits_{x \to \infty}\dfrac{\{f(x)-1\}\{f(x)-2\}\{f(x)+2\}}{(x-1)(x-2)(x+2)}$

$= \lim\limits_{x \to \infty}\dfrac{(-x-1)(-x-2)(-x+2)}{(x-1)(x-2)(x+2)} = -1$이 된다.

구하고자 하는 a는 위에서 구한 두 값의 합과 같으므로

$a=-2$이다.

이제 b의 값을 구해보도록 하자.

우선 $p(q(x))$를 구해야 한다.

$p(x)=g(f(x))$, $q(x)=f(g(x))$이므로

$p(q(x))=(g \circ f \circ f \circ g)(x)$이다.

$y = \dfrac{3\sqrt{2}}{4(x^2+1)}$ 는 y축에 대칭이다.

이 함수를 시계방향으로 $45°$회전시킨 함수인 $f(x)$는

대칭축인 y축 또한 $45°$ 회전하므로 $y=x$가 대칭축이 된다.

즉, $f(x)$는 자기 자신을 역함수로 가진다.

그러므로 $(f \circ f)(x) = x$가 된다.

따라서

$p(q(x)) = (g \circ f \circ f \circ g)(x) = g(g(x))$

$\quad\quad\quad = \{g(x)-1\}\{g(x)-2\}\{g(x)+2\}$이다.

그러므로

$\{p(q(x))\}'$

$= g'(x)\{g(x)-1\}\{g(x)-2\} + g'(x)\{g(x)-2\}\{g(x)+2\}$

$\quad + g'(x)\{g(x)-1\}\{g(x)+2\}$

그리고

$g'(x)=(x-1)(x-2)+(x-2)(x+2)+(x-1)(x+2)$

이고 $a+1=-1$, $g(-1)=6$, $g'(-1)=1$

이므로

$\{p(q(-1))\}'$

$= (6-1)(6-2)+(6-2)(6+2)+(6-1)(6+2) = 92$이다.

즉, $b=92$이다. 그러므로 구하고자 하는 값은

$a+b=-2+92=90$이다.

81 정답 30

$f'(x)<0$에서 $p(x)=q(x)$, $q(x)=\{p(x)\}^2+p(x)-4$이므로

$p(x)=\{p(x)\}^2+p(x)-4$

따라서 $p(x) = \begin{cases} f(x) & (f'(x) \geq 0) \\ \{p(x)\}^2+p(x)-4 & (f'(x)<0) \end{cases}$ 이고

$p(x)$가 실수 전체의 집합에서 연속이므로 $f'(k)=0$인

$x=k$에서도 연속이다.

따라서 $f(k)=p(k)=\{p(k)\}^2+p(k)-4$

$\{p(k)-2\}\{p(k)+2\}=0 \to p(k)=2$ 또는 $p(k)=-2$이다.

따라서

$f'(x) \geq 0$인 구간에서 $f'(k)=0$, $f(k)=2$

또는 $f'(k)=0$, $f(k)=-2$을 만족하는 k가 존재한다. $\cdots$㉠

$h(x) = \begin{cases} g(x-1) & (x \geq 0) \\ -g(-x) & (x<0) \end{cases}$ 가 실수 전체의 집합에서

미분가능하므로

$h'(x) = \begin{cases} g'(x-1) & (x \geq 0) \\ g'(-x) & (x<0) \end{cases}$ 에서

$h(0)=g(-1)=-g(0)$, $h'(0)=g'(-1)=g'(0)$이다.

따라서 함수 $g(x)$는 $g(-1)=-g(0)$, $g'(-1)=g'(0)$을

만족한다.

한편, $x<0$에서 $g(x)=-h(x)$, $h(x)=-g(-x)$이므로

$g(x)=g(-x)$

따라서 함수 $g(x)$는 y축 대칭인 함수이므로

$g'(0)=0$이므로

$g'(-1)=g'(1)=0$, $g(-1)=g(1)=-g(0)$이다.

$x \geq 0$일 때 $g(x)=f(x)$이므로

$f'(1)=f'(0)=0$이고 $f(1)=-f(0)$이다.

㉠에서

(i) $f'(1)=0$, $f(1)=2$이면 $f'(0)=0$, $f(0)=-2$일 때

$x \geq 0$일 때 $f'(x) \geq 0$이므로 $x=1$에서 변곡점이다.

따라서 $f(x)=a(x+k)(x-1)^3+2$이고

$f'(x)=a(x-1)^3+3a(x+k)(x-1)^2$

$\quad\quad = a(x-1)^2(4x+3k-1)=0$

$f'(0)=0$이므로 $k=\dfrac{1}{3}$

－사차함수 비율 관계로 $k=\dfrac{1}{3}$ 임을 알 수 있다.

따라서 $f(x)=a\left(x+\dfrac{1}{3}\right)(x-1)^3+2$

$f(0)=-2$이므로 $f(0)=-\dfrac{1}{3}a+2=-2$

$\therefore\ a=12$

$\therefore\ f(x)=12\left(x+\dfrac{1}{3}\right)(x-1)^3+2$

따라서 $f(2)=12\times\dfrac{7}{3}\times1+2=30$

(ii) $f'(1)=0$, $f(1)=-2$이면 $f'(0)=0$, $f(0)=2$이므로 $x\geq0$일 때 $f'(x)\geq0$이므로 $x=1$에서 변곡점이다. 따라서 $f(x)=a(x+k)(x-1)^3-2$이고 사차함수 비율 관계로 $k=\dfrac{1}{3}$ 임을 알 수 있다.

따라서 $f(x)=a\left(x+\dfrac{1}{3}\right)(x-1)^3-2$

$f(0)=2$이므로 $f(0)=-\dfrac{1}{3}a-2=2$

$\therefore\ a=-12$

$a<0$이므로 모순이다.

(i), (ii)에서

$f(x)=12\left(x+\dfrac{1}{3}\right)(x-1)^3+2$이고 $f(2)=30$

－함수 $f(x)$, $g(x)$, $h(x)$의 그래프는 다음과 같다.

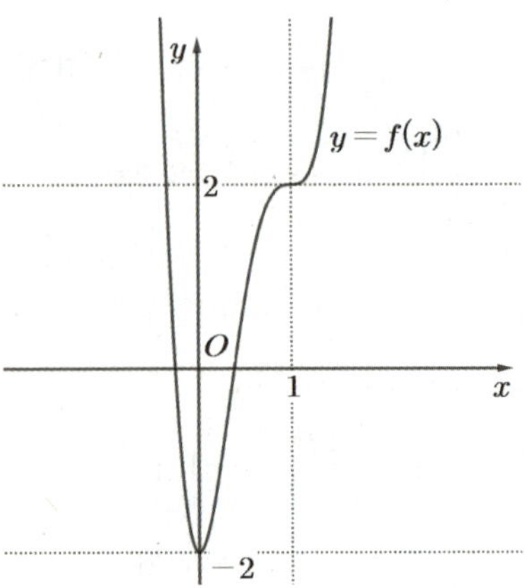

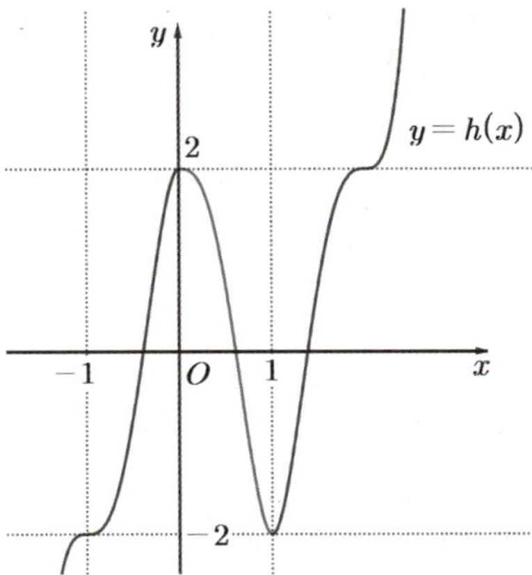

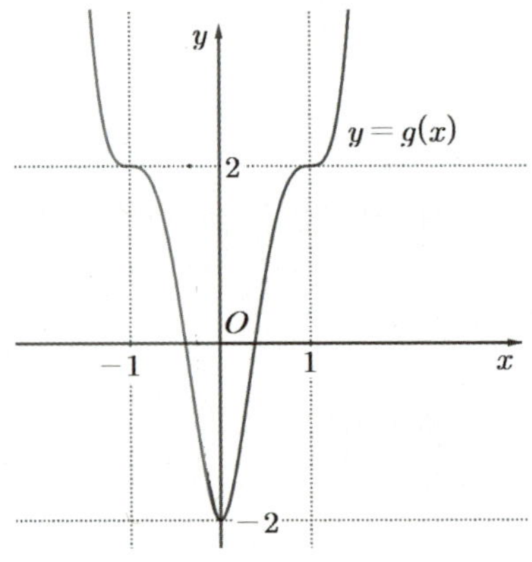

[추가 설명]

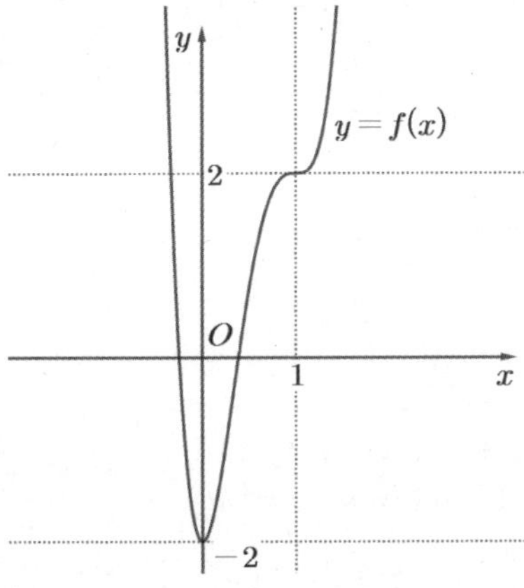

$$p(x)=\begin{cases} f(x) & (f'(x)\geq 0) \\ \{p(x)\}^2+p(x)-4 & (f'(x)<0) \end{cases}$$

$x=0$에서 $p(x)$가 연속이므로

$$\lim_{x\to 0+}p(x)=\lim_{x\to 0+}f(x)=-2=p(0)$$

$$p(0)=\lim_{x\to 0-}p(x)=\lim_{x\to 0+}\left[\{p(x)\}^2+p(x)-4\right]$$

$$=\{p(0)\}^2+p(0)-4$$

$$\{p(0)\}^2-4=0 \to p(0)=\pm 2$$

$\therefore p(0)=-2$일 때 $p(x)$는 연속이다.

적분법

82 정답 ②

[출제자 : 김진성T]

[검토자 : 정찬도T]

조건 (나)에서 양변을 t에 관하여 미분하면

$f(t)=f(t+3\pi)-a$ 이다.

$f(t+3\pi)=f(t)+a$ 에서 함수 $f(t)$를 t축의 방향으로 3π만큼 평행이동 한 후 y축의 방향으로 $a(0<a<5)$만큼 평행이동을 반복한다는 것을 의미한다.

함수 $f(t)$가 연속함수가 되기 위해서

$f(3\pi)>f(0)=0$ 이어야 한다.

이제 $f(0)=0$이고 $f(0)<f(2\pi)$ 를 고려해서 생각해 보자.

구간 $[0,\ \pi)$, 구간 $[\pi,\ 2\pi)$, 구간 $[2\pi,\ 3\pi)$ 에서 각각

i) $f'(x)=-\sin x,\ f'(x)=-\sin x,\ f'(x)=\sin x$인 경우

x	0	$\cdots$	π	$\cdots$	2π	$\cdots$
$f'(x)$	0	$-$	0	$+$	0	$+$

함수 $f(t)$는 감소, 증가, 증가이므로

$$\int_0^{2\pi}f'(x)dx=\int_0^{2\pi}(-\sin x)dx=0$$이다.

$f(2\pi)-f(2)=0 \to f(0)=f(2\pi)$가 되어서 모순이다.

ii) $f'(x)=\sin x,\ f'(x)=\sin x,\ f'(x)=\sin x$ 인 경우

x	0	$\cdots$	π	$\cdots$	2π	$\cdots$
$f'(x)$	0	$+$	0	$-$	0	$+$

함수 $f(t)$는 증가, 감소, 증가이므로 $f(0)=f(2\pi)$가 되어서 모순이다.

iii) $f'(x)=\sin x,\ f'(x)=-\sin x,\ f'(x)=\sin x$ 인 경우

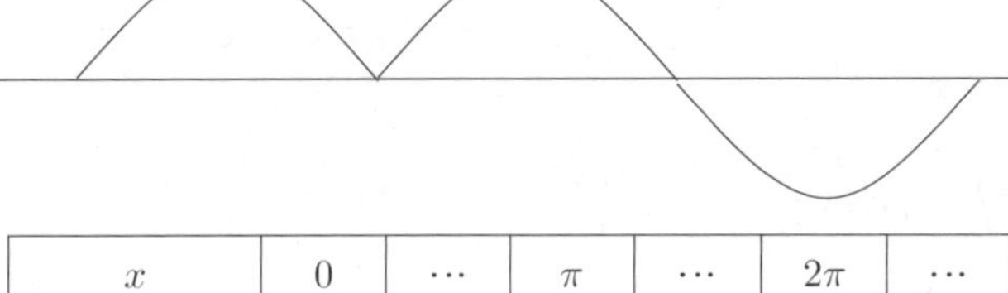

x	0	$\cdots$	π	$\cdots$	2π	$\cdots$
$f'(x)$		$+$		$+$		$+$

함수 $f(t)$는 증가, 증가, 증가이므로 $f(0)<f(2\pi)$ 성립된다.

$$f(3\pi)=f(0)+a=a$$

$$=\int_0^{3\pi}f'(t)dt=\int_0^{\pi}f'(t)dt+\int_{\pi}^{2\pi}f'(t)dt$$

$$+\int_{2\pi}^{3\pi}f'(t)dt$$

$$=\int_0^{\pi}\sin t\,dt+\int_{\pi}^{2\pi}(-\sin t)dt+\int_{2\pi}^{3\pi}\sin t\,dt$$

$$=2+2+2=6$$이므로 a의 조건을 벗어난다.

iv) $f'(x)=\sin x,\ f'(x)=-\sin x,\ f'(x)=-\sin x$ 인 경우

x	0	$\cdots$	π	$\cdots$	2π	$\cdots$
$f'(x)$		$+$		$+$		$-$

함수 $f(t)$는 증가, 증가, 감소 모양으로 $f(0)<f(2\pi)$ 가 되어서 조건을 만족시킨다.

$$f(3\pi)=f(0)+a=a$$

$$=\int_0^{3\pi}f'(t)dt=\int_0^{\pi}f'(t)dt+\int_{\pi}^{2\pi}f'(t)dt$$

$$+\int_{2\pi}^{3\pi}f'(t)dt$$

$$=\int_0^{\pi}\sin t\,dt+\int_{\pi}^{2\pi}(-\sin t)dt+\int_{2\pi}^{3\pi}(-\sin t)dt$$

$$=2+2-2=2$$

그러므로 $f(3\pi)=f(0)+a$를 만족하는 $a=2$ 이다.

이제 구간별 함수 $f(x)$를 구해보면 구간 $[0,\ \pi)$에서

$f(x)=-\cos x+1$ 이고

구간 $[\pi,\ 3\pi)$에서 $f(x)=\cos x+3$임을 알 수 있다.

따라서

$$\int_{6\pi}^{\frac{19\pi}{2}} f(t)dt = \int_{6\pi}^{\frac{19\pi}{2}} \{f(t-3\pi)+2\}dt$$

$$= \int_{3\pi}^{\frac{13\pi}{2}} \{f(t)+2\}dt$$

$$= \int_{3\pi}^{\frac{13\pi}{2}} \{f(t-3\pi)+4\}dt$$

$$= \int_{0}^{\frac{7\pi}{2}} \{f(t)+4\}dt$$

$$= \int_{0}^{3\pi} f(t)dt + \int_{3\pi}^{\frac{7\pi}{2}} f(t)dt + 14\pi$$

이고

$$\int_{0}^{3\pi} f(t)dt = \int_{0}^{\pi} f(t)dt + \int_{\pi}^{3\pi} f(t)dt$$

$$= \int_{0}^{\pi} (-\cos t+1)\,dt + \int_{\pi}^{3\pi} (\cos t+3)\,dt$$

$$= 7\pi$$

$$\int_{3\pi}^{\frac{7\pi}{2}} f(t)dt = \int_{3\pi}^{\frac{7\pi}{2}} \{f(t-3\pi)+2\}dt$$

$$= \int_{0}^{\frac{\pi}{2}} \{f(t)+2\}dt$$

$$= \int_{0}^{\frac{\pi}{2}} (-\cos t+1)\,dt + \pi = \frac{3\pi}{2} - 1$$

이므로

$$\int_{6\pi}^{\frac{19\pi}{2}} f(t)dt = 7\pi + \left(\frac{3\pi}{2}-1\right) + 14\pi = \frac{45}{2}\pi - 1$$

이다.

따라서 $a \times \int_{6\pi}^{\frac{19\pi}{2}} f(t)dt = 2 \times \left(\frac{45}{2}\pi-1\right) = 45\pi - 2$

이다.

83 정답 18

[출제자 : 김종렬T]

[검토자 : 최수영T]

$f_n(x) = \int_{0}^{\frac{\pi}{2}} (x\sin t+\cos 2nt)^2\,dt$ 에서

$f_1(x) = \int_{0}^{\frac{\pi}{2}} (x\sin t+\cos 2t)^2\,dt$

$$= x^2\int_{0}^{\frac{\pi}{2}} (\sin^2 t)dt + 2x\int_{0}^{\frac{\pi}{2}} \sin t\cos 2t\,dt$$

$$+ \int_{0}^{\frac{\pi}{2}} (\cos^2 2t)dt \quad \cdots\cdots \; \bigcirc$$

$$= \frac{\pi}{4}x^2 - \frac{2}{3}x + \frac{\pi}{4} \text{ 이다.}$$

$f_1(x) \geq cx^2$, $\left(\frac{\pi}{4}-c\right)x^2 - \frac{2}{3}x + \frac{\pi}{4} \geq 0$ 을 만족하는 c의 최댓값을 구하려면 판별식 $D \leq 0$ 이
어야 한다.

$$\frac{1}{9} - \frac{\pi}{4}\left(\frac{\pi}{4}-c\right) \leq 0, \quad \frac{4}{9\pi} \leq \frac{\pi}{4} - c$$

$$\therefore c \leq \frac{9\pi^2 - 16}{36\pi}$$

따라서 $k = \dfrac{9\pi^2 - 16}{36\pi}$

$f_n(x) = \int_{0}^{\frac{\pi}{2}} (x\sin t+\cos 2nt)^2\,dt$

$$= x^2\int_{0}^{\frac{\pi}{2}} \sin^2 t\,dt + 2x\int_{0}^{\frac{\pi}{2}} (\sin t\cos 2nt)\,dt$$

$$+ \int_{0}^{\frac{\pi}{2}} \cos^2 2nt\,dt$$

여기에서

$\int_{0}^{\frac{\pi}{2}} (\sin t\cos 2nt)\,dt$ 의 값은 부분적분을 2번 사용하여

$\dfrac{1}{1-4n^2}$ 을 알 수 있다.

또한

$$\int_{0}^{\frac{\pi}{2}} \cos^2 2nt\,dt = \int_{0}^{\frac{\pi}{2}} \left(\frac{1+\cos 4nt}{2}\right)dt = \left[\frac{1}{2}t + \frac{\sin 4nt}{8n}\right]_{0}^{\frac{\pi}{2}}$$

$$= \frac{\pi}{4}$$

이다.

$f_n(x) = \dfrac{\pi}{4}x^2 + \dfrac{2}{1-4n^2}x + \dfrac{\pi}{4}$ 이므로

$f_n{}'(x) = \dfrac{\pi}{2}x + \dfrac{2}{1-4n^2}$ 이다.

$g_n{}'(x) = f_n{}'(x) - 2kx = \left(\dfrac{\pi}{2}-2k\right)x + \dfrac{1}{2n+1} - \dfrac{1}{2n-1} = 0$

$$x = -\frac{\dfrac{1}{2n+1} - \dfrac{1}{2n-1}}{\dfrac{\pi}{2} - 2k} = a_n$$

$$\therefore \lim_{n\to\infty} S_n = \lim_{n\to\infty} \frac{1}{2k - \dfrac{\pi}{2}} \sum_{k=1}^{n} \left\{\frac{1}{2n+1} - \frac{1}{2n-1}\right\} = \frac{9\pi}{8}$$

$$\therefore \frac{16}{\pi} \times m = \frac{16}{\pi} \times \frac{9\pi}{8} = 18$$

[랑데뷰팁]-㉠ 설명

① $\int_{0}^{\frac{\pi}{2}} \sin^2 t\,dt = \int_{0}^{\frac{\pi}{2}} \sin t\sin t\,dt$

$$= \left[\sin t(-\cos t)\right]_{0}^{\frac{\pi}{2}} + \int_{0}^{\frac{\pi}{2}} \cos^2 t\,dt$$

$$\rightarrow \int_0^{\frac{\pi}{2}} \sin^2 t\, dt = \int_0^{\frac{\pi}{2}} \cos^2 t\, dt \rightarrow$$

$$\int_0^{\frac{\pi}{2}} \sin^2 t\, dt = \int_0^{\frac{\pi}{2}} (1-\sin^2 t)\, dt$$

$$\rightarrow \int_0^{\frac{\pi}{2}} 2\sin^2 t\, dt = \int_0^{\frac{\pi}{2}} dt \rightarrow$$

$$2\int_0^{\frac{\pi}{2}} \sin^2 t\, dt = \Big[\, t \,\Big]_0^{\frac{\pi}{2}} = \frac{\pi}{2}$$

$$\therefore \int_0^{\frac{\pi}{2}} \sin^2 t\, dt = \frac{\pi}{4}$$

②

$$\int_0^{\frac{\pi}{2}} \sin^2 t\, dt = \int_0^{\frac{\pi}{2}} \left(\frac{1-\cos 2t}{2}\right) dt = \left[\frac{1}{2}t - \frac{\sin 2t}{4}\right]_0^{\frac{\pi}{2}}$$

$$= \frac{\pi}{4} \ \text{(반각공식 이용)}$$

84 정답 42

[출제자 : 김진성T]

[검토자 : 강동희T]

$f(x) = (\,|\,x-1\,|\,-t)e^x = \begin{cases} (x-1-t)e^x & (x \geq 1) \\ (-x+1-t)e^x & (x < 1) \end{cases}$ 이고

$F'(x) = f(x)$ 이므로

$F(x) = \begin{cases} (x-2-t)e^x + C_1 & (x \geq 1) \\ (-x+2-t)e^x + C_2 & (x < 1) \end{cases}$ 이고,

함수 $F(x)$는 연속이므로 $C_2 = C_1 - 2e$ 이다.

또 함수 $m(t)$는 $F(0) = (2-t) + C_1 - 2e$ 의 최솟값을

의미한다.

새로운 함수 $g(x) = F(x) + f(x)$라 하면

$$g(x) = F(x) + f(x) =$$
$$\begin{cases} (2x-3-2t)e^x + C_1 & (x \geq 1) \\ (-2x+3-2t)e^x + C_1 - 2e & (x < 1) \end{cases}$$

$$g'(x) = F'(x) + f'(x) = f(x) + f'(x) =$$
$$\begin{cases} (2x-1-2t)e^x & (x > 1) \\ (-2x+1-2t)e^x & (x < 1) \end{cases}$$

이므로 $g'(x) = 0$일 때 기준으로 보면 $\frac{1}{2} - t < 1$ 는 항상

성립하므로

$\frac{1}{2} + t < 1$ 와 $\frac{1}{2} + t \geq 1$ 로 나눠서 생각할 수 있다.

(i) $0 < t < \frac{1}{2}$일 때, $\displaystyle\lim_{x \to -\infty} xe^x = 0$ 이므로

$(-\infty, \frac{1}{2} - t)$에서 $g'(x) > 0$, $(\frac{1}{2} - t, 1)$에서 $g'(x) < 0$

, $(1, \infty)$에서 $g'(x) > 0$ 이므로 $g(x)$는 극솟값 $g(1)$을

가진다.

따라서 $\displaystyle\lim_{x \to -\infty} g(x) \geq 0$이고 $g(1) \geq 0$을 만족해야 되므로

$\displaystyle\lim_{x \to -\infty} g(x) = C_1 - 2e \geq 0$ 이고

$g(1) = (-1-2t)e + C_1 \geq 0$ 가 되어서

$C_1 \geq 2e$ 와 $C_1 \geq (1+2t)e$ 를 얻을 수 있다.

(ii) $\frac{1}{2} \leq t$일 때, $\displaystyle\lim_{x \to -\infty} xe^x = 0$ 이므로 $(-\infty, \frac{1}{2} - t)$에서

$g'(x) > 0$, $(\frac{1}{2} - t, \frac{1}{2} + t)$에서 $g'(x) < 0$

, $(\frac{1}{2} + t, \infty)$에서

$g'(x) > 0$ 이므로 $g(x)$는 극솟값 $g\left(\frac{1}{2} + t\right)$을 가진다.

따라서 $\displaystyle\lim_{x \to -\infty} g(x) \geq 0$이고 $g\left(\frac{1}{2} + t\right) \geq 0$을 만족해야

되므로

$$\lim_{x \to -\infty} g(x) = C_1 - 2e \geq 0 \ \text{이고} \ g\left(\frac{1}{2} + t\right) = -2e^{\frac{1}{2}+t} + C_1$$

≥ 0 가 되어서 $C_1 \geq 2e$ 와 $C_1 \geq 2e^{\frac{1}{2}+t}$ 를 얻을 수 있다.

즉,

$0 < t < \frac{1}{2}$ 인 경우,

$C_1 \geq 2e$ 와 $C_1 \geq (1+2t)e$ 일 때 동시에 만족하는 C_1의

최솟값은 $2e$이므로 $F(0) = 2 - t + C_1 - 2e \geq 2 - t$ 가 되어

$m(t) = 2 - t$ 이다.

$\frac{1}{2} \leq t$ 인 경우, $C_1 \geq 2e$ 와 $C_1 \geq 2e^{\frac{1}{2}+t}$ 일 때 동시에

만족하는 C_1의 최솟값은 $2e^{\frac{1}{2}+t}$ 이므로

$F(0) = 2 - t + C_1 - 2e \geq 2 - t + 2e^{\frac{1}{2}+t} - 2e$ 가 되어

$m(t) = 2 - t + 2e^{\frac{1}{2}+t} - 2e$ 이다.

따라서

$m\left(\frac{1}{3}\right) = 2 - \frac{1}{3} = \frac{5}{3}$ 이고 $m\left(\frac{3}{2}\right) = \frac{1}{2} + 2e^2 - 2e$ 이므로

$m\left(\frac{3}{2}\right) - m\left(\frac{1}{3}\right) = 2e^2 - 2e - \frac{7}{6}$ 가 되어서

$p = 2$, $q = -2$, $r = -\frac{7}{6}$ 이고

$-36(p+q+r) = -36 \times \left(-\frac{7}{6}\right) = 42$ 이다.

85 정답 2

$|x| > \frac{1}{n}$ 이면 $g(nx) = 0$이므로

$\displaystyle\int_{-1}^{1} g(nx)f(x)\, dx = \int_{-\frac{1}{n}}^{\frac{1}{n}} g(nx)f(x)\, dx$ 이고

$|x| \leq \frac{1}{n}$ 이면 $g(nx) = \dfrac{\cos(n\pi x) + 1}{2} \geq 0$ 이고

$m \leq f(x) \leq M$이므로

$$n\int_{-\frac{1}{n}}^{\frac{1}{n}} g(nx)\, m\, dx \leq n\int_{-\frac{1}{n}}^{\frac{1}{n}} g(nx) f(x)\, dx \leq n\int_{-\frac{1}{n}}^{\frac{1}{n}} g(nx) M\, dx$$

이다.

$n\int_{-\frac{1}{n}}^{\frac{1}{n}} g(nx)dx = 1$이므로

$m \leq n\int_{-1}^{1} g(nx) f(x)\, dx \leq M$이다. $\cdots$ ㉠

따라서 $p=1$이다.

한편, $K(x) = \ln(1+e^{x+1})$, $(g(nx))' = h(nx)$이므로

$$n^2 \int_{-1}^{1} h(nx)\ln(1+e^{x+1})\,dx$$

$$= n^2 \int_{-\frac{1}{n}}^{\frac{1}{n}} h(nx) K(x)\,dx$$

$$= n^2\left\{\left[\frac{g(nx)}{n}K(x)\right]_{-\frac{1}{n}}^{\frac{1}{n}} - \int_{-\frac{1}{n}}^{\frac{1}{n}} \frac{g(nx)}{n}K'(x)\,dx\right\}$$

$$= -n\int_{-1}^{1} g(nx)K'(x)\,dx$$

$K'(x) = 1 - \dfrac{1}{1+e^{x+1}}$ 이고

$K''(x) = \dfrac{e^{x+1}}{(1+e^{x+1})^2}$ 에서 $K''(x) \geq 0$이므로 $K'(x)$는

증가함수이다.

$|x| \leq \dfrac{1}{n}$ 에서 $K'\left(-\dfrac{1}{n}\right) \leq K'(x) \leq K'\left(\dfrac{1}{n}\right)$을 만족한다.

따라서 ㉠에 의하여

$K'\left(-\dfrac{1}{n}\right) \leq n\int_{-1}^{1} g(nx)K'(x)\,dx \leq K'\left(\dfrac{1}{n}\right)$이다.

$\lim\limits_{n\to\infty}K'\left(-\dfrac{1}{n}\right) = \lim\limits_{n\to\infty}K'\left(\dfrac{1}{n}\right) = \dfrac{e}{1+e}$이므로

$-n\int_{-1}^{1} g(nx)K'(x)\,dx = -\dfrac{e}{e+1}$이다.

$\alpha = -\dfrac{e}{e+1}$이므로 $\dfrac{3(e+1)}{e}\alpha + 5p = -3+5 = 2$

86 정답 32

[그림 : 최성훈T]

$f(x) = \begin{cases}(x-k)e^x & (x<0)\\(x-k)e^{-x} & (x\geq 0)\end{cases}$ 이고 $F'(x) = f(x)$이므로

$$F(x) = \begin{cases}(x-k)e^x - e^x + C_1 & (x<0)\\(x-k)(-e^{-x})-(e^{-x})+C_2 & (x\geq 0)\end{cases}$$

$$= \begin{cases}(x-k-1)e^x + C_1 & (x<0)\\(-x+k-1)e^{-x}+C_2 & (x\geq 0)\end{cases}$$

함수 $F(x)$가 $x=0$에서 연속이므로

$-k-1+C_1 = k-1+C_2 \to C_2 = C_1 - 2k$이다.

C_1을 C라 하면 $F(0) = C-k-1$ $\cdots\cdots$ ㉠

$$F(x) = \begin{cases}(x-k-1)e^x + C & (x<0)\\(-x+k-1)e^{-x}+C-2k & (x\geq 0)\end{cases}$$

$$F(x)+f(x) = \begin{cases}(2x-2k-1)e^x + C & (x<0)\\-e^{-x}+C-2k & (x\geq 0)\end{cases}$$

$h(x) = F(x)+f(x)$라 하면

$$h(x) = \begin{cases}(2x-2k-1)e^x + C & (x<0)\\-e^{-x}+C-2k & (x\geq 0)\end{cases}$$

$\lim\limits_{x\to-\infty}h(x) = C$, $\lim\limits_{x\to\infty}h(x) = C-2k$ $\cdots\cdots$ ㉡

$$h'(x) = \begin{cases}(2x-2k+1)e^x & (x<0)\\e^{-x} & (x>0)\end{cases}$$

$2x-2k+1 = 0$에서 $x = k-\dfrac{1}{2}$이고 $e^{-x} > 0$이다.

(i) $\dfrac{1}{2} < k < \dfrac{3}{2}$일 때,

함수 $h'(x)$와 함수 $h(x)$의 그래프 개형은 그림과 같다.

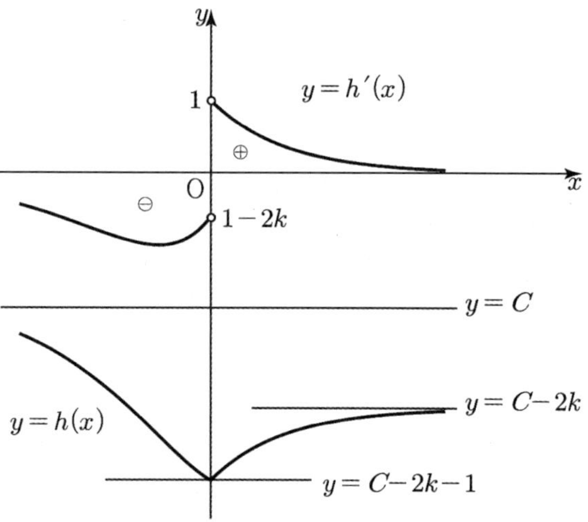

따라서 함수 $h(x)$는 $x=0$에서 극솟값 $h(0)=C-2k-1$을 갖고 그 값이 최솟값이다.

$C-2k-1 \geq 0 \to C \geq 2k+1$

㉠에서 $F(0) = C-k-1$이므로 $F(0) \geq k$

따라서 $g_1(k) = k$

한편, ㉡에서 $C \leq 4$이므로 $F(0) \leq 3-k$

따라서 $g_2(k) = 3-k$

(ii) $0 < k \leq \dfrac{1}{2}$일 때,

함수 $h'(x)$와 함수 $h(x)$의 그래프 개형은 그림과 같다.

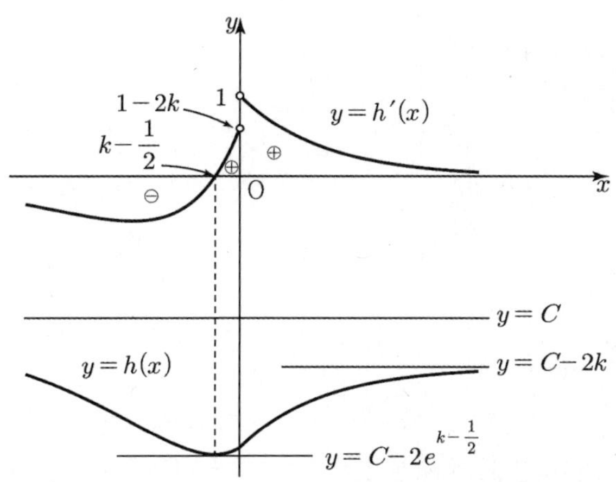

따라서 함수 $h(x)$는 $x = k - \dfrac{1}{2}$에서

극솟값 $h\left(k - \dfrac{1}{2}\right) = -2e^{k-\frac{1}{2}} + C$을 갖고 그 값이 최솟값이다.

$C - 2e^{k-\frac{1}{2}} \geq 0 \to C \geq 2e^{k-\frac{1}{2}}$

㉠에서 $F(0) = C - k - 1$이므로 $F(0) \geq 2e^{k-\frac{1}{2}} - k - 1$

따라서 $g_1(k) = 2e^{k-\frac{1}{2}} - k - 1$

한편, ㉡에서 $C \leq 4$이므로 $F(0) \leq 3 - k$

따라서 $g_2(k) = 3 - k$

(i), (ii)에서

$$g_1(k) = \begin{cases} k & \left(\dfrac{1}{2} < k < \dfrac{3}{2}\right) \\ 2e^{k-\frac{1}{2}} - k - 1 & \left(0 < k \leq \dfrac{1}{2}\right) \end{cases}, \quad g_2(k) = 3 - k$$

$$\left(0 < k < \dfrac{3}{2}\right)$$

$g_1\left(\dfrac{1}{4}\right) = 2e^{-\frac{1}{4}} - \dfrac{5}{4}$, $g_1\left(\dfrac{1}{2}\right) = \dfrac{1}{2}$, $g_2\left(\dfrac{5}{4}\right) = \dfrac{7}{4}$이므로

$g_1\left(\dfrac{1}{4}\right) - g_1\left(\dfrac{1}{2}\right) + g_2\left(\dfrac{5}{4}\right) = 2e^{-\frac{1}{4}}$이다.

$p = 2$, $q = -\dfrac{1}{4}$이므로 $\dfrac{p}{q^2} = \dfrac{2}{\dfrac{1}{16}} = 32$

87 정답 15

[출제자 : 이소영T]
[그림 : 배용제T]
[검토자 : 서영만T]

두 함수의 교점의 y좌표가 $g(t)$이므로 교점의 좌표를 $(s, g(t))$ $(s > 0)$으로 놓을 수 있다.

이 점은 두 곡선 위의 점이므로

$f(s) = te^{-s} = g(t)$이다. $\cdots\cdots$ ①

$s = \ln 3$일 때 $f(\ln 3) = te^{-\ln 3} = \dfrac{t}{3} = 2$이므로

$t = 6$,

$s = \ln 5$일 때 $f(\ln 5) = te^{-\ln 5} = \dfrac{t}{5} = 1$이므로

$t = 5$이다. $\cdots\cdots$ ②

$\displaystyle\int_5^6 \dfrac{\ln|g(t)|}{t} dt = -6(\ln 2)^2$를 생각해보면

①에서 $g(t) = f(s)$이고, $t = e^s f(s)$이다.

$t = e^s f(s)$의 양변을 t에 대하여 미분하면

$1 = e^s \{ f(s) + f'(s) \} \dfrac{ds}{dt}$이고

②에 의하여 $t = 6$일 때 $s = \ln 3$, $t = 5$일 때 $s = \ln 5$이므로

$\displaystyle\int_5^6 \dfrac{\ln|g(t)|}{t} dt$

$= \displaystyle\int_{\ln 5}^{\ln 3} \dfrac{\ln|f(s)|}{e^s f(s)} \cdot e^s \{ f(s) + f'(s) \} ds$

$= -\displaystyle\int_{\ln 3}^{\ln 5} \ln|f(s)| ds - \int_{\ln 3}^{\ln 5} \ln|f(s)| \cdot \dfrac{f'(s)}{f(s)} ds$

$= -\displaystyle\int_{\ln 3}^{\ln 5} \ln|f(s)| ds - \dfrac{1}{2} \int_{\ln 3}^{\ln 5} 2\ln|f(s)| \cdot \dfrac{f'(s)}{f(s)} ds$

$= -\displaystyle\int_{\ln 3}^{\ln 5} \ln|f(s)| ds - \dfrac{1}{2} \left[(\ln|f(s)|)^2 \right]_{\ln 3}^{\ln 5}$

$= -\displaystyle\int_{\ln 3}^{\ln 5} \ln|f(s)| ds - \dfrac{1}{2} \{ (\ln|f(\ln 5)|)^2 - (\ln|f(\ln 3)|)^2 \}$

$= -\displaystyle\int_{\ln 3}^{\ln 5} \ln|f(s)| ds - \dfrac{1}{2} \{ (\ln 1)^2 - (\ln 2)^2 \}$

$= -\displaystyle\int_{\ln 3}^{\ln 5} \ln|f(s)| ds + \dfrac{1}{2} \cdot (\ln 2)^2$

$-6(\ln 2)^2 = -\displaystyle\int_{\ln 3}^{\ln 5} \ln|f(s)| ds + \dfrac{1}{2} \cdot (\ln 2)^2$이므로

$\displaystyle\int_{\ln 3}^{\ln 5} \ln|f(s)| ds = \dfrac{13}{2} (\ln 2)^2$이다. 따라서

$\displaystyle\int_{\ln 3}^{\ln 5} \ln|f(x)| dx = \dfrac{13}{2} (\ln 2)^2$이고, $p + q = 15$이다.

88 정답 ①

[그림 : 도정영T]
[검토자 : 최혜권T]

두 함수 $f(x) = \sin 2x$, $g(x) = \dfrac{a}{\sin x}$ $(a > 0)$의 그래프가

$x = b$에서 접하기 때문에

$f(b) = g(b)$, $f'(b) = g'(b)$이다.

$\sin 2b = \dfrac{a}{\sin b}$에서 $a = \sin b \sin 2b$이다. $\cdots\cdots$ ㉠

$f'(x) = 2\cos 2x$, $g'(x) = -\dfrac{a\cos x}{\sin^2 x}$에서

$2\cos 2b = -\dfrac{a\cos b}{\sin^2 b}$이다. $\cdots\cdots$ ㉡

㉠, ㉡에서

$2\cos 2b = -\dfrac{\sin b \sin 2b \cos b}{\sin^2 b}$

$$2\cos 2b = -\frac{\sin b\,(2\sin b\cos b)\cos b}{\sin^2 b}$$

$$\cos 2b = -\cos^2 b$$

$$2\cos^2 b - 1 = -\cos^2 b$$

$$\cos^2 b = \frac{1}{3}$$

$$\cos b = \frac{\sqrt{3}}{3} \ \text{또는}\ \cos b = -\frac{\sqrt{3}}{3}$$

㉠에서 $a = \sin b(2\sin b\cos b) = 2\sin^2 b\cos b$

$a > 0$이므로 $\cos b > 0$이다.

따라서 $\cos b = \dfrac{\sqrt{3}}{3}$이고 $\sin b = \dfrac{\sqrt{6}}{3}$

$$\therefore\ a = 2\times\frac{2}{3}\times\frac{\sqrt{3}}{3} = \frac{4}{9}\sqrt{3}$$

그러므로 $g(x) = \dfrac{4\sqrt{3}}{9\sin x}$이다.

그림과 같이 $y = g(x)$와 $y = f(b)$가 만나는 B가 아닌 점 C는 $y = g(x)$가 $x = \dfrac{\pi}{2}$에 대칭이므로 $c = \pi - b$이다.

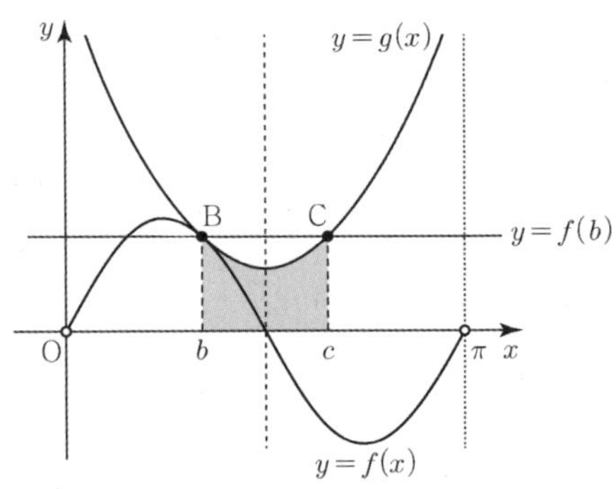

따라서

곡선 $y = g(x)$와 두 직선 $x = b$, $x = c$ 및 x축으로 둘러싸인 부분의 넓이는 다음과 같다.

$$\int_b^c \frac{4\sqrt{3}}{9\sin x}\,dx$$

$$= \frac{4\sqrt{3}}{9}\int_b^{\pi-b}\frac{1}{\sin x}\,dx$$

$$= \frac{4\sqrt{3}}{9}\int_b^{\pi-b}\csc x\,dx$$

$$= \frac{4\sqrt{3}}{9}\Big[-\ln|\csc x + \cot x|\Big]_b^{\pi-b}$$

$$= \frac{4\sqrt{3}}{9}\left[-\ln\left|\frac{1+\cos x}{\sin x}\right|\right]_b^{\pi-b}$$

$$= -\frac{4\sqrt{3}}{9}\left\{\ln\left|\frac{1+\cos(\pi-b)}{\sin(\pi-b)}\right| - \ln\left|\frac{1+\cos b}{\sin b}\right|\right\}$$

$$= -\frac{4\sqrt{3}}{9}\left\{\ln\left|\frac{1-\cos b}{\sin b}\right| - \ln\left|\frac{1+\cos b}{\sin b}\right|\right\}$$

$$= -\frac{4\sqrt{3}}{9}\ln\left|\frac{1-\cos b}{1+\cos b}\right|$$

$$= -\frac{4\sqrt{3}}{9}\ln\left|\frac{1-\dfrac{\sqrt{3}}{3}}{1+\dfrac{\sqrt{3}}{3}}\right|$$

$$= -\frac{4\sqrt{3}}{9}\ln\left|\frac{3-\sqrt{3}}{3+\sqrt{3}}\right|$$

$$= \frac{4\sqrt{3}}{9}\ln\left|\frac{3+\sqrt{3}}{3-\sqrt{3}}\right|$$

$$= \frac{4\sqrt{3}}{9}\ln(2+\sqrt{3})$$

[다른 풀이]—대칭성을 이용한 풀이

$$\frac{4\sqrt{3}}{9}\int_b^{\pi-b}\csc x\,dx$$

$$= 2\times\frac{4\sqrt{3}}{9}\int_b^{\frac{\pi}{2}}\csc x\,dx$$

$$= \frac{8\sqrt{3}}{9}\Big[-\ln|\csc x + \cot x|\Big]_b^{\frac{\pi}{2}}$$

$$= \frac{8\sqrt{3}}{9}\left[-\ln\left|\frac{1+\cos x}{\sin x}\right|\right]_b^{\frac{\pi}{2}}$$

$$= \frac{4\sqrt{3}}{9}\ln(2+\sqrt{3})$$

89 정답 10

[그림 : 서태욱T]
[검토자 : 오세준T]

$f(x) = ax + b$라 하면 $f'(x) = a$이다.

$g(x) = f(x)e^{\int_0^x f(t)dt}$ 의 양변을 x에 대하여 미분하면

$$g'(x) = f'(x)e^{\int_0^x f(t)dt} + \{f(x)\}^2 e^{\int_0^x f(t)dt}$$

(가)에서 함수 $g(x)$의 최댓값이 $g(0)$이므로 함수 $g(x)$는 $x = 0$에서 극댓값을 갖는다. $\cdots\cdots$ ㉠

$$g'(0) = f'(0) + \{f(0)\}^2 = a + b^2 = 0$$

$$\therefore\ a = -b^2$$

$$f(x) = -b^2 x + b$$

$$\int_0^x f(t)dt = \int_0^x (-b^2 t + b)dt = \left[-\frac{b^2}{2}t^2 + bt\right]_0^x$$

$$= -\frac{b^2}{2}x^2 + bx$$

따라서 $g(x) = (-b^2 x + b)e^{-\frac{b^2}{2}x^2 + bx}$이다.

$$g'(x) = -b^2 e^{-\frac{b^2}{2}x^2 + bx} + (-b^2 x + b)^2 e^{-\frac{b^2}{2}x^2 + bx}$$

$$= b^3 x(bx - 2)e^{-\frac{b^2}{2}x^2 + bx}$$

방정식 $g'(x) = 0$의 해는 $x = 0$, $x = \dfrac{2}{b}$이다.

㉠에서 $x = 0$에서 극대이므로 $x = \dfrac{2}{b}$에서 극소이고 $b > 0$임을

알 수 있다.

극댓값은 $g(0)=b$, 극솟값은 $g\left(\dfrac{2}{b}\right)=-b$이다.

방정식 $g(x)=0$의 해는 $x=\dfrac{1}{b}$이다.

함수 $g(x)$와 $|g(x)|$의 그래프는 다음과 같다.

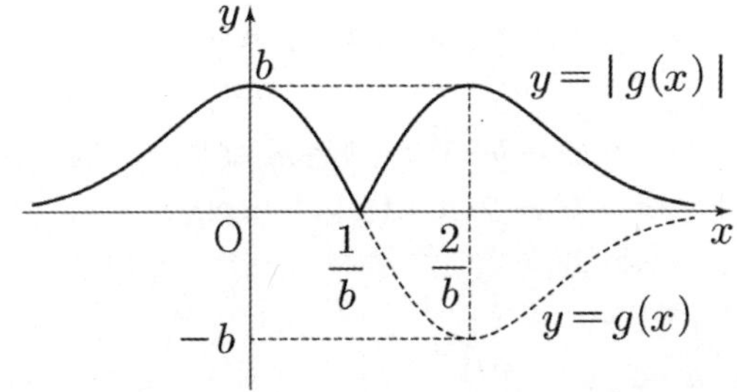

(나)에서 방정식 $|g(x)|=k$의 서로 다른 실근의 개수를 $h(k)$는

$$h(k)=\begin{cases} 0\,(k<0,\,k>b) \\ 1\,(k=0) \\ 4\,(0<k<b) \\ 2\,(k=b) \end{cases}$$

이다.

따라서 함수 $h(k)$는 $k=0$일 때와 $k=b$일 때 불연속이다.

그러므로 $0+b=2$에서 $b=2$이다.

$\therefore\ f(x)=-4x+2$

$f(-2)=8+2=10$이다.

90 정답 ①

$x=t-\sin t,\ y=1-\cos t\ (0<t<2\pi)$에서

$\dfrac{dx}{dt}=1-\cos t,\quad \dfrac{dy}{dt}=\sin t$

$\dfrac{dy}{dx}=\dfrac{\sin t}{1-\cos t}$

$t=a$일 때, 접점은 $(a-\sin a,\,1-\cos a)$이고 접선의 기울기는

$\dfrac{\sin a}{1-\cos a}$이다.

따라서 직선 l의 방정식은

$y=\dfrac{\sin a}{1-\cos a}(x-a+\sin a)+1-\cos a$

$\quad =\dfrac{\sin a}{1-\cos a}x+\dfrac{\sin a(-a+\sin a)}{1-\cos a}+1-\cos a$

$\quad =\dfrac{\sin a}{1-\cos a}x+\dfrac{-a\sin a+\sin^2 a+1-2\cos a+\cos^2 a}{1-\cos a}$

$\quad =\dfrac{\sin a}{1-\cos a}x+\dfrac{-a\sin a+2(1-\cos a)}{1-\cos a}$

$\quad =\dfrac{\sin a}{1-\cos a}x+\dfrac{-a\sin a}{1-\cos a}+2$

$f(a)=\dfrac{-a\sin a}{1-\cos a}+2$

$f'(a)=\dfrac{(-\sin a-a\cos a)(1-\cos a)+a\sin a(\sin a)}{(1-\cos a)^2}$

$\quad =\dfrac{-\sin a+\sin a\cos a-a\cos a+a\cos^2 a+a\sin^2 a}{(1-\cos a)^2}$

$\quad =\dfrac{-\sin a+\sin a\cos a-a\cos a+a}{(1-\cos a)^2}$

$\quad =\dfrac{-\sin a(1-\cos a)+a(1-\cos a)}{(1-\cos a)^2}$

$\quad =\dfrac{a-\sin a}{1-\cos a}$

$\displaystyle\int_{\frac{\pi}{3}}^{\frac{2\pi}{3}}(1-\cos a)f'(a)\,da$

$\displaystyle =\int_{\frac{\pi}{3}}^{\frac{2\pi}{3}}(a-\sin a)\,da$

$\displaystyle =\left[\dfrac{1}{2}a^2+\cos a\right]_{\frac{\pi}{3}}^{\frac{2\pi}{3}}$

$\displaystyle =\dfrac{1}{2}\left(\dfrac{4}{9}\pi^2-\dfrac{1}{9}\pi^2\right)+\left(-\dfrac{1}{2}-\dfrac{1}{2}\right)$

$\displaystyle =\dfrac{\pi^2}{6}-1$

91 정답 ④

$\displaystyle\int_0^x \sqrt{1+\left(\dfrac{d}{dt}f(t)\right)^2}\,dt$에서 $t=f^{-1}(s)$라 하면

$t:0\to x$일 때, $s:0\to f(x)$이고 $dt=\dfrac{d}{ds}f^{-1}(s)$이다.

따라서

$\displaystyle\int_0^x \sqrt{1+\left(\dfrac{d}{dt}f(t)\right)^2}\,dt$

$\displaystyle =\int_0^{f(x)} \sqrt{1+\left(\dfrac{1}{\frac{d}{ds}f^{-1}(s)}\right)^2}\left(\dfrac{d}{ds}f^{-1}(s)\right)ds$

$\displaystyle =\int_0^{f(x)} \sqrt{\left(\dfrac{d}{ds}f^{-1}(s)\right)^2+1}\,ds$

그러므로

$\displaystyle g(x)=\int_0^x \sqrt{1+\left(\dfrac{d}{dt}f^{-1}(t)\right)^2}\,dt-\int_0^x \sqrt{1+\left(\dfrac{d}{dt}f(t)\right)^2}\,dt$

$\displaystyle =\int_0^x \sqrt{1+\left(\dfrac{d}{dt}f^{-1}(t)\right)^2}\,dt-\int_0^{f(x)} \sqrt{1+\left(\dfrac{d}{ds}f^{-1}(s)\right)^2}\,ds$

$\displaystyle =\int_{f(x)}^x \sqrt{1+\left(\dfrac{d}{dt}f^{-1}(t)\right)^2}\,dt$

에서 $g(3)=0$이므로

(i) $f(3)<3$이면

$\displaystyle g(3)=\int_{f(3)}^3 \sqrt{1+\left(\dfrac{d}{dt}f^{-1}(t)\right)^2}\,dt$

$\displaystyle \geq\int_{f(3)}^3 1\,dt=3-f(3)>0$ (모순)

(ii) $f(3) > 3$이면

$$y(3) = \int_{f(3)}^{3} \sqrt{1 + \left(\frac{d}{dt}f^{-1}(t)\right)^2}\, dt$$

$$= -\int_{3}^{f(3)} \sqrt{1 + \left(\frac{d}{dt}f^{-1}(t)\right)^2}\, dt$$

$$\leq -\int_{3}^{f(3)} 1\, dt = -\{f(3) - 3\} < 0 \ (\text{모순})$$

따라서 $f(3) = 3$이다.

그러므로 $f^{-1}(3) = 3$

한편,

$$g'(x) = \sqrt{1 + \left(\frac{d}{dx}f^{-1}(x)\right)^2} - \sqrt{1 + \left(\frac{d}{dx}f(x)\right)^2}$$

$g'(3) = 0$이므로 $\left(\dfrac{d}{dx}f^{-1}(3)\right)^2 = \left(\dfrac{d}{dx}f(3)\right)^2$

역함수의 도함수 성질에서 $(f^{-1})'(3) = \dfrac{1}{f'(3)}$이므로

$(f^{-1})'(3) = f'(3) = \pm 1$이다. $f'(x) > 0$이므로 $f'(3) = 1$

그러므로 $f'(3) + f^{-1}(3) = 1 + 3 = 4$

92 정답 1

[그림 : 서태욱T]

두 정수 a, b에 대하여 함수 $h(x)$를 $h(x) = \dfrac{x+b}{x^2+a}$라 하면

$g(x) = h(f(x))$이다.

$$h'(x) = \frac{x^2+a-(x+b)\times 2x}{(x^2+a)^2} = -\frac{x^2+2bx-a}{(x^2+a)^2}$$

삼차함수 $f(x)$의 극솟값을 k, 극댓값을 $k+2$라 하자.

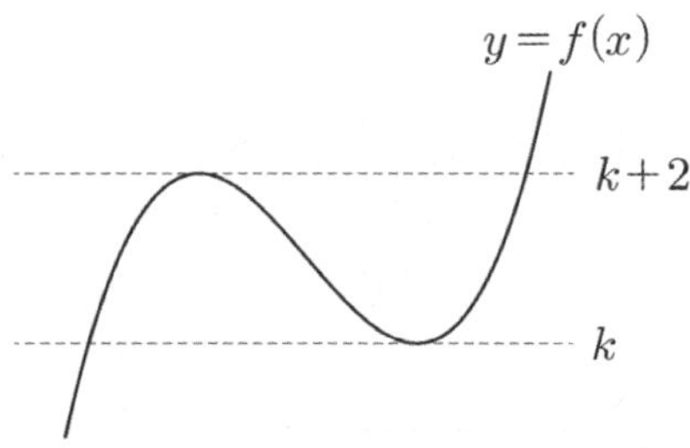

$n(t) = 2$가 되도록 하는 실수 t의 개수가 2가 되기 위해서는
다음 그림과 같이 속함수의 극댓값과 극솟값이 겉함수의 극대,
극소가 되는 지점에 대응되어야 한다.

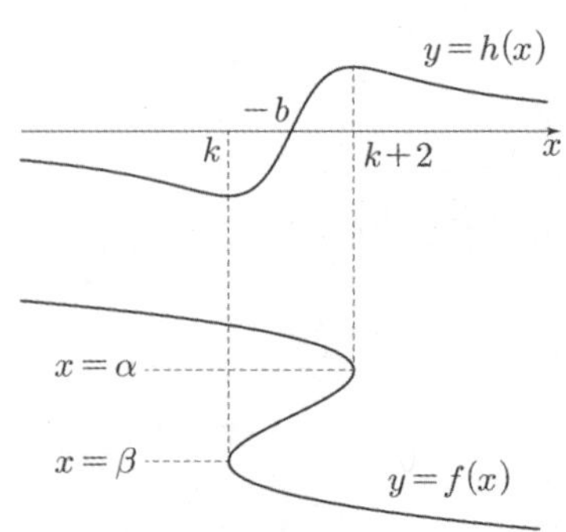

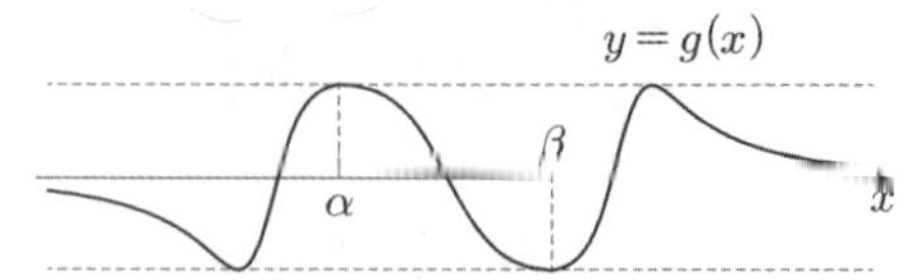

따라서 $h'(x) = 0$의 해는 $x^2 + 2bx - a = 0$의 해이고
$x^2 + 2bx - a = 0$의 두 실근이 k, $k+2$이다.

따라서

$2k + 2 = -2b \Rightarrow k = -b - 1$에서 k는 정수이다. $\cdots\cdots$ ㉠

$k(k+2) = -a \Rightarrow k(k+2) < 0 \ (\because a > 0)$이므로

$-2 < k < 0 \cdots\cdots$ ㉡

㉠, ㉡에서 $k = -1$

그러므로 $a = 1$, $b = 0$이다.

$a + b = 1$이다.

93 정답 ①

[그림 : 최성훈T]

$\overline{BP} = \overline{PQ} = \overline{QR}$이므로 $\overset{\frown}{BP} = \overset{\frown}{PQ} = \overset{\frown}{QR}$이다.

$\overset{\frown}{PR} = 2\overset{\frown}{BP}$이므로 $\angle PAR = 2\theta$이고 $\angle BAR = 3\theta$이다.

직각삼각형 ABR에서 $\overline{AR} = 2\cos 3\theta$이다.

삼각형 RAP에서 사인법칙을 적용하면

$$\frac{\overline{PR}}{\sin 2\theta} = 2 \rightarrow \overline{PR} = 2\sin 2\theta$$

사각형 $ABPR$이 원에 내접하고 $\angle ABP = \dfrac{\pi}{2} - \theta$이므로

$\angle ARP = \dfrac{\pi}{2} + \theta$이다.

따라서 삼각형 APR의 넓이

$$f(\theta) = \frac{1}{2} \times \overline{AR} \times \overline{PR} \times \sin(\angle ARP)$$

$$= \frac{1}{2} \times 2\cos 3\theta \times 2\sin 2\theta \times \sin\left(\frac{\pi}{2} + \theta\right)$$

$$= 2\cos 3\theta \sin 2\theta \cos\theta$$

$$\therefore \{f(\theta)\}^2 = 4\cos^2 3\theta \sin^2 2\theta \cos^2\theta \ \cdots\cdots$$ ㉠

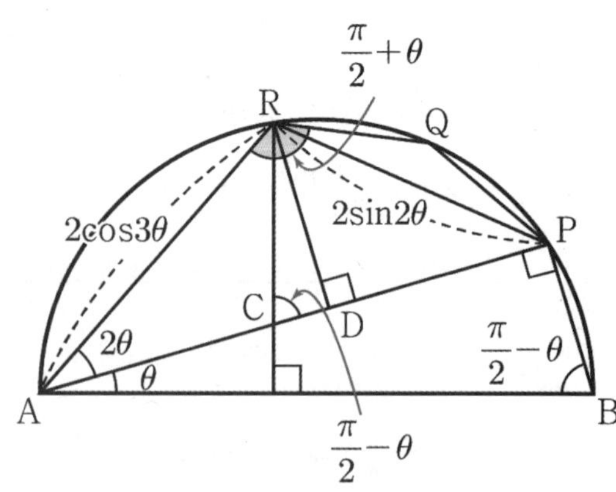

점 R에서 선분 AB에 내린 수선의 발을 E라 하면
사각형 $CEBP$에서

$\angle \text{PBE} = \dfrac{\pi}{2} - \theta$이므로 $\angle \text{ECP} = \dfrac{\pi}{2} + \theta$이다.

따라서 $\angle \text{RCD} = \dfrac{\pi}{2} - \theta$, $\angle \text{CRD} = \theta$

직각삼각형 ADR에서

$$\overline{DR} = \overline{AR} \times \sin 2\theta = 2\cos 3\theta \sin 2\theta$$

직각삼각형 RCD에서

$$\overline{CD} = \overline{DR} \times \tan\theta = 2\cos 3\theta \sin 2\theta \tan\theta$$

따라서 삼각형 CDR의 넓이는

$$g(\theta) = \dfrac{1}{2} \times \overline{DR} \times \overline{CD}$$

$$= \dfrac{1}{2} \times 2\cos 3\theta \sin 2\theta \times 2\cos 3\theta \sin 2\theta \tan\theta$$

$$= 2\cos^2 3\theta \sin^2 2\theta \tan\theta \quad \cdots\cdots \ ⓛ$$

㉠, ㉡에서 $\dfrac{g(\theta)}{\{f(\theta)\}^2} = \dfrac{\tan\theta}{2\cos^2\theta} = \dfrac{\sin\theta}{2\cos^3\theta}$

그러므로

$$\int_0^{\frac{\pi}{6}} \dfrac{g(\theta)}{\{f(\theta)\}^2} d\theta$$

$$= \int_0^{\frac{\pi}{6}} \dfrac{\sin\theta}{2\cos^3\theta} d\theta$$

$\cos\theta = x$라 하면 $-\sin\theta = \dfrac{dx}{d\theta}$

$\theta : 0 \to \dfrac{\pi}{6}$일 때, $x : 1 \to \dfrac{\sqrt{3}}{2}$

$$= \int_1^{\frac{\sqrt{3}}{2}} \dfrac{-1}{2x^3} dx$$

$$= \int_{\frac{\sqrt{3}}{2}}^{1} \dfrac{1}{2x^3} dx$$

$$= \left[-\dfrac{1}{4x^2} \right]_{\frac{\sqrt{3}}{2}}^{1}$$

$$= -\dfrac{1}{4} + \dfrac{1}{3} = \dfrac{1}{12}$$

94 정답 ②

[그림 : 배용제T]

(나)에서

(i) $n = 1$일 때, $f(1) = -1$이므로 $0 < t \leq 1$에서

$f(1+t) = -1 + f(t)$ 또는 $f(1+t) = -1 - f(t)$이다.

$1 + t = x$라 하면 $1 < x \leq 2$에서

$f(x) = -1 + f(x-1)$ 또는 $f(x) = -1 - f(x-1)$

(ii) $n = 2$일 때, $f(2) = 0$ 또는 $f(2) = -2$ 이므로

$0 < t \leq 1$에서

$f(2+t) = f(t)$ 또는 $f(2+t) = -2 + f(t)$ 또는 $f(2+t) = -f(t)$

또는 $f(2+t) = -2 - f(t)$이다.

$2 + t = x$라 하면 $2 < x \leq 3$에서

$f(x) = f(x-2)$ 또는 $f(x) = -2 + f(x-2)$ 또는

$f(x) = -f(x-2)$ 또는 $f(x) = -2 - f(x-2)$이다.

(i), (ii)에서 함수 $f(x)$가 모든 실수 x에 대하여 연속이고

$\left| \displaystyle\int_0^4 f(x)dx \right|$ 의 값이 최소가 되기 위해서는

$1 < x \leq 2$에서 $f(x) = -1 - f(x-1)$이고

(다)에서 $f(3) = f(-1)$이므로

$2 < x \leq 3$에서 $f(x) = f(x-2)$

이어야 한다.

(다)에서 $f(3) = -1$이므로

$f(3+t) = -1 - f(t) \quad (0 < t \leq 1)$

$3 + t = x$라 하면

$3 < x \leq 4$에서 $f(x) = -1 - f(x-3)$

따라서

닫힌구간 $[0, 4]$에서 $\left| \displaystyle\int_0^4 f(x)dx \right|$ 의 값이 최소가 되는

함수 $f(x)$의 그래프는 다음 그림과 같다.

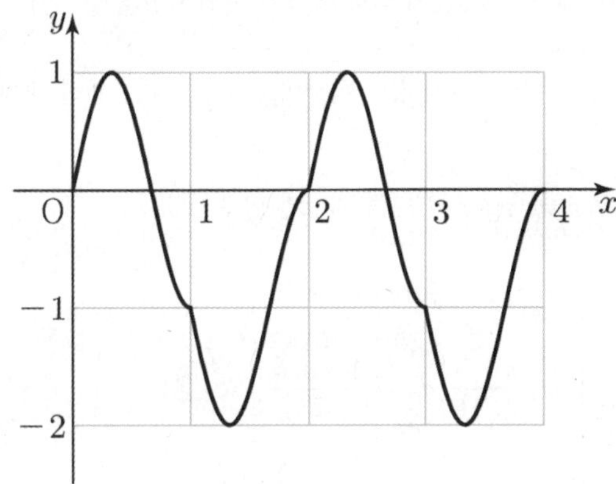

대칭에 의해 정적분의 값의 합이 0되는 부분과 넓이가 같은
부분을 이동시켜 나타내면 다음과 같다.

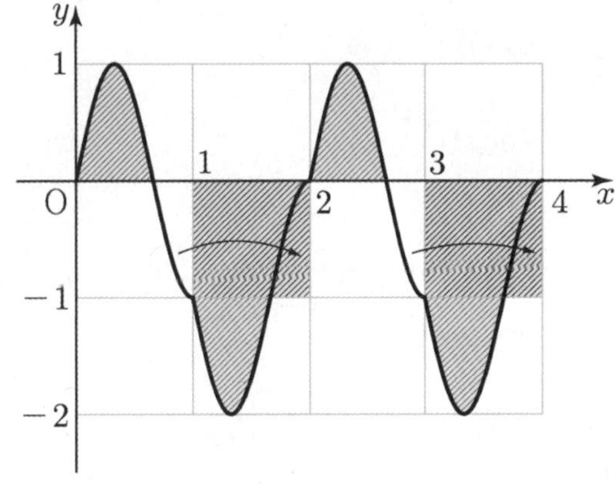

$$\therefore \left| \int_0^4 f(x)dx \right| \geq 2$$

$f(x) = x\ln(k+x^2)$에서 $f'(x) = \ln(k+x^2) + \dfrac{2x^2}{k+x^2} \geq 0$

이므로 함수 $f(x)$는 증가함수이다.

따라서 $y = f(x)$와 그 역함수 $y = g(x)$의 교점은 $y = x$위에 있다.

[세미나 (47) 참고]

따라서 $x\ln(k+x^2) = x$의 해가 a_1, a_2, a_3이다.

$x\{\ln(k+x^2)-1\} = 0$

$x = 0$ 또는 $\ln(k+x^2)-1 = 0$에서

$x = 0$ 또는 $x = \pm\sqrt{e-k}$

따라서 $a_1 = -\sqrt{e-k}$, $a_2 = 0$, $a_3 = \sqrt{e-k}$ $\cdots\ominus$

함수 $f(x)$의 역함수가 $g(x)$이므로

$f(g(x)) = x$에서

$f'(g(x))\,g'(x) = 1$

$g'(x) = \dfrac{1}{f'(g(x))}$이다.

한편, $f(-x) = -f(x)$이므로 $f(x)$의 역함수 $g(x)$도

$g(-x) = -g(x)$이다.

따라서 $g'(x)$는 y축 대칭인 함수이고 $x\,g'(x)$는 원점 대칭인 함수이다.

그러므로 $\dfrac{x}{f'(g(x))}$는 원점 대칭인 함수이다.

$\displaystyle\int_{a_1}^{a_3}\left|\dfrac{x}{f'(g(x))}\right|dx = 1-\ln k$에서

$\displaystyle\int_{-\sqrt{e-k}}^{0}\left|\dfrac{x}{f'(g(x))}\right|dx = \dfrac{1-\ln k}{2}$,

$\displaystyle\int_{0}^{\sqrt{e-k}}\left|\dfrac{x}{f'(g(x))}\right|dx = \dfrac{1-\ln k}{2}$이다.

따라서

$\displaystyle\int_{0}^{\sqrt{e-k}}\left|\dfrac{x}{f'(g(x))}\right|dx$

$= \displaystyle\int_{0}^{\sqrt{e-k}}\dfrac{x}{f'(g(x))}dx$

$= \displaystyle\int_{0}^{\sqrt{e-k}}x\,g'(x)dx$

$= \Big[\,x\,g(x)\,\Big]_{0}^{\sqrt{e-k}} - \displaystyle\int_{0}^{\sqrt{e-k}}g(x)dx$

에서

$g(\sqrt{e-k}) = \sqrt{e-k}$이고

$\displaystyle\int_{0}^{\sqrt{e-k}}f(x)dx + \int_{0}^{\sqrt{e-k}}g(x)dx = e-k$이므로

$= \sqrt{e-k}(g\sqrt{e-k}) - \left\{(e-k) - \displaystyle\int_{0}^{\sqrt{e-k}}f(x)dx\right\}$

$= \displaystyle\int_{0}^{\sqrt{e-k}}f(x)dx$

$= \displaystyle\int_{0}^{\sqrt{e-k}}x\ln(x^2+k)dx$

$x^2+k = t$라 두면 $2x\dfrac{dx}{dt} = 1$이다.

$x : 0 \to \sqrt{e-k}$일 때, $t : k \to e$이다.

$= \dfrac{1}{2}\displaystyle\int_{k}^{e}\ln t\,dt$

$= \dfrac{1}{2}\Big[\,t\ln t - t\,\Big]_{k}^{e}$

$= \dfrac{1}{2}\{(e-e) - (k\ln k - k)\}$

$= \dfrac{k(1-\ln k)}{2} = \dfrac{1-\ln k}{2}$

에서 $k = 1$이다.

따라서 $10k = 10$

$0 < x < 1$에서 $f'(x) = \pi\cos\pi x$이므로 (나)에서

$n = 1$이면 $0 < x < 1$에 대하여

$f'\left(\displaystyle\sum_{a=1}^{1}2^{a-1}+2x\right) = f'\left(\displaystyle\sum_{a=1}^{1}2^{a-1}-x\right) \Rightarrow f'(1+2x) = f'(1-x)$

를 만족하는 구간 $(1, 3)$에서의 함수 $f'(x)$의 그래프와

$y = f(x)$의 그래프는 다음과 같다. $\cdots\ominus$

[랑데뷰팁 참고] [랑데뷰세미나 세미나(127)]

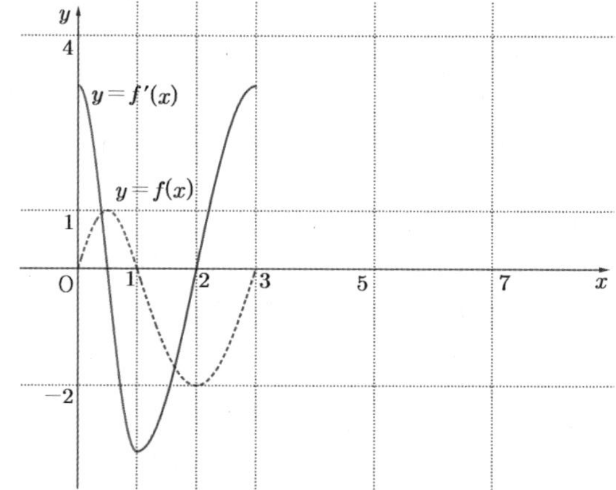

$n = 2$이면 $0 < x < 2$에 대하여

$f'\left(\displaystyle\sum_{a=1}^{2}2^{a-1}+2x\right) = f'\left(\displaystyle\sum_{a=1}^{2}2^{a-1}-x\right) \Rightarrow f'(3+2x) = f'(3-x)$

를 만족하는 구간 $(3, 7)$에서의 함수 $f'(x)$의 그래프와

$y = f(x)$의 그래프는 다음과 같다. $\cdots\bigcirc$

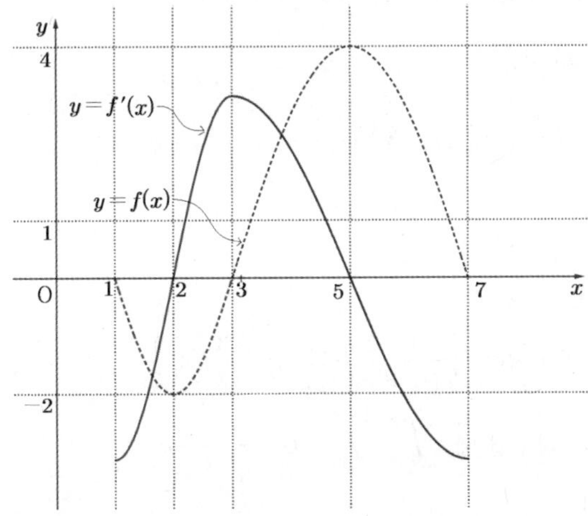

$n=3$이면 $0<x<4$에 대하여

$$f'\left(\sum_{a=1}^{3}2^{a-1}+2x\right)=f'\left(\sum_{a=1}^{3}2^{a-1}-x\right) \Rightarrow f'(7+2x)=f'(7-x)$$

이므로 위와 같은 상황으로 생각해 보면 구간 $(3,\,7)$의 그래프를 $x=7$에 대칭이동한 후 x축의 방향으로 2배 늘린 그래프가 됨을 알 수 있다.

$y=f'(x)$의 그래프 개형에 따른 $y=f(x)$의 그래프 개형은 다음과 같다. $\cdots$ ㉢

따라서 $y=|f(x)|$의 그래프는 다음 그림과 같다. $\cdots$ ㉣

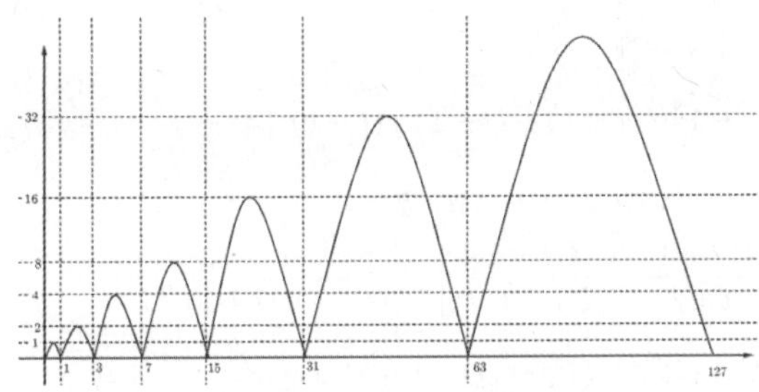

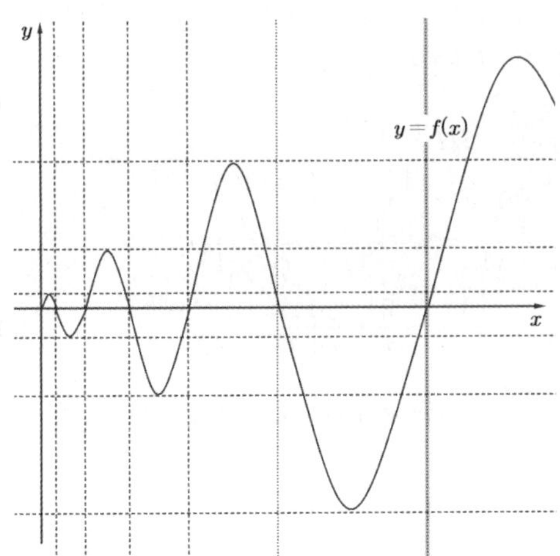

$$\int_{0}^{1}f(x)dx=\int_{0}^{1}\sin\pi x\,dx=\left[-\frac{1}{\pi}\cos\pi x\right]_{0}^{1}=\frac{2}{\pi}$$ 이고

$y=|f(x)|$와 x축으로 둘러싸인 부분의 넓이는 첫째항이 $\dfrac{2}{\pi}$, 공비가 4인 등비수열을 이룬다.

$\Rightarrow$ (카발리에리의 원리 : 가로의 길이가 2배, 세로의 길이가 2배 증가하므로 넓이가 4배씩 증가한다.

[랑데뷰세미나 : 카발리에리의 원리 참고]

$$\int_{1}^{3}|f(x)|dx=4\int_{0}^{1}f(x)dx=\frac{8}{\pi} \Rightarrow x=2\text{에서 극대}$$

$$\int_{3}^{7}|f(x)|dx=4^{2}\int_{0}^{1}f(x)dx=\frac{32}{\pi} \Rightarrow x=5\text{에서 극대}$$

$$\int_{7}^{15}|f(x)|dx=4^{3}\int_{0}^{1}f(x)dx=\frac{128}{\pi} \Rightarrow x=11\text{에서 극대}$$

$$\int_{15}^{31}|f(x)|dx=4^{4}\int_{0}^{1}f(x)dx=\frac{512}{\pi} \Rightarrow x=23\text{에서 극대}$$

$$\int_{31}^{63}|f(x)|dx=4^{5}\int_{0}^{1}f(x)dx=\frac{2^{11}}{\pi} \Rightarrow x=47\text{에서 극대}$$

$$\int_{63}^{127}|f(x)|dx=4^{6}\int_{0}^{1}f(x)dx=\frac{2^{13}}{\pi} \Rightarrow x=95\text{에서 극대}$$

한편,

$g(x)=\displaystyle\int_{b}^{x}|f(t)|dt$의 양변을 x에 대하여 미분하면

$g'(x)=|f(x)|$이고 모든 실수 x에 대하여 $|f(x)|\geq 0$,

즉 $g'(x)\geq 0$이므로 함수 $g(x)$는 역함수를 갖고

$g(x)=\displaystyle\int_{b}^{x}|f(t)|dt$의 양변에 $x=b$를 대입하면

$g(b)=0$이므로 $(g^{-1})'(0)=\dfrac{1}{g'(b)}$이다.

따라서 방정식 $(g^{-1})'(0)g'(x)=1$의 실근은 방정식 $g'(x)=g'(b)$, 즉 방정식 $|f(x)|=|f(b)|$의 실근과 같다.

곡선 $y=|f(x)|$와 직선 $y=|f(95)|$의 교점의 개수는 1
곡선 $y=|f(x)|$와 직선 $y=|f(47)|$의 교점의 개수는 3
곡선 $y=|f(x)|$와 직선 $y=|f(23)|$의 교점의 개수는 5
곡선 $y=|f(x)|$와 직선 $y=|f(11)|$의 교점의 개수는 7 이다.
따라서 $b=11$이다.

$$\int_{b}^{0}\pi f(x)dx$$

$$=-\pi\int_{0}^{b}f(x)dx$$

$$=-\pi\int_{0}^{11}f(x)dx$$

$$=-\pi\int_{0}^{1}f(x)dx-\pi\int_{1}^{3}f(x)dx-\pi\int_{3}^{7}f(x)dx$$

$$\quad-\frac{1}{2}\times\pi\int_{7}^{15}f(x)dx$$

$$=-\pi\left(\frac{2}{\pi}-\frac{8}{\pi}+\frac{32}{\pi}-\frac{1}{2}\times\frac{128}{\pi}\right)=38$$

[랑데뷰팁]-㉠설명

$f'(1+2x)$의 $1+2x=t$라 두면

$0<x<1 \rightarrow 1<t<3$이고

$x=\dfrac{t-1}{2}$이므로 $1-x=1-\dfrac{t-1}{2}=\dfrac{3-t}{2}$이다.

따라서

$f'(1+2x)=f'(1-x) \rightarrow f'(t)=f'\left(\dfrac{3-t}{2}\right)$

$f'\left(\dfrac{3-t}{2}\right)=\pi\cos\left(\dfrac{3-t}{2}\right)\pi$

$\qquad = \pi\cos\left(\dfrac{3}{2}\pi-\dfrac{\pi}{2}t\right)$

$\qquad = -\pi\sin\dfrac{\pi}{2}t$

$1<t<3$일 때, $f'(t)=-\pi\sin\dfrac{\pi}{2}t$

이므로 $f(t)=2\cos\dfrac{\pi}{2}t+C$ 이다.

$f(1)=0$이므로 $C=0$

그러므로 $1<x<3$에서

$f'(x)=-\pi\sin\dfrac{\pi}{2}x$, $f(x)=2\cos\dfrac{\pi}{2}x$이다.

97 정답 133

(가)의 양변에 $x=n$ (n은 정수)을 대입하면 $g(n+1)+g(n)=0$
(나)의 양변에 $x=0$을 대입하면 $g(0)=0$
따라서 모든 정수 n에 대하여 $g(n)=0$이다.
(나)의 양변을 미분하면
$g'(x)=f(x)e^{-x}-f(x+1)e^{-x}+g(x+1)$이고 정리하면
$f(x+1)-f(x)=e^x\{g(x+1)-g'(x)\}$이다. 양변을 구조에
맞게 정적분으로 변형하면

$\displaystyle\int_x^{x+1}f(t)dt=\int_0^x e^t\{g(t+1)-g'(t)\}dt+C$

$\qquad =\displaystyle\int_0^x e^t g(t+1)dt-\int_0^x e^t g'(t)dt+C$

$\qquad =\displaystyle\int_0^x e^t g(t+1)dt-\left[e^t g(t)\right]_0^x+\int_0^x e^t g(t)dt+C$

$\qquad =-e^x g(x)+g(0)+\displaystyle\int_0^x e^t\{g(t+1)+g(t)\}dt+C$

$\qquad =-e^x g(x)+\displaystyle\int_0^x \{\pi t\sin(\pi t)\}dt+C$

$\qquad =-e^x g(x)+\left[-t\cos(\pi t)+\dfrac{1}{\pi}\sin(\pi t)\right]_0^x+C$

$\qquad =-e^x g(x)-x\cos(\pi x)+\dfrac{1}{\pi}\sin(\pi x)+C$

$x=0$을 대입하면 $\displaystyle\int_0^1 f(x)dx=1=C$

$\therefore C=1$

n이 정수일 때, $g(n)=0$, $\sin(n\pi)=0$이므로

$\displaystyle\int_1^{k+1}f(x)dx$

$=\displaystyle\sum_{x=1}^{k}\int_x^{x+1}f(t)dt=\sum_{x=1}^{k}\{-x\cos(\pi x)\}+k$

$=(1-2+3-4+\cdots+(-1)^{k+1}k)+k$

(i) k가 홀수일 때,

$\displaystyle\int_1^{k+1}f(x)dx=\left(-\dfrac{k-1}{2}+k\right)+k=\dfrac{3}{2}k+\dfrac{1}{2}$

(ii) k가 짝수일 때, $\displaystyle\int_1^{k+1}f(x)dx=-\dfrac{k}{2}+k=\dfrac{k}{2}$

따라서

$\dfrac{3}{2}k+\dfrac{1}{2}=50 \Rightarrow \dfrac{3}{2}k=\dfrac{99}{2} \Rightarrow k=33$

$\dfrac{k}{2}=50 \Rightarrow k=100$

모든 k의 합은 133

98 정답 87

$(0,0)$, $(t-1, f(t-1))$, $(t+1, f(t+1))$을
꼭짓점으로 하는 삼각형의 넓이는
사선공식에 의해

$\dfrac{1}{2}\left|(t-1)f(t+1)-(t+1)f(t-1)\right|=\dfrac{1}{t}$

양변을 $(t-1)(t+1)$ 로 나누면

$\dfrac{1}{2}\left|\dfrac{f(t+1)}{t+1}-\dfrac{f(t-1)}{t-1}\right|=\dfrac{1}{(t-1)t(t+1)}$

$f(t)$ 는 증가함수이고 $f(t)<0$ 이므로 $\dfrac{f(t-1)}{t-1}$ 을

원점과 $(t-1, f(t-1))$을 선분의 기울기라 생각하면

$\dfrac{f(t-1)}{t-1}<\dfrac{f(t+1)}{t+1}$

$\therefore \dfrac{f(t+1)}{t+1}-\dfrac{f(t-1)}{t-1}=\dfrac{2}{(t-1)t(t+1)}$ $\cdots$㉠

$\dfrac{2}{(t-1)t(t+1)}=\dfrac{1}{(t-1)t}-\dfrac{1}{t(t+1)}$

$\qquad =\dfrac{1}{t-1}-\dfrac{2}{t}+\dfrac{1}{t+1}$

㉠은 $\displaystyle\int_{t-1}^{t+1}\dfrac{f(x)}{x}dx=\ln(t-1)-2\ln t+\ln(t+1)+C$를

양변 미분한 것이다.

$t=2$일 때,

$\displaystyle\int_1^3 \dfrac{f(x)}{x}dx=-2\ln 2+\ln 3+C=\ln\dfrac{3}{4}+C$에서 $C=0$

$\therefore \displaystyle\int_{t-1}^{t+1}\dfrac{f(x)}{x}dx=\ln\dfrac{(t-1)(t+1)}{t^2}$에서

$g(x)=\ln\dfrac{(x-1)(x+1)}{x^2}$ 라 두면

$$\int_{\frac{7}{3}}^{\frac{19}{3}} \frac{f(x)}{x}\, dx$$

$$= \int_{\frac{7}{3}}^{\frac{13}{3}} \frac{f(x)}{x}\, dx + \int_{\frac{13}{3}}^{\frac{19}{3}} \frac{f(x)}{x}\, dx$$

$$= g\left(\frac{10}{3}\right) + g\left(\frac{16}{3}\right)$$

$$= \ln\left\{\frac{\frac{7}{3} \times \frac{13}{3} \times \frac{13}{3} \times \frac{19}{3}}{\left(\frac{10}{3}\right)^2 \times \left(\frac{16}{3}\right)^2}\right\}$$

$$= \ln\left\{\left(\frac{13 \times 19}{10 \times 16}\right)^2 \times \frac{7}{19}\right\}$$

$$= 2\ln\left(\frac{247}{160}\right) + \ln\frac{7}{19}$$

$$p = 160,\ q = 247 \text{이므로 } q - p = 87$$

99 정답 4

$$\int_0^x t(2x-t)g''(x-t)\,dt = x^2 - x$$

좌변의 $x - t = s$라 두면

$t : 0 \to x,\ s : x \to 0$이고

$-dt = ds$이므로

$$\int_0^x t(2x-t)g''(x-t)\,dt$$

$$= \int_x^0 (x-s)(x+s)g''(s)\,(-ds)$$

$$= \int_0^x x^2 g''(s)\,ds - \int_0^x s^2 g''(s)\,ds$$

$$= x^2\left[g'(s)\right]_0^x - \left[s^2 g'(s)\right]_0^x + 2\int_0^x s g'(s)\,ds$$

$$= x^2 g'(x) - x^2 g'(0) - x^2 g'(x) + 2\int_0^x s g'(s)\,ds$$

$$= -x^2 g'(0) + 2\left[s g(s)\right]_0^x - 2\int_0^x g(s)\,ds$$

$$= -x^2 g'(0) + 2x g(x) - 2\int_0^x g(s)\,ds = x^2 - x \cdots \text{㉠}$$

한편,

(i) $f(g(x)) = x$의 양변 미분하면

$$f'(g(x))g'(x) = 1 \Rightarrow g'(0) = \frac{1}{f'(g(0))}$$

$g(0) = k$라 하면 $f(k) = 0$에서 $\cos k = 0$

$$\therefore\ g(0) = k = \frac{\pi}{2}$$

$f'(x) = -\sin x$이므로 $g'(0) = \dfrac{1}{-\sin\frac{\pi}{2}} = -1$

(ii) $young's$법칙에서 [랑데뷰세미나(102) 참고]

$$\int_0^x g(s)\,ds + \int_{g(0)}^{g(x)} f(s)\,ds = x g(x) \text{이므로}$$

$$x g(x) - \int_0^x g(s)\,ds = \int_{g(0)}^{g(x)} f(s)\,ds \text{이다.}$$

(i), (ii)에서 ㉠의 좌변

$$-x^2 g'(0) + 2x g(x) - 2\int_0^x g(s)\,ds$$

$$= x^2 + 2\int_{g(0)}^{g(x)} \cos s\,ds$$

따라서 $x^2 + 2\displaystyle\int_{g(0)}^{g(x)} \cos s\,ds = x^2 - x$

$$\int_{g(0)}^{g(x)} \cos s\,ds = -\frac{1}{2}x \text{이다.}$$

$\displaystyle\int_{g(0)}^{g(x)} \cos s\,ds$의 $g(0) = \dfrac{\pi}{2}$이고 $g(x) = k$라 두면 $f(k) = x$에서

$\cos k = x$이므로 $\sin k = \sqrt{1 - x^2}$이다.

$$\int_{g(0)}^{g(x)} \cos s\,ds = \int_{\frac{\pi}{2}}^{k} \cos s\,ds = \left[\sin s\right]_{\frac{\pi}{2}}^{k} = \sin k - 1$$

$$= \sqrt{1 - x^2} - 1$$

$\sqrt{1 - x^2} - 1 = -\dfrac{1}{2}x \Rightarrow \sqrt{1 - x^2} = 1 - \dfrac{1}{2}x$ (양변 제곱하면)

$$1 - x^2 = \frac{1}{4}x^2 - x + 1$$

$$\frac{5}{4}x^2 - x = 0$$

$$x\left(\frac{5}{4}x - 1\right) = 0$$

$$\therefore\ \alpha = \frac{4}{5}\ \ (\alpha \neq 0)$$

그러므로 $5\alpha = 4$이다.

[랑데뷰팁]

$y = \cos x$의 역함수를 $y = \arccos x$라 할 때,

$\sin(\arccos x) = \sqrt{1 - x^2}$이 성립한다.

---

100 정답 5

$$g'(x) = \frac{2(x^2+1) - 4x^2}{(x^2+1)^2} = \frac{-2(x+1)(x-1)}{(x^2+1)^2} \text{이므로}$$

함수 $g(x)$은 $x = -1$에서 극솟값 $g(-1) = -1$, $x = 1$에서 극솟값 1을 갖는 그래프이다.

$g(-x) = -g(x)$에서 함수 $g(x)$는 원점대칭이다.

$-1 \leq x \leq 1$에서 함수 $g(x)$와 함수 $g^{-1}(x)$의 그래프는 다음 그림과 같다.

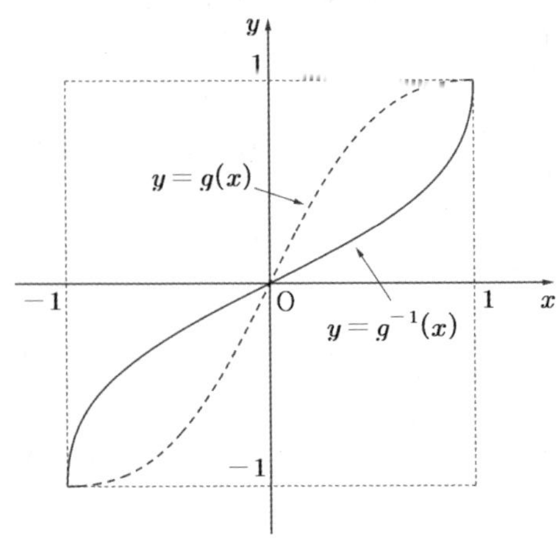

따라서 함수 $f(x)$를 그림으로 나타내면 [그림1]과 같고 식으로 나타내기 위해 $y=x$에 대칭이동시켜 보면 [그림2]와 같다.

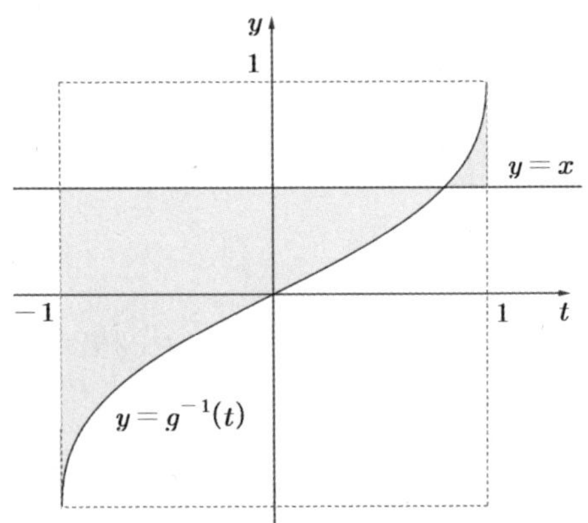

[그림1]

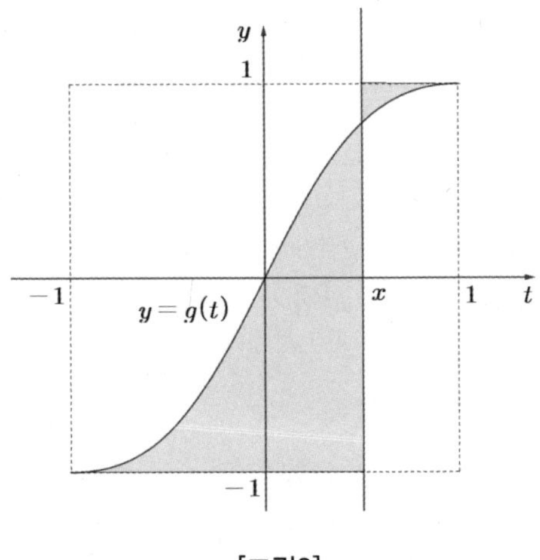

[그림2]

[그림2]에서

$f(x)$

$= \int_{-1}^{x} \{g(t)-(-1)\}dt+(1-x)\times 2-\int_{x}^{1}\{g(t)-(-1)\}dt \cdots$ ㉠

$= \int_{-1}^{x}\left\{\dfrac{2t}{t^2+1}+1\right\}dt+(1-x)\times 2-\int_{x}^{1}\left\{\dfrac{2t}{t^2+1}+1\right\}dt$

$= \left[\ln(t^2+1)+t\right]_{-1}^{x}+2-2x-\left[\ln(t^2+1)+t\right]_{x}^{1}$

$= \ln(x^2+1)+x-\ln2+1+2-2x-\ln2-1+\ln(x^2+1)+x$
$\quad -2\ln(x^2+1)+2-2\ln2$

따라서

$\dfrac{f(x)}{2}=\ln(x^2+1)+1-\ln2$ 이고

$x\left(\dfrac{f(x)}{2}-1+\ln2\right)=x\ln(x^2+1)$ 이다.

그러므로

$\int_{-1}^{1}\left|x\left(\dfrac{f(x)}{2}-1+\ln2\right)\right|dx$

$=\int_{-1}^{1}\left|x\ln(x^2+1)\right|dx$

$=2\int_{0}^{1}x\ln(x^2+1)dx$

$x^2+1=t$ 라 두면 $2x\,dx=dt$ 이므로

$=\int_{1}^{2}\ln t\,dt$

$=\left[t\ln t-t\right]_{1}^{2}$

$=2\ln2-2+1$

$=2\ln2-1$

따라서 $a=2$, $b=-1$ 이다.

$a^2+b^2=5$

[다른 풀이] 1

㉠에서 양변 미분하면

$f'(x)=g(x)+1-2+g(x)+1=2g(x)=\dfrac{4x}{x^2+1}$

$f(x)=2\ln(x^2+1)+C$ 이고

$f(1)=2\ln2+C$

이고 ㉠에 $x=1$을 대입하면

$f(1)=2\left(\because \text{정사각형 넓이의 } \dfrac{1}{2}\right)$ 이다.

따라서 $C=2\ln2-2$

$f(x)=2\ln(x^2+1)+2-2\ln2$

[다른 풀이] 2

$t-y$좌표평면에서 $y=g^{-1}(t)$와 $y=x$(상수함수)의 교점의 t좌표를 α라 하면

$g^{-1}(\alpha)=x$에서 $g(x)=\alpha$이다.

따라서

$f(x)$

$=\int_{-1}^{1}\left|x-g^{-1}(t)\right|dt$

$=\int_{-1}^{\alpha}\{x-g^{-1}(t)\}dt+\int_{\alpha}^{1}\{g^{-1}(t)-x\}dt$

$=\int_{-1}^{g(x)}\{x-g^{-1}(t)\}dt+\int_{g(x)}^{1}\{g^{-1}(t)-x\}dt$ 이다.

$=\left[xt-G^{-1}(t)\right]_{-1}^{g(x)}+\left[G^{-1}(t)-xt\right]_{g(x)}^{1}$

$$
\begin{aligned}
&= xg(x) - G^{-1}(g(x)) + x + G^{-1}(-1) \\
&\quad + G^{-1}(1) - x - G^{-1}(g(x)) + xg(x)
\end{aligned}
$$

양변 x에 관해 미분하면

$$
\begin{aligned}
f'(x) &= g(x) + xg'(x) - g^{-1}(g(x))g'(x) + 1 \\
&\quad - 1 - g^{-1}(g(x))g'(x) + g(x) + xg'(x) \\
&= g(x) + xg'(x) - xg'(x) + 1 \\
&\quad - 1 - xg'(x) + g(x) + xg'(x) \\
&= 2g(x) \\
&= \frac{4x}{x^2 + 1}
\end{aligned}
$$

$$
f(x) = \int \frac{4x}{x^2+1}\,dx = 2\ln(x^2+1) + C \cdots \text{ⓛ}
$$

한편,

$$
\begin{aligned}
f(0) &= \int_{-1}^{1} |g^{-1}(t)|\,dt = 2 \times \left(1 - \int_0^1 g(x)\,dx \right) \cdots \text{☆} \\
&= 2 \times \left(1 - \int_0^1 \frac{2x}{x^2+1}\,dx \right) \\
&= 2 \times \left(1 - \left[\ln(x^2+1) \right]_0^1 \right) \\
&= 2(1 - \ln 2) = 2 - 2\ln 2
\end{aligned}
$$

ⓛ에서 $f(0) = C = 2 - 2\ln 2$

따라서 $f(x) = 2\ln(x^2+1) + 2 - 2\ln 2$

> **[랑데뷰팁]**
>
> ㉠, ⓛ에서
>
> $f(x) = 2\ln(x^2+1) + C$ 이고
>
> $f(x) = \int_{-1}^{1} |x - g^{-1}(t)|\,dt$ 에서
>
> $f(1)$ 또는 $f(-1)$ 은 한 변의 길이가 2인 정사각형 넓이의
>
> $\dfrac{1}{2}$ 이므로
>
> $f(1) = f(-1) = 2\ln 2 + C = 2$
>
> $\therefore C = 2 - 2\ln 2$
>
> 이다.

101 정답 3

$f(x)$가 실수 전체에서 연속이므로 $f(0) = f(2)$ 이고 $x = 1$에서 연속이다.

따라서 $1 = e^{2b+2}$, $e^a = e^{b+2}$ 에서 $a = 1$, $b = -1$ 이다.

$$
f(x) = \begin{cases} e^x & (0 \le x < 1) \\ e^{-x+2} & (1 \le x \le 2) \end{cases}
$$

(가)에서 함수 $f(x)$가 주기가 2이므로 함수 $f(x)$의 개형은 다음과 같다.

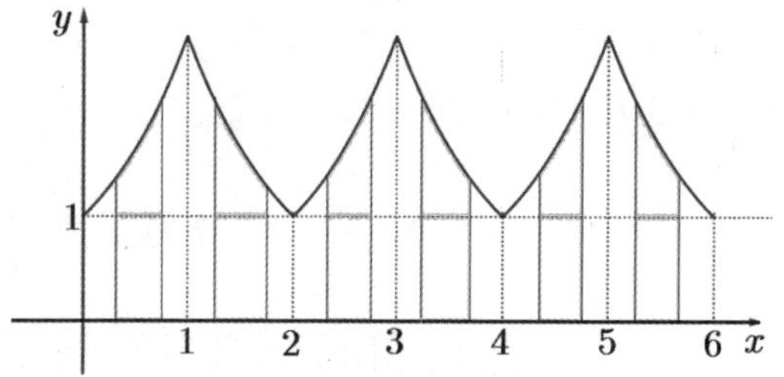

$k(x) = h(g(x))$ 라 하면 $y = k(x)$의 그래프는

$0 < p_1 < p_2 < 2$인 p_1, p_2에서 동일한 극댓값을 가지므로

$k'(q) = 0$인 $x = q$가 $p_1 < q < p_2$에 적어도 하나

존재하고(사잇값 정리) $x = q$에서 극솟값을 가진다. 극댓값을 M, 극솟값을 m이라 할 때, 구간 $(0, 2)$에서 $y = k(x)$의 그래프개형은 다음과 같다. $\cdots$ ㉠

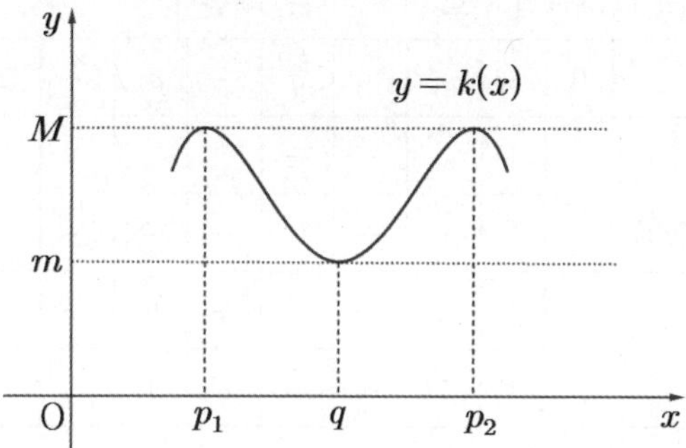

$g(x) = \displaystyle\int_x^{x+k} f(t)\,dt$ 에서

$g'(x) = f(x+k) - f(x)$ 이고 $f(x+k)$는 함수 $f(x)$의 그래프를 x축으로 $-k$만큼 평행 이동한 그래프이다. 따라서 다음 그림과 같이 구간 $(0, 2)$에서의

$y = f(x+k)$와 $y = f(x)$의 교점을 $x = x_1$, $x = x_2$라 하면 $g'(x)$의 부호가 결정된다.

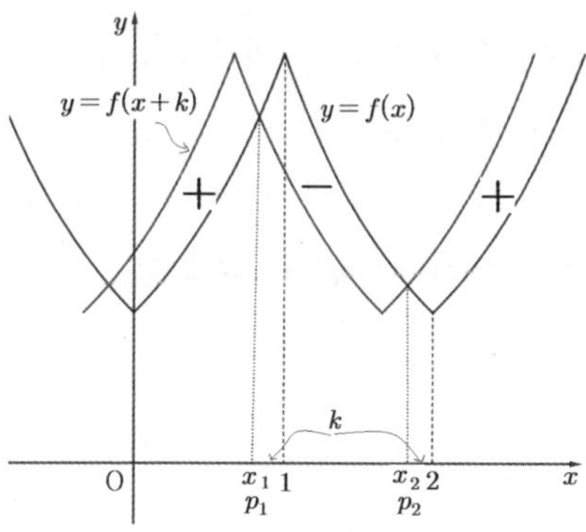

$0 < x < x_1$일 때 $f(x+k) > f(x)$이므로 $g'(x) > 0$

$x_1 < x < x_2$일 때 $f(x+k) < f(x)$이므로 $g'(x) < 0$

$x_2 < x < 2$일 때 $f(x+k) > f(x)$이므로 $g'(x) > 0$ 이다. $\cdots$ ⓛ

$k'(x) = h'(g(x))g'(x)$ 에서 ㉠, ⓛ에서

$k'(x) = 0$인 x가 p_1, q, p_2이고 $g'(x) = 0$의 해가

x_1, x_2이므로

$p_1 = x_1$, $h'(g(q)) = 0$, $p_2 = x_2$임을 알 수 있다.

$g(q) = e - 1$이다.

$g'(x)$와 $k'(x)$의 증감은 파악 가능하므로 증감표를 작성하면 다음과 같다.

x	0	$\cdots$	p_1	$\cdots$	q	$\cdots$	p_2	$\cdots$	2
$g'(x)$		$+$		$-$	$-$	$-$		$+$	
$h'(g(x))$					0				
$k'(x)$		$+$	0	$-$		$+$	0	$-$	
$k(x)$		$\nearrow$	M	$\searrow$	m	$\nearrow$	M	$\searrow$	

따라서 $h'(g(x))$의 부호 변화는 다음과 같다.

x	0	$\cdots$	p_1	$\cdots$	q	$\cdots$	p_2	$\cdots$	2
$g'(x)$		$+$		$-$	$-$	$-$		$+$	
$h'(g(x))$		$+$	$+$	$+$	0	$-$	$-$	$-$	
$k'(x)$		$+$	0	$-$		$+$	0	$-$	
$k(x)$		$\nearrow$	M	$\searrow$	m	$\nearrow$	M	$\searrow$	

$h(x) = (x - e + 1)^2 + \dfrac{1}{2}$는 아래로 볼록 함수이므로

$x < e - 1$일 때, $h'(x) < 0$

$x > e - 1$일 때, $h'(x) > 0$

따라서

$h'(g(p_1)) > 0$에서 $g(p_1) > e - 1$

$h'(g(p_2)) < 0$에서 $g(p_2) < e - 1$

$g(p_1)$은 $\displaystyle\int_x^{x+k} f(x)dx$의 값이 최대일 때이므로

$f(p_1) = f(p_1 + k)$이 성립한다.

따라서 $x = p_1$과 $x = p_1 + k$는 $x = 1$에 대칭이다.

[랑데뷰세미나 : 넓이의 증가율, 감소율 참고]

따라서 $p_1 + (p_1 + k) = 2$

$g(p_2)$은 $\displaystyle\int_x^{x+k} f(x)dx$의 값이 최소일 때이므로

$f(p_2) = f(p_2 + k)$이 성립한다.

따라서 $x = p_2$와 $x = p_2 + k$는 $x = 2$에 대칭이다.

[랑데뷰세미나 : 넓이의 증가율, 감소율 참고]

따라서 $p_2 + (p_2 + k) = 4$

$\therefore\ p_2 - p_1 = 1$

따라서 $p_2 = p_1 + 1\ \cdots\ \boxdot$

또한 $x = p_1$과 $x = p_2$에서 $k(x)$는 동일한 극댓값을 가지므로 $k(p_1) = k(p_2)$이다.

즉, $h(g(p_1)) = h(g(p_2))$이고 $h(x)$가 $x = e - 1$에 대칭인 이차함수이므로

$g(p_1)$와 $g(p_2)$는 $x = e - 1$에 대칭이다.

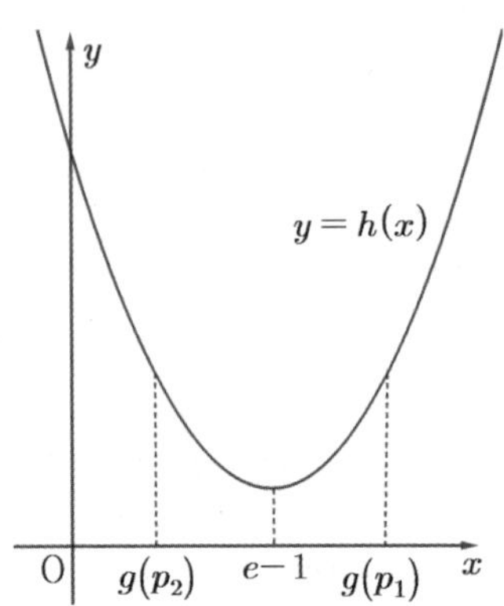

따라서 $\dfrac{g(p_1) + g(p_2)}{2} = e - 1\ \cdots\ \boxdot$

$\boxdot$에서

$g(p_1) = \displaystyle\int_{p_1}^{p_1 + k} f(t)dt = 2\int_{p_1}^{1} e^t dt = 2\big[e^t\big]_{p_1}^{1} = 2e - 2e^{p_1}$

$g(p_2) = \displaystyle\int_{p_2}^{p_2 + k} f(t)dt = 2\int_{p_2}^{2} e^{-t+2} dt$

$\qquad = 2\big[-e^{-t+2}\big]_{1+p_1}^{2} = -2 + 2e^{1-p_1}$

$\boxdot$에서

$\dfrac{(2e - 2e^{p_1}) + (-2 + 2e^{1-p_1})}{2} = e - 1$

$\Rightarrow (2e - 2e^{p_1}) + (-2 + 2e_1^{1-p}) = 2(e - 1)$을 정리하면

$e^{p_1} - e^{1 - p_1} = 0$이고

$e^{p_1}(1 - e^{1 - 2p_1}) = 0$에서 $p_1 = \dfrac{1}{2}$이다.

$p_2 = p_1 + 1 = \dfrac{3}{2}$

따라서 $(a - b)^2 p_1 p_2 = \{1 - (-1)\}^2 \times \dfrac{1}{2} \times \dfrac{3}{2} = 3$

$p_1=\dfrac{1}{2}$, $p_2=\dfrac{3}{2}$, $k=1$이므로 $g(x)=\displaystyle\int_x^{x+k}f(t)dt$,

$f(x)=\begin{cases} e^x & (0\le x<1) \\ e^{-x+2} & (1\le x\le 2) \end{cases}$에서

$e-1\fallingdotseq 1.72$이므로

$$g(p_1)=g\left(\dfrac{1}{2}\right)=\int_{\frac{1}{2}}^{\frac{3}{2}}f(t)dt$$

$$=2\int_{\frac{1}{2}}^{1}e^t dt=2\left[e^t\right]_{\frac{1}{2}}^{1}=2(e-\sqrt{e})\fallingdotseq 2.14$$

$$g(p_1)=g\left(\dfrac{1}{2}\right)>e-1$$

$$g(p_2)=g\left(\dfrac{3}{2}\right)=\int_{\frac{3}{2}}^{\frac{5}{2}}f(t)dt$$

$$=2\int_{0}^{\frac{1}{2}}e^t dt=2\left[e^t\right]_{0}^{\frac{1}{2}}=2(\sqrt{e}-1)\fallingdotseq 1.30$$

$$g(p_2)=g\left(\dfrac{3}{2}\right)<e-1$$

또한, $\dfrac{g(p_1)+g(p_2)}{2}=\dfrac{2(e-\sqrt{e})+2(\sqrt{e}-1)}{2}=e-1$을 확인할 수 있다.

102 정답 144

(가)에서 $x\ne a$이므로 $f(x)=\dfrac{\sin x}{x-a}$이다.

따라서 $f(x)$는 $(x,\sin x)$와 $(a,0)$을 잇는 직선의 기울기를 뜻한다. **[랑데뷰 세미나(137)]참조**

그런데 $f(x)$가 실수 전체의 집합에서 연속이므로 a는 곡선 $y=\sin x$가 x축과 만나는 점 중 하나이다.

예를 들어 $a=\dfrac{\pi}{2}$라면 $f(x)$는 $x=\dfrac{\pi}{2}$에서

$$\lim_{x\to \frac{\pi}{2}+}\dfrac{\sin x}{x-\frac{\pi}{2}}=\infty,$$

$$\lim_{x\to \frac{\pi}{2}-}\dfrac{\sin x}{x-\frac{\pi}{2}}=-\infty$$이므로 불연속이 된다.

따라서 $a=n\pi$ (n은 정수이다.)

(i) $a>0$일 때, $m<0$이고

$y=f(x)$와 $y=m$의 교점이 $0<x<a$에서 6개가 되어야 하고

$0<x<\pi \Rightarrow$ 교점 1개 (중근 발생)

$2\pi<x<3\pi \Rightarrow$ 교점 2개

$4\pi<x<5\pi \Rightarrow$ 교점 2개

$6\pi<x<7\pi \Rightarrow$ 교점 1개

따라서 $a=7\pi$

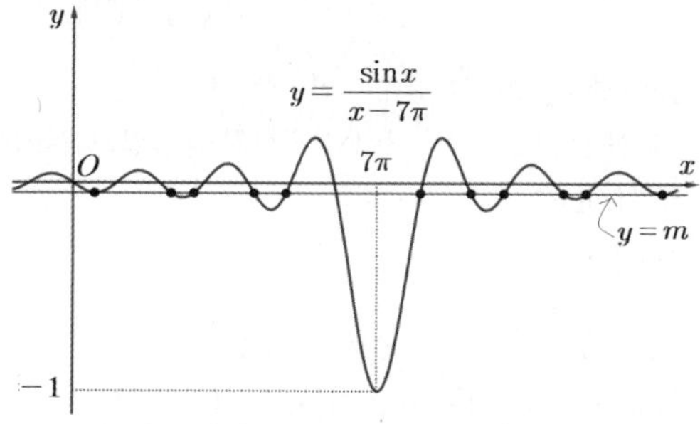

$$\int_0^{\pi}\sin x\,dx=[-\cos x]_0^{\pi}=2$$

따라서

$$\int_0^{7\pi}|\sin x|\,dx=7\int_0^{\pi}\sin x\,dx=14$$

따라서 $k=14$이므로 $k^2=196$

(ii) $a<0$일 때, $m>0$이고

$y=f(x)$와 $y=m$의 교점이 $a<x<\pi$에서 6개가 되어야 하고

$0<x<\pi \Rightarrow$ 교점 1개 (중근 발생)

$-2\pi<x<-\pi \Rightarrow$ 교점 2개

$-4\pi<x<-3\pi \Rightarrow$ 교점 2개

$-6\pi<x<-5\pi \Rightarrow$ 교점 1개

따라서 $a=-6\pi$

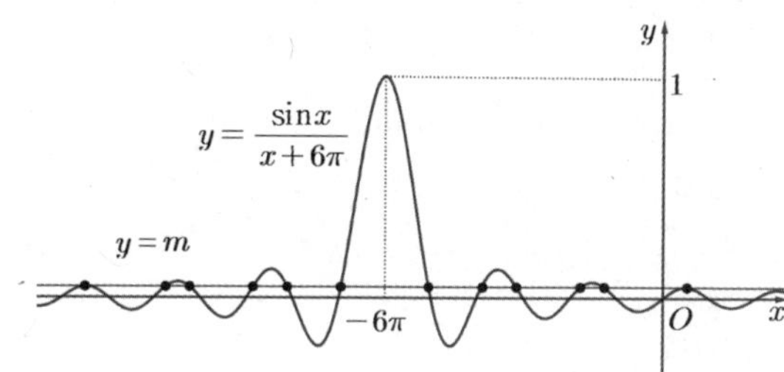

$$\int_0^{\pi}\sin x\,dx=[-\cos x]_0^{\pi}=2$$

따라서

$$\int_0^{-6\pi}|\sin x|\,dx=-\int_{-6\pi}^{0}|\sin x|\,dx=-6\int_0^{\pi}\sin x\,dx=-12$$

따라서 $k=-12$이므로 $k^2=144$이다.

(i), (ii)에서 k^2의 최솟값은 144이다.

103 정답 100

부등식 $\left\{f(x)-x+2\right\}\left\{f\left(\dfrac{1}{x}\right)-\dfrac{1}{x}+2\right\}\le 0$의

해집합은 $\{1\}$이므로

$\left\{f(x)-x+2\right\}\left\{f\left(\dfrac{1}{x}\right)-\dfrac{1}{x}+2\right\}>0$의 해집합은

$\{x\,|\,x<0,\,0<x<1,\,x>1\}$이다.

$\Rightarrow f(x)-x+2>0$이고 $f\left(\dfrac{1}{x}\right)-\dfrac{1}{x}+2>0$ …㉠ 또는

$f(x)-x+2<0$이고 $f\left(\dfrac{1}{x}\right)-\dfrac{1}{x}+2<0$이 성립한다.

그런데 최고차항의 계수가 양수 1인 삼차함수가
$x>1$일 때 항상 $f(x)<x-2$이 성립하지 않으므로 ㉠에서
해가 $x>1$이 될 수 있다. (㉠성립)

한편, ㉠의 $f\left(\dfrac{1}{x}\right)>\dfrac{1}{x}+2$에서 $\dfrac{1}{x}=t$라 두면

$f(t)>t-2$ 이고 $x>1$이므로 $0<t<1$이다.

즉, 부등식 $f(x)>x-2$의 해는 $0<x<1,\ x>1$이 되고
$f(x)-(x-2)$는 $(x-1)^2$을 인수로 갖는 삼차함수임을 알 수
있다.

따라서 삼차함수 $f(x)$는 직선 $y=x-2$에 $x=1$에서 접하는
다음 그림과 같은 상황이면 조건을 만족한다.

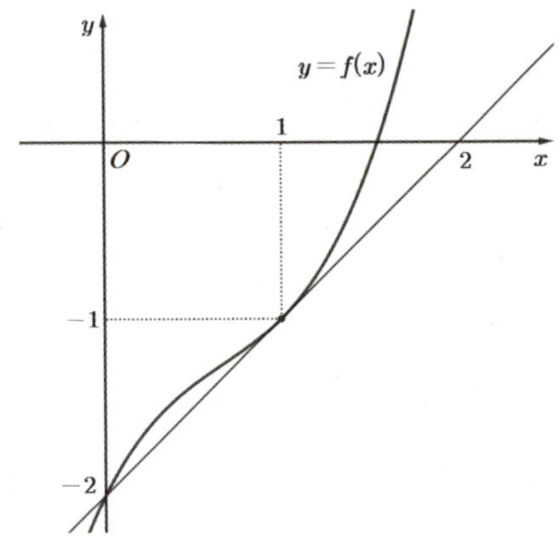

$f(x)-x+2=x(x-1)^2$

따라서 $f(x)=x(x-1)^2+x-2$이다.

$x>0$일 때,

$$g(x)=\dfrac{kx}{2+f(x)}=\dfrac{kx}{x(x-1)^2+x}$$

$$g(x)=\dfrac{k}{(x-1)^2+1}$$ 이다.

$g(x)$가 실수 전체에서 미분가능하므로 $x=0$에서 연속이다.

따라서 $\displaystyle\lim_{x\to0+}\dfrac{k}{(x-1)^2+1}=\lim_{x\to0-}(-f(-x))$이고

$\dfrac{k}{2}=-(-2)$에서 $k=4$이다.

따라서 $x>0$일 때, $g(x)=\dfrac{4}{(x-1)^2+1}$이고

$g'(x)=\dfrac{-8(x-1)}{\{(x-1)^2+1\}^2}$에서 $x=1$에서 함수 $g(x)$는 극댓값
$g(1)=4$을 가지며 그 값이 최댓값 M이다.

즉, $k=M=4$이다.

함수 $g(x)=\begin{cases}\dfrac{4}{(x-1)^2+1} & (x>0)\\[2mm] x(x+1)^2+x+2 & (x\le0)\end{cases}$ 는 다음 그림과 같다.

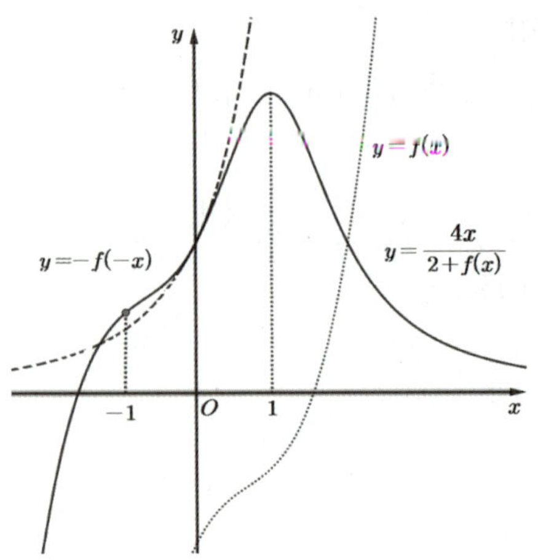

한편, $x\le0$일 때

$g(x)=-f(-x)$에서 $g(-1)=-f(1)=1$이고
$g'(x)=f'(-x)$이므로 $f'(x)=(x-1)^2+2x(x-1)+1$에서

$g'(-1)=f'(1)=1$이다.

즉, $g(-1)=g'(-1)=1$

따라서

$$\int_{g'(-1)}^{k}xg(x)dx-\int_{g(-1)}^{M}g(x)dx$$

$$=\int_{1}^{4}xg(x)dx-\int_{1}^{4}g(x)dx$$

$$=\int_{1}^{4}(x-1)g(x)dx$$

$$=\int_{1}^{4}\dfrac{4(x-1)}{(x-1)^2+1}dx \ \Rightarrow\ x-1=t$$라 두면

$$=\int_{0}^{3}\dfrac{4t}{t^2+1}dt$$

$$=\left[2\ln(t^2+1)\right]_{0}^{3}$$

$$=2\ln10=\ln100$$

$\alpha=\ln100$이므로

$$e^{\alpha}=e^{\ln100}=100^{\ln e}=100$$

[다른 풀이]-유승희T

$h(x)=f(x)-x+2$로 놓으면 주어진 조건에서

$h(x)h\left(\dfrac{1}{x}\right)\le0$의 해집합은 $\{1\}$이다.

그럼 $h(x)h\left(\dfrac{1}{x}\right)>0$의 해는 $x\ne0,\ x\ne1$인 모든 실수가 된다.

우선 $h(1)\ne0$이면 $h(1)h(1)=\{h(1)\}^2>0$이므로

주어진 부등식 $h(x)h\left(\dfrac{1}{x}\right)>0$의 해가 되므로 부적합하다.

따라서 $h(1)=0$

또한, $f(x)$가 삼차함수이므로 $h(x)$도 삼차함수이다.

또한, 주어진 조건에서 $h(x)=0$의 해는 0, 1이외의 해는 가질
수 없고 $h(1)=0$이므로

$h(x)=(x-1)p(x)$ ($p(x)$는 모든 실수 x에 대하여
$p(x)>0$인 이차다항식)이거나 $h(x)=(x-1)^2x$
또는 $h(x)=(x-1)^3$ 또는 $h(x)=x^2(x-1)$

(i) $h(x)=(x-1)p(x)$ ($p(x)$는 모든 실수 x에
대하여 $p(x)>0$인 이차다항식)

$$h(x)h\left(\frac{1}{x}\right)=(x-1)p(x)\left(1-\frac{1}{x}\right)p\left(\frac{1}{x}\right)$$
$$=-\frac{1}{x}\times(x-1)^2p(x)p\left(\frac{1}{x}\right)>0$$

에서 해는 $x<0$ 이므로 부적합하다.

(ii) $h(x)=(x-1)^2x$인 경우는

$$h(x)h\left(\frac{1}{x}\right)=(x-1)^2\times x\times\left(1-\frac{1}{x}\right)^2\times\frac{1}{x}$$
$$=(x-1)^2\times\left(1-\frac{1}{x}\right)^2=\frac{(x-1)^4}{x^2}>0$$

에서 해는 $x\neq 0$, $x\neq 1$인 모든 실수이므로 만족한다.

(iii) $h(x)=(x-1)^3$인 경우는

$$h(x)h\left(\frac{1}{x}\right)=(x-1)^3\times\left(1-\frac{1}{x}\right)^3=-\frac{(x-1)^6}{x^3}>0$$

에서 해는 $x<0$이므로 부적합하다.

(iv) $h(x)=x^2(x-1)$인 경우는

$$h(x)h\left(\frac{1}{x}\right)=x^2\times(x-1)\times\frac{1}{x^2}\times\left(1-\frac{1}{x}\right)$$
$$=(x-1)\times\left(1-\frac{1}{x}\right)=-\frac{(x-1)^2}{x}>0$$

에서 해는 $x<0$이므로 부적합하다.
(i), (ii), (iii), (iv)에서 만족하는 $f(x)$는
$$\therefore\ f(x)=x(x-1)^2+x-2$$
이하 동일

104 정답 ④

이차함수 $f(x)$의 축을 $x=m$이라 하면 지수 함수 $e^{f(x)}$와
$e^{f(x)+\ln 2}$도 $x=m$에 대칭인 함수이다.
$g(x)$을 나타내는 절댓값 기호 안의 두 지수 함수는 같은 축에
대칭이고 $e^{f(x)+\ln 2}=2e^{f(x)}$로 두 함수는 실수 배 관계이므로
$e^{f(x)+\ln 2}-2=2e^{f(x)}-2$로 $f(x)$가 미분가능하면 함수 $g(x)$는
미분가능한 함수이다.
즉, 함수 $\left|e^{f(x)}-t\right|$와 함수 $\left|e^{f(x)+\ln 2}-2\right|$은 각각의 함수가
정의되고 미분가능하면 함수 $g(x)$는 항상 미분가능하게 된다.
한편, 함수 $\left|e^{f(x)+\ln 2}-2\right|$은 $x=2$일 때,
$\left|e^{f(2)+\ln 2}-2\right|=\left|2-2\right|=0$으로 x축과 만난다.
즉, 함수 $g(x)=\left|e^{f(x)}-t\right|-\left|e^{f(x)+\ln 2}-2\right|$가 실수 전체에서
미분가능하려면 절댓값 함수이니 함수
$e^{f(x)+\ln 2}-2=2e^{f(x)}-2$는 x축에 접하는 함수여야 한다.

따라서 이차함수 $f(x)$도 $x=2$에서 x축에 접하는 함수이어야
하므로 $f(x)=(x-2)^2$이다.

그럼 $\left|e^{f(x)}-t\right|=\left|e^{(x-2)^2}-t\right|$이고 $\left|e^{(x-2)^2}-t\right|$와
$\left|2e^{(x-2)^2}-2\right|$은 x축에 동시에 접할 때 t의 값은 1이다.
[$\Rightarrow$ $t>1$이면 $y=\left|e^{f(x)}-t\right|$가 x축과 만나는 두 점에서
미분가능하지 않게 된다.]
예를 들어 $g(x)=\left|e^{(x-2)^2}-2\right|-\left|e^{(x-2)^2+\ln 2}-2\right|$라면
$e^{(x-2)^2}-2=0 \rightarrow e^{(x-2)^2}=2 \rightarrow (x-2)^2=\ln 2$
$\therefore\ x=2\pm\sqrt{\ln 2}$
따라서 $x=2+\sqrt{\ln 2}$와 $x=2-\sqrt{\ln 2}$에서 $g(x)$는
미분가능하지 않는다.
그러므로 $0<t\leq 1$이므로 $M=1$이다.

$$\int_0^M f(x)dx=\int_0^1(x-2)^2dx=\left[\frac{1}{3}(x-2)^3\right]_0^1=-\frac{1}{3}+\frac{8}{3}=\frac{7}{3}$$

> **[랑데뷰팁]**
> 축에 대칭인 함수와 어떤 함수와의 합성함수(축에 대칭인
> 함수가 속함수)는 같은 축을 갖는 함수이다.
> **설명**
> 함수 $f(x)$가 $x=m$에 대칭이면
> $f(m-x)=f(m+x)$가 성립한다.
> $h(x)=g(f(x))$라 할 때,
> $h(m-x)=g(f(m-x))=g(f(m+x))=h(m+x)$
> 이므로
> $h(m-x)=h(m+x)$

105 정답 3

$g(x)=\displaystyle\int_{x-1}^{x+1}\{\pi\left|\sin(\pi t)\right|-\left|1-t\right|f(t)\}dt$ 을 미분하면

$g'(x)=\pi\left|\sin(\pi+\pi x)\right|-\left|-x\right|f(x+1)$
$\quad -\pi\left|\sin(-\pi+\pi x)\right|+\left|2-x\right|f(x-1)$
$\quad =\pi\left|\sin(\pi x)\right|-\left|x\right|f(x+1)$
$\quad -\pi\left|\sin(\pi x)\right|+\left|2-x\right|f(x-1)$
$\quad =-\left|x\right|f(x+1)+\left|2-x\right|f(x-1)$
$[\leftarrow f(x-1)=f(x+1)=f(x)]$
$\quad =f(x)\{\left|2-x\right|-\left|x\right|\}$
$0<x<2$일 때,
$g'(x)=f(x)(2-x-x)=f(x)(2-2x)$
$f(x)>0$이므로 $g'(x)=0$의 해는 $x=1$뿐이다.
$x=1$을 기준으로 $g'(x)$가 $+\rightarrow-$으로 변하므로
$g(x)$는 $x=1$에서 극댓값을 갖는다.
$g(1)=\displaystyle\int_0^2\{\pi\left|\sin(\pi t)\right|-\left|1-t\right|f(t)\}dt$
$\quad =\displaystyle\int_0^1\{\pi\sin(\pi t)-(1-t)f(t)\}dt$

$$+ \int_1^2 \{-\pi \sin(\pi t) + (1-t) f(t)\} dt$$

$$= \int_0^1 \pi \sin(\pi t) dt - \int_0^1 (1-t) f(t) dt$$

$$\quad - \int_1^2 \pi \sin(\pi t) dt + \int_1^2 (1-t) f(t) dt$$

$$= [-\cos(\pi t)]_0^1 - [-\cos(\pi t)]_1^2$$

$$\quad - \int_0^1 (1-t) f(t) dt + \int_1^2 (1-t) f(t) dt$$

$$= 2 + 2 + \int_0^1 (t-1) f(t) dt - \int_1^2 (t-1) f(t) dt$$

$$= 4 + \int_0^1 t f(t) dt - \int_0^1 f(t) dt - \int_1^2 t f(t) dt + \int_0^1 f(t) dt$$

$$= 4 + \int_0^1 t f(t) dt - \int_1^2 t f(t) dt$$

$$= 4 + \int_0^1 t f(t) dt - \int_0^1 (t+1) f(t+1) dt$$

$$= 4 + \int_0^1 \{t f(t) - t f(t+1)\} dt - \int_0^1 f(t+1) dt$$

$$= 4 + 0 - 1 = 3$$

106 정답 1

$y = f(x)$와 $y = |f(x)|$의 그래프는 다음 그림과 같다.

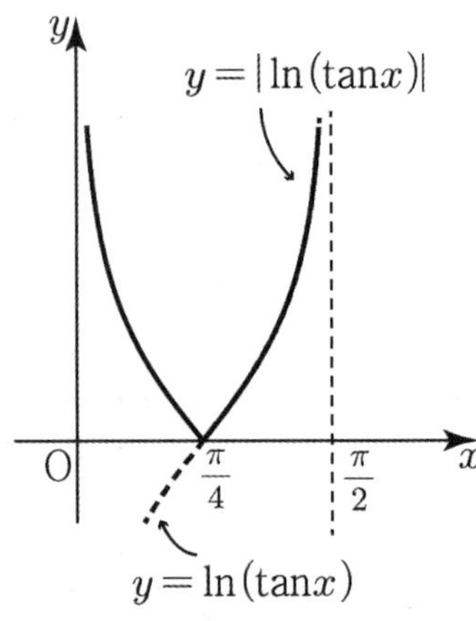

$$|f(x)| = \begin{cases} -\ln(\tan x) & \left(0 < x < \dfrac{\pi}{4}\right) \\ \ln(\tan x) & \left(\dfrac{\pi}{4} \leq x < \dfrac{\pi}{2}\right) \end{cases}$$

$$(|f(x)|)' = \begin{cases} -\dfrac{1}{\sin x \cos x} & \left(0 < x < \dfrac{\pi}{4}\right) \\ \dfrac{1}{\sin x \cos x} & \left(\dfrac{\pi}{4} < x < \dfrac{\pi}{2}\right) \end{cases}$$

따라서 $h(x) = \displaystyle\int_0^{|f(x)|} g'(e^t) dt$을 양변 미분하면

$$h'(x) = g'(e^{|f(x)|})(|f(x)|)'$$

$$= \begin{cases} g'\left(\dfrac{1}{\tan x}\right)\left(-\dfrac{1}{\sin x \cos x}\right) & \left(0 < x < \dfrac{\pi}{4}\right) \\ g'(\tan x)\left(\dfrac{1}{\sin x \cos x}\right) & \left(\dfrac{\pi}{4} < x < \dfrac{\pi}{2}\right) \end{cases}$$

$g'(x)$가 실수 전체에서 연속이므로 $h'(x)$도 $x = \dfrac{\pi}{4}$에서 연속이다.

따라서

$$\int_{\frac{\pi}{6}}^{\frac{\pi}{3}} \tan^2 x \, h'(x) \, dx$$

$$= \int_{\frac{\pi}{6}}^{\frac{\pi}{4}} \tan^2 x \, g'\left(\dfrac{1}{\tan x}\right)\left(-\dfrac{1}{\sin x \cos x}\right) dx$$

$$\quad + \int_{\frac{\pi}{4}}^{\frac{\pi}{3}} \tan^2 x \, g'(\tan x)\left(\dfrac{1}{\sin x \cos x}\right) dx$$

$$= \int_{\frac{\pi}{6}}^{\frac{\pi}{4}} \tan x \, g'\left(\dfrac{1}{\tan x}\right)(-\sec^2 x) dx$$

$$\quad + \int_{\frac{\pi}{4}}^{\frac{\pi}{3}} \tan x \, g'(\tan x)(\sec^2 x) dx$$

$\tan x = s$라 두면

$$= \int_{\frac{1}{\sqrt{3}}}^{1} s \, g'\left(\dfrac{1}{s}\right)(-ds) + \int_1^{\sqrt{3}} s \, g'(s) \, ds$$

$$= -\int_{\frac{1}{\sqrt{3}}}^{1} s \, g'\left(\dfrac{1}{s}\right) ds + \int_1^{\sqrt{3}} s \, g'(s) \, ds$$

$\dfrac{1}{s} = u$라 두면

$$= \int_{\sqrt{3}}^{1} \left(\dfrac{1}{u^3}\right) g'(u) \, du + \int_1^{\sqrt{3}} s \, g'(s) \, ds$$

$$= \int_1^{\sqrt{3}} \left(-\dfrac{1}{x^3}\right) g'(x) \, dx + \int_1^{\sqrt{3}} x \, g'(x) \, dx$$

$$= \int_1^{\sqrt{3}} \left(-\dfrac{1}{x^3} + x\right) g'(x) dx$$

$$= \left[\left(-\dfrac{1}{x^3} + x\right) g(x)\right]_1^{\sqrt{3}} - \int_1^{\sqrt{3}} \left(1 + \dfrac{3}{x^4}\right) g(x) dx$$

$$= \dfrac{8}{9}\sqrt{3}\, g(\sqrt{3}) - 0 \times g(1) - \int_1^{\sqrt{3}} g(x) dx - 3\int_1^{\sqrt{3}} \left(\dfrac{g(x)}{x^4}\right) dx$$

$$= \dfrac{8}{9}\sqrt{3} + 0 + 0 - 3\left(\dfrac{8\sqrt{3}-9}{27}\right) = 1$$

[←(가) $g(1) = -1$이므로 $g(\sqrt{3}) = 1$이다.]

(나) $g(x) + g(1 + \sqrt{3} - x) = 0$에서 $g(x)$는 $\left(\dfrac{1+\sqrt{3}}{2}, 0\right)$에 대칭이므로 $\displaystyle\int_1^{\sqrt{3}} g(x) dx = 0 \cdots \textcircled{\small ㄱ}]$

> **[랑데뷰팁]−㉠설명**
>
> $g(x) + g(1 + \sqrt{3} - x) = 0$에서
>
> $$\int_1^{\sqrt{3}} \{g(x) + g(1 + \sqrt{3} - x)\} dx = 0$$
>
> $$\int_1^{\sqrt{3}} g(x) dx + \int_1^{\sqrt{3}} g(1 + \sqrt{3} - x) dx = 0$$
>
> $$[←1 + \sqrt{3} - x = t라 두면]$$

$$\int_1^{\sqrt{3}} g(x)dx + \int_{\sqrt{3}}^1 g(t)(-dt) = 0$$

$$\int_1^{\sqrt{3}} g(x)dx + \int_1^{\sqrt{3}} g(t)(dt) = 0$$

따라서 $\displaystyle\int_1^{\sqrt{3}} g(x)dx = 0$이다.

107 정답 17

$A(x) = \dfrac{4x}{x^2+1} \rightarrow A'(x) = \dfrac{-4(x+1)(x-1)}{(x^2+1)^2}$.

$\displaystyle\lim_{x \to \pm\infty} \dfrac{4x}{x^2+1} = 0$이고

$A(1) = 2$, $A(-1) = -2$ 이므로

$A(x) = \dfrac{4x}{x^2+1}$의 그래프는 아래 그림과 같다.

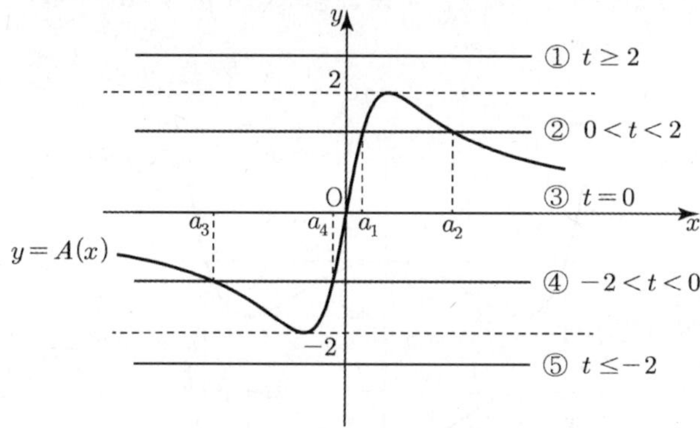

$y = A(x)$를 $y = t$ 아랫부분을 접어 올리면 $A(x)$의 극값은 그대로 유지되고 두 그래프가 만나는 점에서 $y = g(x)$의 새로운 극값이 생긴다. 그리고 절댓값 밖에서 더해진 $f(t)$는 절댓값 부분에서 생긴 극값을 y축으로 $f(t)$만큼 평행 이동할 뿐 극값의 발생 유무에는 영향을 주진 않는다.

① $t \geq 2$, 극값 2개 발생 $(x = -1, 1)$

$g(-1) = |-2-t| + f(t) = f(t) + t + 2$

$g(1) = |2-t| + f(t) = f(t) + t - 2$ 에서

$g(-1) \times g(1) = \{f(t)+t+2\}\{f(t)+t-2\}$

$\qquad\qquad = \{f(t)\}^2 + 2tf(t) + t^2 - 4 = \{f(t)\}^2$

$\therefore f(t) = \dfrac{4-t^2}{2t}$

② $0 < t < 2$, 극값 4개 발생 $(x = -1, a_1, 1, a_2)$

$g(-1) = f(t) + t + 2$

$g(1) = f(t) - t + 2$

$A(a_1) = t$, $A(a_2) = t$이므로

$g(a_1) = f(t)$, $g(a_2) = f(t)$

따라서 모든 $g(\alpha_n)$의 곱은

$\{f(t)\}^2 \big[\{f(t)\}^2 + 4f(t) + 4 - t^2\big] = \{f(t)\}^2$

$\{f(t)\}^2 \big[\{f(t)\}^2 + 4f(t) + 3 - t^2\big] = 0$

$\therefore f(t) = 0$ 또는 $f(t) = -2 \pm \sqrt{t^2+1}$

③ $t = 0$, 극값 3개 발생 $(x = -1, 0, 1)$

$g(-1) = 2 + f(0)$, $g(1) = 2 + f(0)$, $g(0) = f(0)$

$g(-1)g(0)g(1) = f(0)\{f(0)+2\}^2 = \{f(0)\}^2$

$f(0)\big[\{f(0)\}^2 + 3f(0) + 4\big] = 0$

$f(0) = s$라 할 때 이차방정식 $s^2 + 3s + 4 = 0$의 판별식

$D < 0$이므로

$\therefore f(0) = 0$

④ $-2 < t < 0$, 극값 4개 발생

$(x = a_3, -1, a_2, 1)$

$g(-1) = f(t) + t + 2$

$g(1) = f(t) - t + 2$

$A(a_3) = t$, $A(a_4) = t$이므로

$g(a_3) = f(t)$, $g(a_4) = f(t)$

따라서 모든 $g(\alpha_n)$의 곱은

$\{f(t)\}^2 \big[\{f(t)\}^2 + 4f(t) + 4 - t^2\big] = \{f(t)\}^2$

$\{f(t)\}^2 \big[\{f(t)\}^2 + 4f(t) + 3 - t^2\big] = 0$

$\therefore f(t) = 0$ 또는 $f(t) = -2 \pm \sqrt{t^2+1}$

⑤ $t \leq -2$, 극값 2개 발생 $(x = -1, 1)$

$g(-1) = |-2-t| + f(t) = f(t) - t - 2$

$g(1) = |2-t| + f(t) = f(t) - t + 2$ 에서

$g(-1) \times g(1) = \{f(t)-t-2\}\{f(t)-t+2\}$

$\qquad\qquad = \{f(t)\}^2 - 2tf(t) + t^2 - 4 = \{f(t)\}^2$

$\therefore f(t) = \dfrac{t^2-4}{2t}$

(i) $y = f(x)$은 $f(-2) = f(0) = f(2) = 0$ 이고

$x \leq -2$, $x \geq 2$에서는 연속이고

②, ④에서 선택되는 함수가 $f(t) = 0$이면 함수 $x = 0$에서 연속이 되므로 ②, ④에서는 적어도 한 개는

$f_1(t) = -2 + \sqrt{t^2+1}$,

또는 $f_2(t) = -2 - \sqrt{t^2+1}$ 중에 하나가 선택되어야 $x = 0$에서 연속이 되지 않아 조건을 만족할 수 있다.

그런데 $\displaystyle\lim_{x \to 0} f(x)$의 값이 존재하므로 함수 $f_1(x)$,

$f_2(x)$중 하나가 선택되어야 한다.

그런데 $f_1(t) = -2 + \sqrt{t^2+1}$ 가 $(\sqrt{3}, 0)$에서 x축과 만나므로

$0 < x < \sqrt{3}$에서는 $y = -2 + \sqrt{x^2+1}$

$\sqrt{3} \leq x < 2$에서는 $y = 0$

$x \geq 2$에서는 ①의 $y = \dfrac{4-x^2}{2x}$를 선택하면 $x > 0$

에서는 모두 연속이다.

(ii) $x < 0$인 경우도 같은 방법으로 $f(x)$를 구하면 된다.

$-\sqrt{3} < x < 0$에서는 $y = -2 + \sqrt{x^2+1}$

$-2 < x \leq -\sqrt{3}$에서는 $y = 0$

$x \leq -2$에서는 ⑤의 $y = \dfrac{x^2-4}{2x}$를 선택하면 $x < 0$에서는

모두 연속이다.

(i), (ii)에서 $f(x)$는 다음과 같다.

$$f(x)=\begin{cases}\dfrac{x^2-4}{2x} & (x\leq-2)\\ 0 & (-2<x\leq-\sqrt3)\\ -2+\sqrt{x^2+1} & (-\sqrt3<x<0)\\ 0 & (x=0)\\ -2+\sqrt{x^2+1} & (0<x\leq\sqrt3)\\ 0 & (\sqrt3<x<2)\\ \dfrac{4-x^2}{2x} & (x\geq2)\end{cases}$$

따라서 $y=f(x)$ 그래프 개형은 다음과 같다.

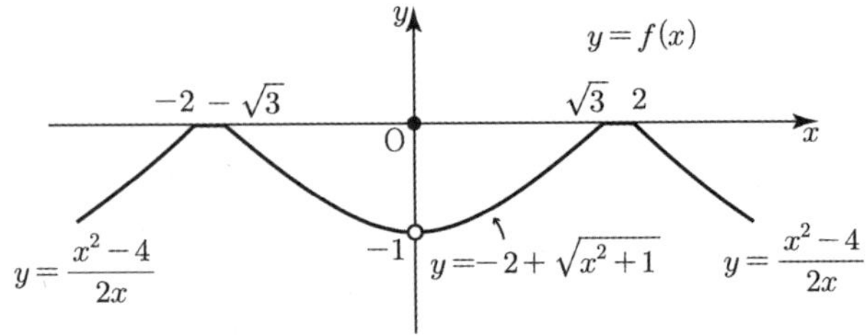

따라서

$$\int_0^3 xf(x)\,dx$$

$$=\int_0^{\sqrt3}\left(-2x+x\sqrt{x^2+1}\right)dx+\int_{\sqrt3}^2 0\,dx+\int_2^3\left(2-\frac12x^2\right)dx$$

$$=\left[-x^2\right]_0^{\sqrt3}+\left[2x-\frac16x^3\right]_2^3+\int_0^{\sqrt3}\left(x\sqrt{x^2+1}\right)dx$$

$$=-3+2-\frac{19}{6}+\frac12\int_1^4\sqrt{s}\,ds\quad(\because x^2+1=s)$$

$$=-\frac{25}{6}+\frac13\left[s^{\frac32}\right]_1^4$$

$$=-\frac{25}{6}+\frac13(8-1)=-\frac{25}{6}+\frac{14}{6}=-\frac{11}{6}$$

따라서 $p=6,\ q=11$ $p+q=17$

108 정답 5

[그림 : 이현일T]

$$g'(x)=e^{f(x)}f'(x)+af'(x)$$
$$=f'(x)\{e^{f(x)}+a\}$$

방정식 $f'(x)=0$을 만족하는 $x=0$뿐이고 $a\geq0$이면
$e^{f(x)}+a>0$이므로 $g'(x)=0$의 해는 $x=0$뿐이다. $x=0$의
좌우에서 $g'(x)$의 부호의 변화가 $-\to+$이므로 함수 $g(x)$는
$x=0$에서 극솟값을 가지게 된다. 따라서 방정식 $e^{f(x)}+a=0$의
만족하는 해가 존재해야 함수 $g(x)$는 $x=0$에서 극댓값을 가질
수 있다.

그러므로 $a<0$이다.

따라서 $g'(x)$의 부호에 따른 $y=g(x)$의 그래프는 다음 그림과
같다.

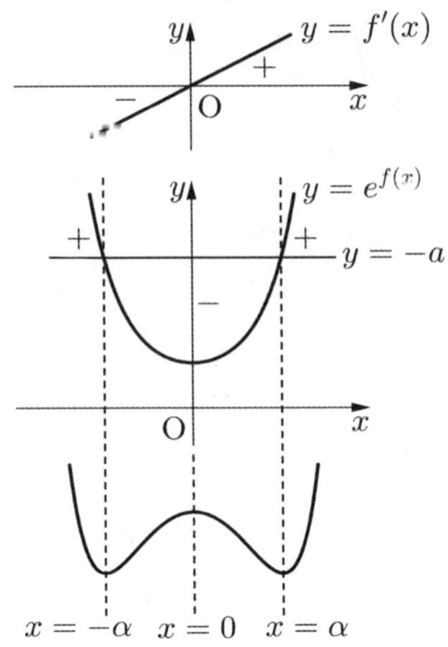

(나)를 만족하기 위해서는 다음 그림과 같이 $g(0)=0$이어야
한다.

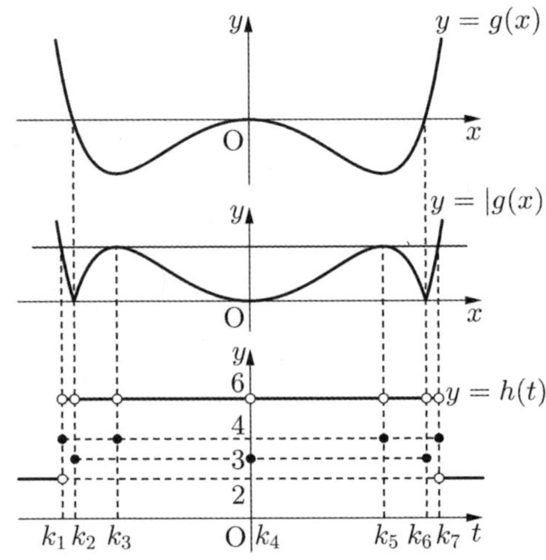

$$g(0)=e^{f(0)}+af(0)+b=e+a+b=0$$

따라서 $b=-a-e$

$$g(x)=e^{f(x)}+af(x)-a-e$$
$$=e^{f(x)}+a\{f(x)-1\}-e$$
$$=e^{x^2+1}+ax^2-e$$

$f'(x)=2x$이므로

$$\int_0^1 f'(x)g(x)\,dx$$

$$=\int_0^1 2xe^{x^2+1}dx+\int_0^1 2ax^3dx-\int_0^1 2ex\,dx$$

$$=\int_1^2 e^t dt+2a\int_0^1 x^3dx-2e\int_0^1 x\,dx$$

$$=\left[e^t\right]_1^2+2a\left[\frac14x^4\right]_0^1-2e\left[\frac12x^2\right]_0^1$$

$$= e^2 - e + \frac{1}{2}a - e$$

$$= e^2 - 2e + \frac{1}{2}a$$

$\displaystyle\int_0^1 f'(x)g(x)dx = \frac{1}{2}e^2 - 2e$ 이므로

$$e^2 - 2e + \frac{1}{2}a = \frac{1}{2}e^2 - 2e$$

$$\frac{1}{2}a = -\frac{1}{2}e^2$$

$\therefore\ a = -e^2,\ b = e^2 - e$

따라서

$$b - a = 2e^2 - e$$

$\therefore\ p = 2,\ q = -1$

$$p^2 + q^2 = 4 + 1 = 5$$

109 정답 12

$f'(x) = \dfrac{4x}{(x^2+1)^2} + \dfrac{1}{x}$ 이고 $x > 0$에서 $f'(x) > 0$,

$f''(x) < 0$이므로 $f(x)$의 그래프는 $x > 0$에서 위로 볼록 모양으로 증가한다.

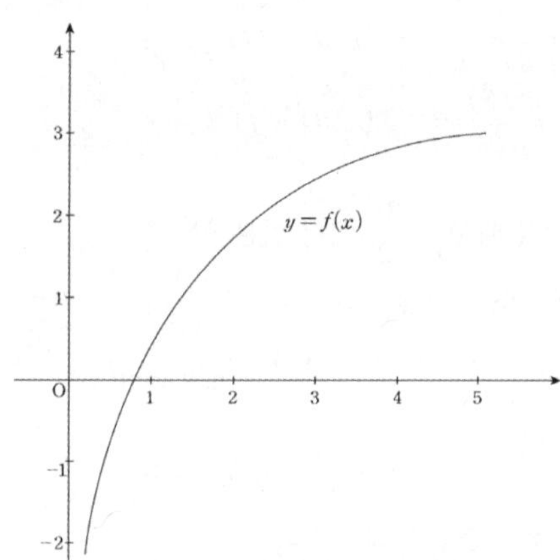

$x = k$에서 $h(x)$가 최솟값을 가지므로

$h(k) = |g(k) - f(1)| = \dfrac{1}{2}g(k)$ 이고 $g(k) > 1$에서

$f(1) < g(k)$이고 $\dfrac{1}{2}g(k) - f(1) = 1$에서

$g(k) = 2\cdots\bigcirc$ 이다.

$h(x)$는 $y = g(x)$와 $y = f\left(\dfrac{x}{k}\right)$의 함숫값의 차 이므로

$x = k$에서 최솟값을 갖는다는 의미는

$h'(k) = 0$에서 $g'(k) = \dfrac{1}{k}f'(1)$

$\therefore\ g'(k) = \dfrac{2}{k}\cdots\bigcirc$

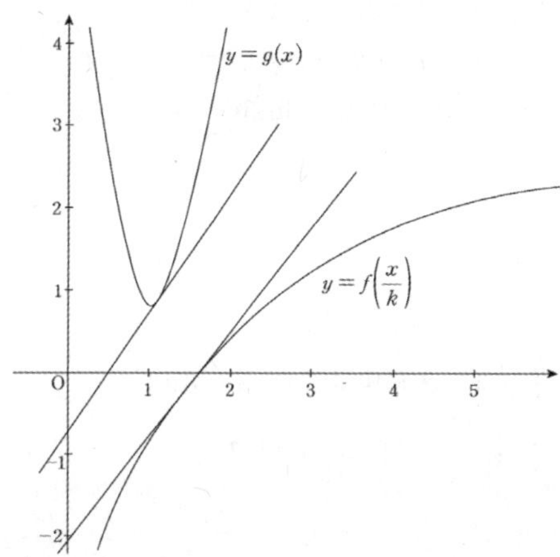

$g(x) = ax^2 + bx + c\ (a \neq 0)$라 두면

$\bigcirc$에서 $ak^2 + bk + c = 2$

$g'(x) = 2ax + b$이므로 $\bigcirc$에서

$g'(k) = 2ak + b = \dfrac{2}{k}$ 에서 양변에 k를 곱하면

$2ak^2 + bk = 2$이다.

따라서 $ak^2 - c = 0$, $bk + 2c = 2\cdots\bigcirc$ 이다.

이때 $g\left(\dfrac{k}{2}\right) = \dfrac{ak^2}{4} + \dfrac{bk}{2} + c = \dfrac{ak^2}{4} + 1$

$h(x)$는 구간의 양 끝값에서 최대를 가질 수 있으므로

$$h\left(\frac{3k}{4}\right) = g\left(\frac{3k}{4}\right) - f\left(\frac{3}{4}\right)$$

$$= \frac{9}{16}ak^2 + \frac{3}{4}bk + c - \frac{18}{25} - \ln\frac{3}{4}$$

$$h\left(\frac{5k}{4}\right) = g\left(\frac{5k}{4}\right) - f\left(\frac{5}{4}\right)$$

$$= \frac{25}{16}ak^2 + \frac{5}{4}bk + c - \frac{50}{41} - \ln\frac{5}{4}$$

$$h\left(\frac{5k}{4}\right) - h\left(\frac{3k}{4}\right) = ak^2 + \frac{1}{2}bk - \frac{50}{41} + \frac{18}{25} + \ln\frac{3}{5}$$

$\left(ak^2 + \dfrac{1}{2}bk = 1$이므로$\right)$

$$= 1 - \ln\frac{5}{3} + \frac{18}{25} - \frac{50}{41}$$

$$-0.52 < \ln\frac{3}{5} = -\ln\frac{5}{3} < -0.51$$

$$\to 0.48 < 1 - \ln\frac{5}{3} < 0.49$$

$$\to 1.2 < 1 - \ln\frac{5}{3} + \frac{18}{25} < 1.21$$

$$\to -0.019 < 1 - \ln\frac{5}{3} + \frac{18}{25} - \frac{50}{41} < -0.009$$

따라서

$h\left(\dfrac{5k}{4}\right) < h\left(\dfrac{3k}{4}\right)$ 최댓값은 $h\left(\dfrac{3k}{4}\right) = \dfrac{7}{25} + \ln 4e$ 이다.

$$h\left(\frac{3k}{4}\right) = \frac{9}{16}ak^2 + \frac{3}{4}bk + c - \frac{18}{25} - \ln\frac{3}{4} = \frac{7}{25} + \ln 4e$$

따라서 $\dfrac{9}{16}ak^2 + \dfrac{3}{4}bk + c = 1 + \ln 3e = 2 + \ln 3$

$\therefore\ 9ak^2 + 12bk + 16c = 32 + 16\ln 3 \cdots ㉣$

㉢에서 $ak^2 - c = 0$, $bk + 2c = 2$을 ㉣에 대입하면

$9c + 12(2 - 2c) + 16c = 32 + 16\ln 3$

$9c + 24 - 24c + 16c = 32 + 16\ln 3$

$\therefore\ c = 8 + 16\ln 3$

$ak^2 = c = 8 + 16\ln 3$

따라서

$g\left(\dfrac{k}{2}\right) = \dfrac{ak^2}{4} + 1 = 2 + 4\ln 3 + 1 = 3 + 4\ln 3$

따라서 $p = 3$, $q = 4$이다. $p \times q = 12$

110 정답 25

$xf(x) = (\sin^3\theta + 2)x^3 - \displaystyle\int_1^x f(t)\,dt$의 $x = 1$을 양변에

대입하면

$f(1) = \sin^3\theta + 2$이고

양변을 x에 관하여 미분하면

$f(x) + xf'(x) = 3(\sin^3\theta + 2)x^2 - f(x)$

$2f(x) + xf'(x) = 3(\sin^3\theta + 2)x^2$

양변에 x을 곱하면

$2xf(x) + x^2 f'(x) = 3(\sin^3\theta + 2)x^3$이고 양변을 x에 관하여

적분하면

$x^2 f(x) = \dfrac{3}{4}(\sin^3\theta + 2)x^4 + C$

양변에 $x = 1$을 대입하면

$f(1) = \dfrac{3}{4}(\sin^3\theta + 2) + C$에서 $f(1) = \sin^3\theta + 2$이므로

$C = \dfrac{1}{4}(\sin^3\theta + 2)$

$\therefore\ x^2 f(x) = \dfrac{3}{4}(\sin^3\theta + 2)x^4 + \dfrac{1}{4}(\sin^3\theta + 2)$

$\therefore\ f(x) = \dfrac{3(\sin^3\theta + 2)x^2}{4} + \dfrac{\sin^3\theta + 2}{4x^2}$

$\qquad \geq 2\sqrt{\dfrac{3(\sin^3\theta + 2)x^2}{4} \times \dfrac{(\sin^3\theta + 2)}{4x^2}}$

$\qquad = \dfrac{\sqrt{3}}{2}(\sin^3\theta + 2)$

따라서 $g(\theta) = \dfrac{\sqrt{3}}{2}\sin^3\theta + \sqrt{3}$ 이고 구간 $(0, 2\pi)$에서

$y = g(\theta)$의 그래프는 다음 그림과 같다.

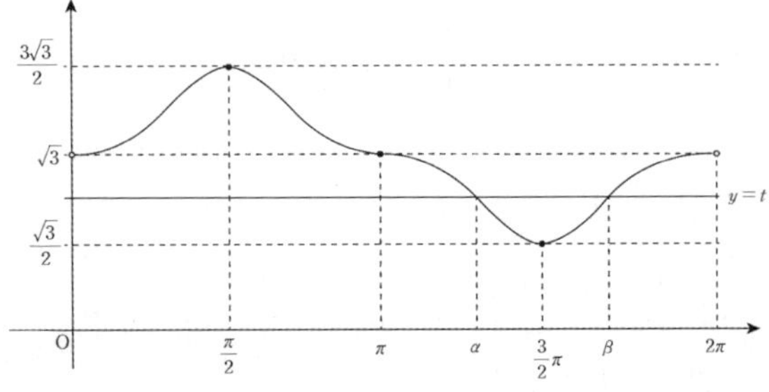

한편, $y = g(\theta)$와 $y = t$의 교점이 다음 그림과 같이 $\theta = \alpha$, $\theta = \beta$에서 교점이 생기면 함수 $\sqrt{|g(\theta) - t|}$ 는 그 점에서 미분되지 않는다.

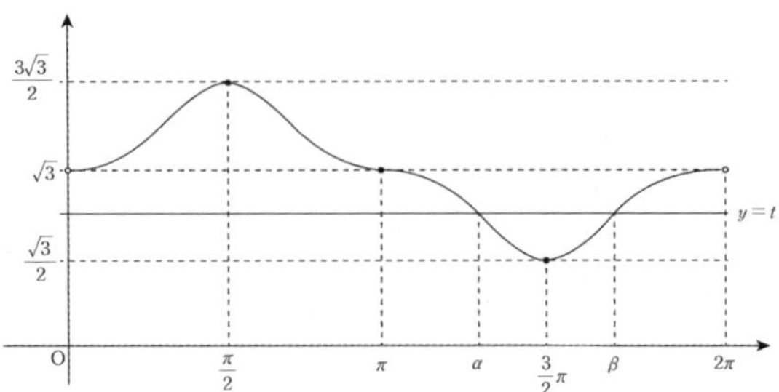

그런데 $(\pi,\ \sqrt{3})$은 변곡점이고 $\left(\dfrac{\pi}{2},\ \dfrac{3\sqrt{3}}{2}\right)$, $\left(\dfrac{3\pi}{2},\ \dfrac{\sqrt{3}}{2}\right)$은

극점이므로

$t = \dfrac{3\sqrt{3}}{2},\ \sqrt{3},\ \dfrac{\sqrt{3}}{2}$인 $\theta = \dfrac{\pi}{2},\ \pi,\ \dfrac{3}{2}\pi$에서는

$\sqrt{|g(\theta) - t|}$ 의 미분가능여부를 살펴봐야 하겠다.

$g(\theta) = \dfrac{\sqrt{3}}{2}\sin^3\theta + \sqrt{3}$, $g'(\theta) = \dfrac{3\sqrt{3}}{2}\sin^2\theta\cos\theta$

$y = \sqrt{|g(\theta) - t|} = \begin{cases} \sqrt{g(\theta) - t} & (g(\theta) \geq t) \\ \sqrt{-g(\theta) + t} & (g(\theta) < t) \end{cases}$ 를

θ에 대해 미분하면

$y' = \begin{cases} \dfrac{g'(\theta)}{2\sqrt{g(\theta) - t}} & (g(\theta) \geq t) \\ \dfrac{-g'(\theta)}{2\sqrt{-g(\theta) + t}} & (g(\theta) < t) \end{cases}$

(i) $t = \dfrac{\sqrt{3}}{2}$일 때 $\theta = \dfrac{3\pi}{2}$에서 미분가능성

$g(\theta) \geq t$인 경우이므로

$y' = \dfrac{g'(\theta)}{2\sqrt{g(\theta) - t}} = \dfrac{\dfrac{3\sqrt{3}}{2}\sin^2\theta\cos\theta}{2\sqrt{\dfrac{\sqrt{3}}{2}\sin^3\theta + \sqrt{3} - \dfrac{\sqrt{3}}{2}}}$

$\quad = \dfrac{\dfrac{3\sqrt{3}}{2}\sin^2\theta\,|\sqrt{1 - \sin^2\theta}|}{2\sqrt{\dfrac{\sqrt{3}}{2}\sin^3\theta + \dfrac{\sqrt{3}}{2}}}$

$\quad = \begin{cases} -\dfrac{\dfrac{3\sqrt{3}}{2}\sin^2\theta\,\sqrt{(1 - \sin\theta)(1 + \sin\theta)}}{2\sqrt{\dfrac{\sqrt{3}}{2}(\sin\theta + 1)(\sin^2\theta - \sin\theta + 1)}} & \left(\theta < \dfrac{3\pi}{2}\right) \\[4pt] \dfrac{\dfrac{3\sqrt{3}}{2}\sin^2\theta\,\sqrt{(1 - \sin\theta)(1 + \sin\theta)}}{2\sqrt{\dfrac{\sqrt{3}}{2}(\sin\theta + 1)(\sin^2\theta - \sin\theta + 1)}} & \left(\theta > \dfrac{3\pi}{2}\right) \end{cases}$

$\quad = \begin{cases} -\dfrac{\dfrac{3\sqrt{3}}{2}\sin^2\theta\,\sqrt{(1 - \sin\theta)}}{2\sqrt{\dfrac{\sqrt{3}}{2}(\sin^2\theta - \sin\theta + 1)}} & \left(\theta < \dfrac{3\pi}{2}\right) \\[4pt] \dfrac{\dfrac{3\sqrt{3}}{2}\sin^2\theta\,\sqrt{(1 - \sin\theta)}}{2\sqrt{\dfrac{\sqrt{3}}{2}(\sin^2\theta - \sin\theta + 1)}} & \left(\theta > \dfrac{3\pi}{2}\right) \end{cases}$

이므로 $\sqrt{|g(\theta)-t|}$은 $\theta=\dfrac{3\pi}{2}$에서 미분가능하지 않다.

(ii) 같은 식으로 $t=\dfrac{3\sqrt{3}}{2}$, $\theta=\dfrac{\pi}{2}$일 때도 미분

가능하지 않다.

(iii) $t=\sqrt{3}$, $\theta=\pi$일 때

$$\sqrt{|g(\theta)-t|}=\sqrt{\left|\dfrac{\sqrt{3}}{2}\sin^3\theta\right|}$$

$$=\begin{cases}\sqrt{\dfrac{\sqrt{3}}{2}\sin^3\theta} & (\theta<\pi) \\[2mm] \sqrt{-\dfrac{\sqrt{3}}{2}\sin^3\theta} & (\theta>\pi)\end{cases}$$

따라서 $\sqrt{\sin^3\theta}$와 $\sqrt{-\sin^3\theta}$의 $x=\pi$ 좌우에서의
미분 계수를 살펴보면 되겠다.

$$\left(\sqrt{\sin^3\theta}\right)'=\dfrac{3\sin^2\theta\cos\theta}{2\sqrt{\sin^3\theta}}=\dfrac{3\sqrt{\sin\theta}\cos\theta}{2}\text{이고}$$

$$\left(\sqrt{-\sin^3\theta}\right)'=\dfrac{-3\sin^2\theta\cos\theta}{2\sqrt{-\sin^3\theta}}=\dfrac{-3\sqrt{-\sin\theta}\cos\theta}{2}$$

이다.

$\sin\pi=0$이므로 좌미분계수와 우미분계수가 모두 0이 되어
같아진다.

즉, 미분가능하다.

따라서 (i), (ii), (iii)에서 t의 값의 범위에 따른 $h(t)$의 값을
구해보면 다음 그림과 같다.

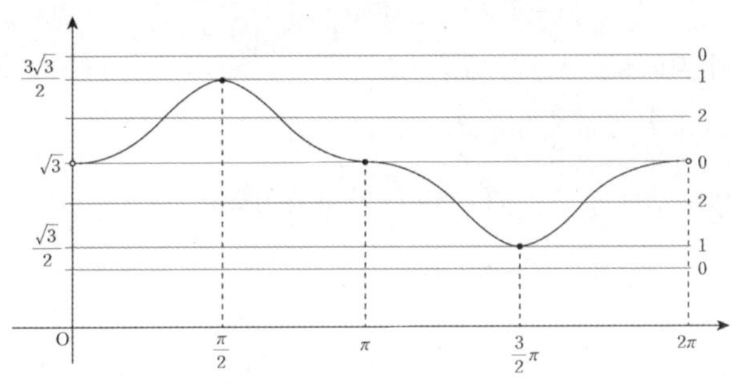

t의 값의 범위에 따른 $h(t)$의 값을 구해보면

$$h(t)=\begin{cases}0 & \left(t<\dfrac{\sqrt{3}}{2}\right) \\[2mm] 1 & \left(t=\dfrac{\sqrt{3}}{2}\right) \\[2mm] 2 & \left(\dfrac{\sqrt{3}}{2}<t<\sqrt{3}\right) \\[2mm] 0 & (t=\sqrt{3}) \\[2mm] 2 & \left(\sqrt{3}<t<\dfrac{3\sqrt{3}}{2}\right) \\[2mm] 1 & \left(t=\dfrac{3\sqrt{3}}{2}\right) \\[2mm] 0 & \left(t>\dfrac{3\sqrt{3}}{2}\right)\end{cases}$$

따라서 $a=h\left(\dfrac{\sqrt{3}}{2}\right)=1$, $b=h(\sqrt{3})=0$, $c=h\left(\dfrac{3\sqrt{3}}{2}\right)=1$

또한, 함수 $s(h(t))$가 실수 전체에서 연속이므로
$s(0)=s(1)=s(2)$이 성립하고

$\left(\because t=\dfrac{\sqrt{3}}{2}\right.$일 때 $s(h(t))$가 연속이기 위해서는 $h(t)$의

좌극한 0, 함숫값 1, 우극한 2이 모두 같아

야 하므로 $t=\dfrac{\sqrt{3}}{2}$에서 연속일 조건은

$s(0)=s(1)=s(2)$이다.

$t=\sqrt{3}$일 때 $s(h(t))$가 연속이기 위해서는 $h(t)$의

좌극한 2, 함숫값 0, 우극한 2이 모두 같아야 하므로

$t=\sqrt{3}$에서 연속일 조건은 $s(0)=s(2)$이다.

$t=\dfrac{3\sqrt{3}}{2}$일 때 $s(h(t))$가 연속이기 위해서는 $h(t)$의

좌극한 2, 함숫값 1, 우극한 0이 모두 같아야 하므로

$t=\dfrac{3\sqrt{3}}{2}$에서 연속일 조건은 $s(2)=s(1)=s(0)$이다.$\left.\right)$

$s(x)$는 최고차항의 계수가 1인 삼차함수이므로
$s(x)=x(x-1)(x-2)+p$라 할 수 있다.
따라서 $s(a+3)-s(b+2)+c$
$=s(4)-s(2)+c=(24+p)-(0+p)+1$
$=25$

111 정답 79

(가)에서 $\dfrac{f''(x)}{f'(x)}=\dfrac{3}{x+1}$이고 양변 부정적분 하면

$\ln|f'(x)|=3\ln|x+1|+B$ (B는 적분상수)

$\rightarrow \ln|f'(x)|=\ln|(x+1)^3|+\ln e^B$

따라서 $f'(x)=e^B(x+1)^3$

$f(x)$의 최고차항의 계수가 1이므로 $f'(x)=4(x+1)^3$이다.

따라서 $f(x)=(x+1)^4+C$ (C는 상수) 꼴 이다.

(나)에서

$$\int_{-2}^{0}\left\{\tan\left(\dfrac{x+1}{2}\right)+1\right\}f(x)dx \leftarrow \dfrac{x+1}{2}=t\text{라 두면}$$

$$=2\int_{-\frac{1}{2}}^{\frac{1}{2}}\{\tan t+1\}f(2t-1)dt$$

$$=2\int_{-\frac{1}{2}}^{\frac{1}{2}}(\tan t+1)(16t^4+C)dt$$

$$=2\int_{-\frac{1}{2}}^{\frac{1}{2}}(16t^4+C)\tan t\,dt+2\int_{-\frac{1}{2}}^{\frac{1}{2}}(16t^4+C)dt=0$$

에서 $g(t)=(16t^2+C)\tan t$라 두면 $g(-t)=-g(t)$이므로

$$\int_{-\frac{1}{2}}^{\frac{1}{2}}(16t^4+C)\tan t\,dt=0\text{이다.}$$

따라서 $\displaystyle\int_{-\frac{1}{2}}^{\frac{1}{2}}(16t^4+C)dt=0$

$$\int_{-\frac{1}{2}}^{\frac{1}{2}}(16t^4+C)dt=2\int_{0}^{\frac{1}{2}}(16t^4+C)dt=0\text{이므로}$$

$$\left[\frac{16}{5}t^5 + Ct\right]_0^{\frac{1}{2}} = \frac{1}{10} + \frac{1}{2}C = 0$$

따라서 $C = -\dfrac{1}{5}$ 이다.

$$f(x) = (x+1)^4 - \frac{1}{5}$$

$$\therefore\ f(1) = \frac{79}{5}$$

$$5 \times f(1) = 79$$

[다른 풀이]–유승희T

최고차항의 계수가 1인 사차함수 $f(x)$를

$f(x) = x^4 + ax^3 + bx^2 + cx + d$라 놓으면

(가)에서

항등식 $3f'(x) = (x+1)f''(x)$에 대입하여 정리하면

$12x^3 + 9ax^2 + 6bx + 3c$

$\qquad = 12x^3 + (6a+12)x^2 + (2b+6a)x + 2b$

$\therefore a = 4,\ b = 6,\ c = 4$

$f(x) = x^4 + 4x^3 + 6x^2 + 4x + d = (x+1)^4 + d - 1$

(나)에 대입하면

$$\int_{-2}^{0}\left\{\tan\left(\frac{x+1}{2}\right)+1\right\}\{(x+1)^4 + d - 1\}dx = 0$$

x축 방향으로 1만큼 평행이동하면

$$\int_{-1}^{1}\left\{\tan\left(\frac{x}{2}\right)+1\right\}(x^4 + d - 1)dx = 0$$

$$\int_{-1}^{1}\tan\left(\frac{x}{2}\right)(x^4 + d - 1)dx + \int_{-1}^{1}(x^4 + d - 1)dx = 0$$

함수 $\tan\left(\dfrac{x}{2}\right)(x^4 + d - 1)$은 원점에 대칭함수이므로

$$\int_{-1}^{1}\tan\left(\frac{x}{2}\right)(x^4 + d - 1)dx = 0\text{이다.}$$

$$\int_{-1}^{1}(x^4 + d - 1)dx = 0\text{에서} \quad \therefore\ d = \frac{4}{5}$$

$f(x) = (x+1)^4 - \dfrac{1}{5}$ 이므로 $f(1) = \dfrac{79}{5}$

$$\therefore\ 5 \times f(1) = 79$$

112   정답 18

함수 $f(x)$는 다음 그림과 같다.

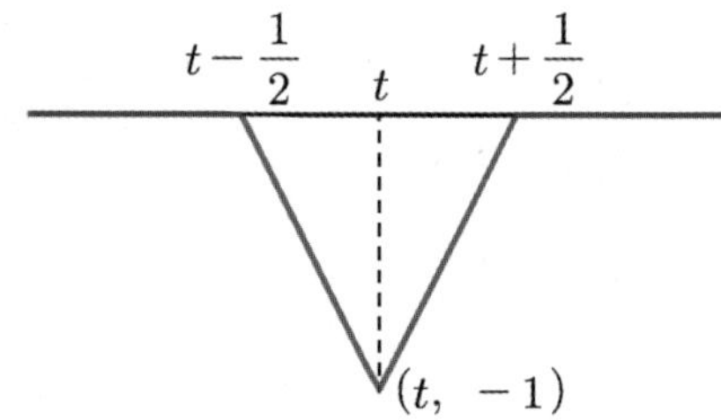

또한, 짝수 k에 대하여 $y = \sin(\pi x)\ (k \le x \le k+8)$
의 그래프는 다음 그림과 같다.

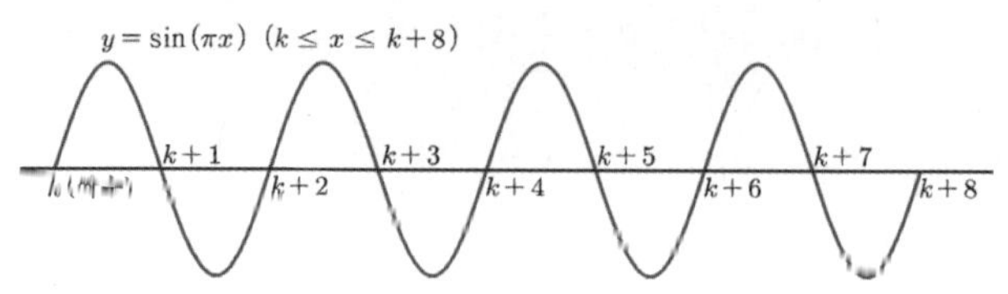

함수 $f(x)$는 $x = t$에 대칭이고 $y = \sin(\pi x)$는

$(n, 0)$에 대칭 또는 $x = n + \dfrac{1}{2}$에 대칭이다. (n은 정수)

$t + 1 \le k,\ t - 1 \ge k + 8$인 경우는 $f(x)\sin(\pi x)$는

함숫값이 0이므로 극솟값이 생기지 않는다.

따라서 $k - 1 \le t \le k + 1$인 경우를 생각하면 된다.

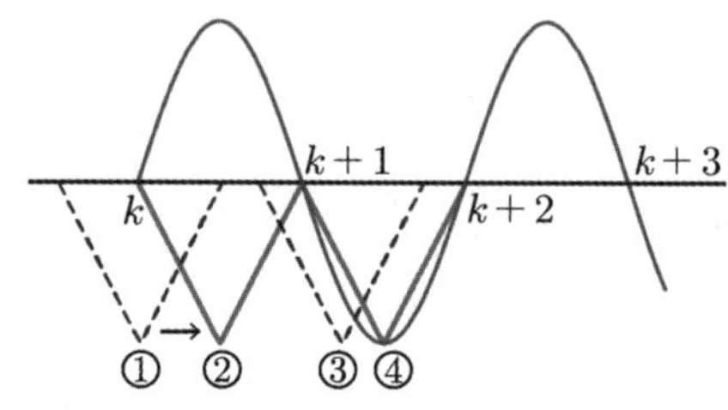

그림과 같이 $y = \sin(\pi x)$를 고정시킨 채 함수 $f(x)$
를 t가 증가하는 방향으로 옮기면서 생각해보면

$t = k + \dfrac{1}{2},\ k + \dfrac{3}{2},\ k + \dfrac{5}{2},\ \cdots$가 될 때

$f(x)$와 $y = \sin(\pi x)$는 대칭축이 일치하게 된다.

그럼 $f(x)\sin(\pi x)$의 대칭축도

$t = k + \dfrac{1}{2},\ k + \dfrac{3}{2},\ k + \dfrac{5}{2},\ \cdots$가 된다.

위의 그림에서 ②은 $f(x)\sin(\pi x)$의 대칭축이

$x = k + \dfrac{1}{2}$이고 ④는 $x = k + \dfrac{3}{2}$이다.

[랑데뷰팁]–두 함수 $f(x)$, $g(x)$가 각각 $x=m$에 대칭이면
$f(m-x)=f(m+x)$, $g(m-x)=g(m+x)$ 이고
$h(x)=f(x)g(x)$라 할 때 $h(m-x)=h(m+x)$이므로
$f(x)g(x)$도 $x=m$에 대칭이다.

그럼 $f(x)\sin(\pi x)$가 대칭축을 갖는다는 의미는 대칭축의
좌우에서 증감이 바뀌므로 대칭축에서 극값을 갖게 된다.
예를 들어 위 그림의 ①,②,③,④ 위치의 $f(x)$에 대하여
함수 $f(x)\sin(\pi x)$의 그래프는 다음과 같다.

①

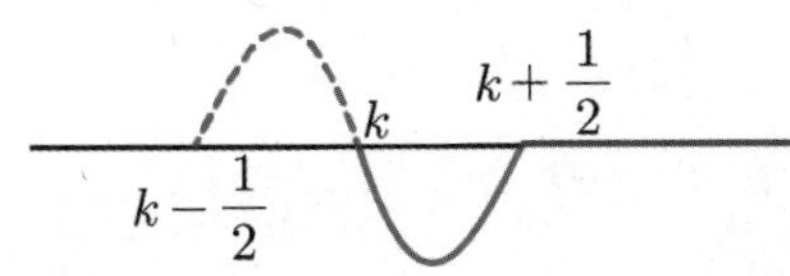

②

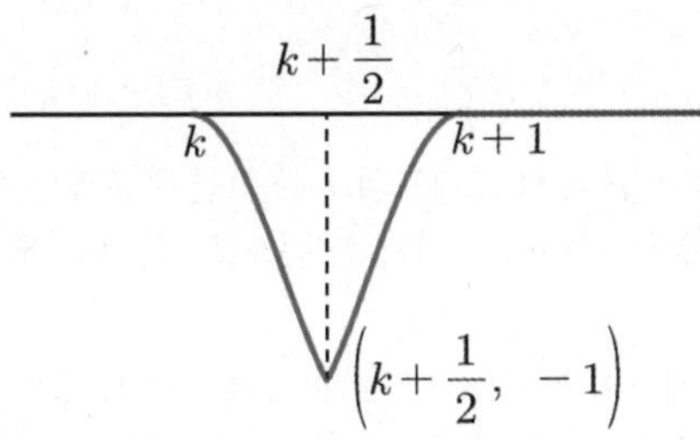

③

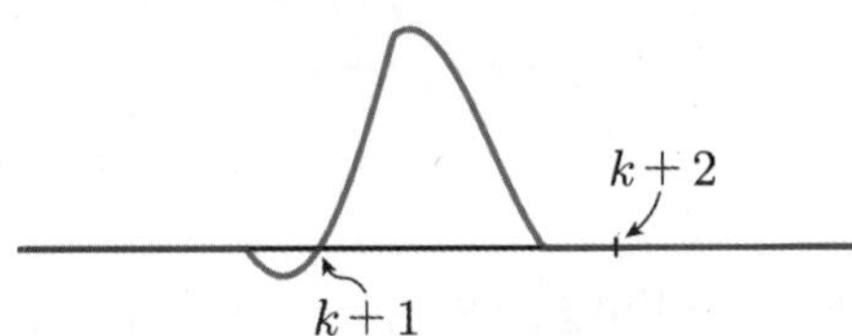

④

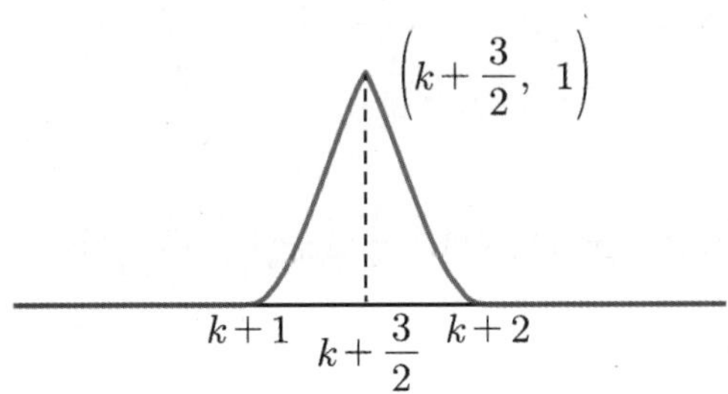

각 경우의 $g(t)$값을 차례로 $g(t_1)$, $g(t_2)$, $g(t_3)$, $g(t_4)$
라 할 때
$g(t_1) > g(t_2)$이고 $g(t_2)$이후 $g(t)$값이 커지다가
$g(t_3) < g(t_4)$이고 $g(t_4)$이후 $g(t)$값이 점점
작아진다.
따라서 $t=k+\dfrac{1}{2}$일 때 극소가 되고 $t=k+\dfrac{3}{2}$일 때

극대가 된다.
따라서 극대가 되는 $t=\alpha$에서
$$\alpha_1 = k+\frac{3}{2},\ \alpha_2 = k+\frac{7}{2},\ \alpha_3 = k+\frac{11}{2},$$
$$\alpha_4 = k+\frac{15}{2}\ (\because \alpha_n < k+8)$$
따라서 $m=4$
$$\sum_{i=1}^{m}\alpha_i = 26$$에서 $\alpha_1+\alpha_2+\alpha_3+\alpha_4 = 4k+18 = 26$
에서 $k=2$
따라서
$$g(\alpha_1) = g\left(\frac{7}{2}\right) = \int_{2}^{10} f(x)\sin(\pi x)dx$$
$$= \int_{3}^{4}\left\{2\left|x-\frac{7}{2}\right|-1\right\}\sin(\pi x)dx$$
$$= 2\int_{\frac{7}{2}}^{4}\left\{2\left(x-\frac{7}{2}\right)-1\right\}\sin(\pi x)dx$$
$$= 2\int_{\frac{7}{2}}^{4}(2x-8)\sin(\pi x)dx$$
$$= \int_{-1}^{0} t\sin\left(\frac{\pi}{2}t\right)dt$$
$$= \left[t\times -\frac{2}{\pi}\cos\left(\frac{\pi}{2}t\right)\right]_{-1}^{0} + \frac{2}{\pi}\int_{-1}^{0}\cos\left(\frac{\pi}{2}t\right)dt$$
$$= \frac{4}{\pi^2}\left[\sin\left(\frac{\pi}{2}t\right)\right]_{-1}^{0} = \frac{4}{\pi^2}$$

한편, $g(\alpha_1) = g(\alpha_2) = g(\alpha_3) = g(\alpha_4)$이므로
$$k+\pi^2\sum_{i=1}^{m}g(\alpha_i) = 2+\pi^2\times 4\left(\frac{4}{\pi^2}\right) = 18$$

113 정답 11

[그림 : 강민구T]
[검토자 : 정찬도T]

(가)에서 급수 $\displaystyle\sum_{m=1}^{\infty} a_m$가 수렴하므로 $\displaystyle\lim_{m\to\infty} a_m = 0$이다.

(나)에서 m대신 $m+1$을 대입한 식을 각 변끼리 빼면
$$r\times a_{m+1} = a_{m+1} - a_m$$
$$a_m = (1-r)\times a_{m+1}$$
$$\therefore\ a_{m+1} = \frac{1}{1-r}a_m$$

으로 수열 $\{a_m\}$은 공비가 $\dfrac{1}{1-r}$인 등비수열이다.

따라서 $-1 < \dfrac{1}{1-r} < 1$ $\cdots\cdots$ ㉠

(나)의 양변에 $\displaystyle\lim_{m\to\infty}$ 를 취하면

$$\lim_{m \to \infty} \sum_{k=1}^{m} (r \times a_k) = \lim_{m \to \infty} (a_m + 4)$$

$$r \times \sum_{m=1}^{\infty} a_m = \lim_{m \to \infty} a_m + 4$$

$$r^2 = 4$$

$$\therefore \ r = \pm 2$$

(i) $r = -2$일 때,

㉠을 만족시키고 수열 $\{a_m\}$은 공비가 $\dfrac{1}{3}$인 등비수열이다.

(ii) $r = 2$일 때,

㉠을 만족시키지 않는다.

(i), (ii)에서 $r = -2$이다.

따라서 $f(x) = \dfrac{f(x-2n)}{(-2)^n} \ (2n \le x < 2n+2)$이다.

$$f(x) = \begin{cases} e^x - 1 & (0 \le x < 1) \\ e^{2-x} - 1 & (1 \le x < 2) \end{cases} \text{에서}$$

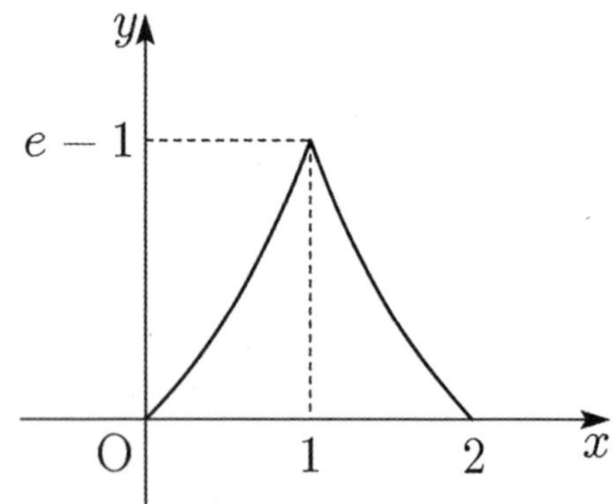

① $n = 1$일 때, $f(x) = \dfrac{f(x-2)}{-2} \ (2 \le x < 4)$으로

$$f(x) = \begin{cases} \dfrac{e^{x-2} - 1}{-2} & (2 \le x < 3) \\ \dfrac{e^{4-x} - 1}{-2} & (3 \le x < 4) \end{cases}$$

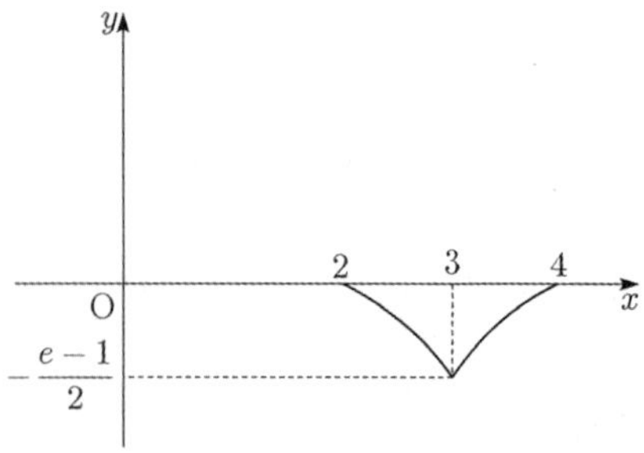

② $n = 2$일 때, $f(x) = \dfrac{f(x-4)}{4} \ (4 \le x < 6)$으로

$$f(x) = \begin{cases} \dfrac{e^{x-4} - 1}{4} & (4 \le x < 5) \\ \dfrac{e^{6-x} - 1}{4} & (5 \le x < 6) \end{cases}$$

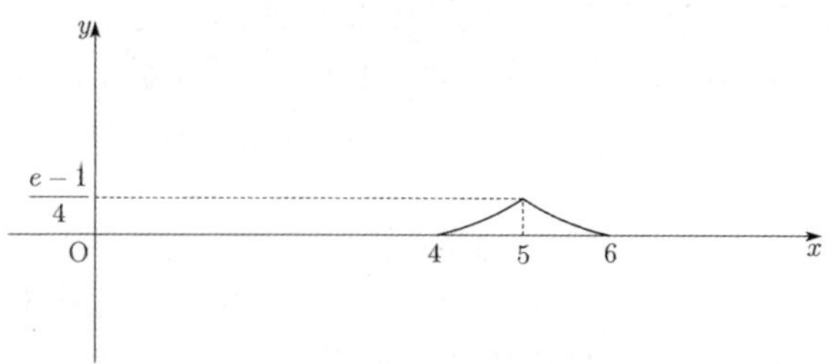

즉, 함수 $f(x)$의 그래프는 구간 $[2n, 2n+2)$에서 구간 $[0, 2)$의 그래프의 $\dfrac{1}{(-2)^n}$배 크기만큼 그려나가면 되므로 그림과 같이 그릴 수 있다.

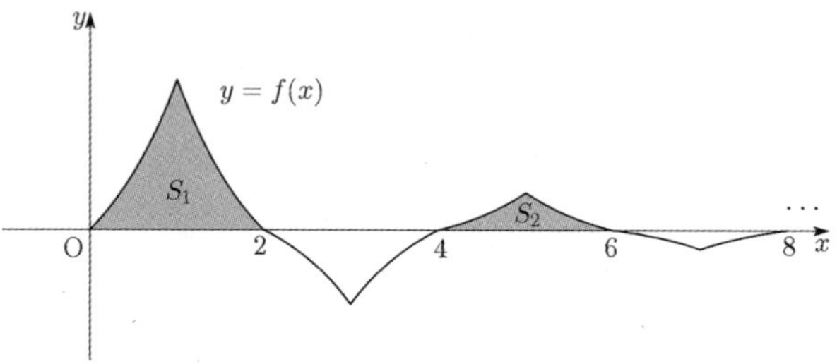

이때, 함수 $y = f(x)$의 그래프의 $y \ge 0$인 부분과 x축으로 둘러싸인 부분의 넓이를 크기가 큰 순으로 S_1, S_2, S_3, $\cdots$라 할 때,

$0 \le x < 2$에서의 곡선 $y = f(x)$와 x축으로 둘러싸인 부분의 넓이를 S_1

$4 \le x < 6$에서의 곡선 $y = f(x)$와 x축으로 둘러싸인 부분의 넓이를 S_2

$8 \le x < 10$에서의 곡선 $y = f(x)$와 x축으로 둘러싸인 부분의 넓이를 S_3

$\cdots$

이다.

$$S_1 + S_2 + S_3 + \cdots = \lim_{n \to \infty} \sum_{k=1}^{n} S_k \text{이다.} \ \cdots\cdots \ ㉡$$

$$S_2 = \frac{1}{4} S_1$$

$$S_3 = \frac{1}{4} S_2$$

$$\vdots$$

이므로

㉡은 첫째항이 S_1이고 공비가 $\dfrac{1}{4}$인 등비급수를 의미한다.

따라서

$$S_1 = 2 \times \int_0^1 (e^x - 1)\,dx$$

$$= 2 \times \Big[e^x - x\Big]_0^1 = 2(e-2)$$

이므로

$$\lim_{n \to \infty} \sum_{k=1}^{n} S_k = \frac{2(e-2)}{1 - \dfrac{1}{4}} = \frac{8}{3}(e-2)$$

$p = 3$, $q = 8$이므로 $p + q = 11$이다.

[다른 풀이]
구간 $[4n-4,\ 4n-2)$에서 함수 $y=f(x)$의 그래프는 $y \geq 0$인 부분에 있으므로 $y=f(x)$와 x축으로 둘러싸인 부분의 넓이를 S_n이라 할 때, 수열 $\{S_n\}$은

$$S_1 = 2 \times \int_0^1 (e^x-1)\,dx = 2 \times \Big[e^x - x \Big]_0^1 = 2(e-2)$$ 이고

공비 $\dfrac{1}{4}$인 등비수열이다.

그러므로 $S_1+S_2+S_3+\cdots = \lim_{n\to\infty} \sum_{k=1}^{n} S_k = \dfrac{2(e-2)}{1-\dfrac{1}{4}} = \dfrac{8}{3}(e-2)$

$p=3$, $q=8$이므로 $p+q=11$이다.

114 정답 2

(i) (가)에서 $x=0$을 대입하면 $f(0)=0$
양변 미분하면
$f'(x)=\cos(2\pi f(x+1))$ $(-1<x<1)$이다.
$-1 \leq \cos(2\pi f(x+1)) \leq 1$이므로 $-1 \leq f'(x) \leq 1$
따라서 $0 \leq x \leq 1$에서 $f(x)$는 $(0,0)$, $(1,1)$을 지나고 접선의 기울기의 최댓값이 1인 상황에서는 직선일 수 밖에 없다.
$\therefore\ f(x)=x\ (0 \leq x \leq 1)\cdots\textcircled{\small ㄱ}$

(ii) (가)에서 $x=1$을 대입하면
$f(1)=\displaystyle\int_1^2 \cos(2\pi f(t))\,dt = 1$
$-1 \leq \cos(2\pi f(t)) \leq 1$이고 그것의 구간 $(1,2)$에서의 정적분 값이 1이 되려면
$\cos(2\pi f(t))=1$일 수 밖에 없다.
$\cos 2\pi = 1$이고 $f(1)=1$이므로 $f(t)=1$
$\therefore\ f(x)=1\ (1 \leq x \leq 2)\cdots\textcircled{\small ㄴ}$

(iii) $-1 < x \leq 0$일 때
$f(x)=\displaystyle\int_1^{x+1} \cos(2\pi f(t))\,dt$에서
$0 \leq x+1 \leq 1$이고 $\textcircled{\small ㄱ}$에서 구간 $(0,1)$일 때 $f(t)=t$이므로
$f(x)=\displaystyle\int_1^{x+1} \cos(2\pi f(t))\,dt$

$\quad = \displaystyle\int_1^{x+1} \cos(2\pi t)\,dt = \Big[\dfrac{1}{2\pi}\sin(2\pi t) \Big]_1^{x+1}$

$\quad = \dfrac{1}{2\pi}\sin(2\pi x)$

$\therefore\ f(-1)=0$
한편, (나)에서 $f(x)$는 $(-1,\ f(-1))$에 대칭이고
$f(-1)=0$이므로 $(-1,0)$에 대칭이다.
따라서 $\displaystyle\int_{-2}^{0} f(x)\,dx = 0$이 된다.

(i), (ii), (iii)에서 구간 $[-4,2]$의 함수 $f(x)$는 다음 그림과 같다.

따라서

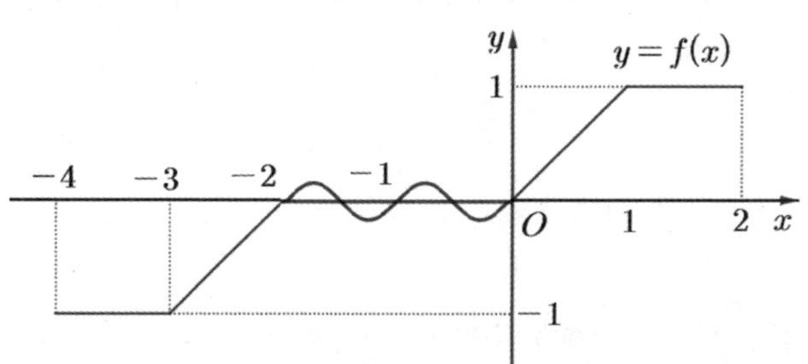

$\displaystyle\int_{-3}^{2} f(x)\,dx$

$= \displaystyle\int_{-3}^{1} f(x)\,dx + \int_{1}^{2} f(x)\,dx$

$= 0 + \displaystyle\int_{1}^{2} 1\,dx = 1$

$f(-4) = -f(2) = -1$

$\displaystyle\int_{-3}^{2} f(x)\,dx - f(-4) = 1-(-1) = 2$

115 정답 ③

(가)의 양변에 $\times(-4)$을 하면
$\dfrac{-2f'(x)}{\{f(x)\}^3} = \dfrac{-8f'(2x-1)}{\{f(2x-1)\}^3}$ 이고
$\dfrac{-2f'(x)}{\{f(x)\}^3} = 2 \times \dfrac{-4f'(2x-1)}{\{f(2x-1)\}^3}$ 에서 양변 적분하면
$\dfrac{1}{\{f(x)\}^2} = 2\left(\dfrac{1}{\{f(2x-1)\}^2} \right) + C$

(i) $x=2$을 대입하면 $\dfrac{1}{\{f(2)\}^2} = 2\left(\dfrac{1}{\{f(3)\}^2} \right) + C$

(ii) $x=3$을 대입하면 $\dfrac{1}{\{f(3)\}^2} = 2\left(\dfrac{1}{\{f(5)\}^2} \right) + C \cdots\textcircled{\small ㄱ}$

(iii) $x=5$을 대입하면 $\dfrac{1}{\{f(5)\}^2} = 2\left(\dfrac{1}{\{f(9)\}^2} \right) + C$

(나)에서 $f(2)=1$, $f(9)=2$이므로
$\dfrac{1}{\{f(3)\}^2} = \dfrac{1-C}{2}$, $\dfrac{1}{\{f(5)\}^2} = \dfrac{1}{2}+C$ 이다.

$\textcircled{\small ㄱ}$에 대입하면
$\dfrac{1-C}{2} = 1+3C$ $\quad$ 따라서 $C=-\dfrac{1}{7}$

$\therefore\ \dfrac{1}{\{f(x)\}^2} = 2\left(\dfrac{1}{\{f(2x-1)\}^2} \right) - \dfrac{1}{7}$

$x=1$을 대입하면 $\dfrac{1}{\{f(1)\}^2} = 2\left(\dfrac{1}{\{f(1)\}^2} \right) - \dfrac{1}{7}$

$\dfrac{1}{\{f(1)\}^2} = \dfrac{1}{7}$ $\quad \therefore\ f(1)=\sqrt{7}$

킬러극킬 – 미적분 **237**

수어진 함수 $h(x)$를 $x=a$와 $x=b$를 기준으로 구간을 나누어 정의해 보면

$$h(x) = \begin{cases} 1 & (x \leq 0) \\ e^x & (0 < x \leq a) \\ e^a & (a < x \leq b) \\ e^{-x+a+b} & (b < x \leq 2) \\ e^{a+b-2} & (x > 2) \end{cases}$$

주어진 함수 $k(x)$를 $x=\dfrac{1}{2}$와 $x=\dfrac{3}{2}$를 기준으로 구간을

나누어 정의해 보면

$$k(x) = \begin{cases} 1 & (x \leq 0) \\ cx+1 & \left(0 < x \leq \dfrac{1}{2}\right) \\ \dfrac{1}{2}c+1 & \left(\dfrac{1}{2} < x \leq \dfrac{3}{2}\right) \\ c(2-x)+1 & \left(\dfrac{3}{2} < x \leq 2\right) \\ 1 & (x > 2) \end{cases}$$

$1 \leq h(x) \leq k(x)$에서 $c > 0$이고 $k(2)=1$이므로

$1 \leq h(2) \leq 1$

따라서 $h(2)=1$이다.

따라서 $e^{a+b-2}=1$에서 $a+b=2$이다.

또한,

$\displaystyle\int_a^b \{k(x)-h(x)\}dx$의 값이 최소가 되기 위해서는

$e^a = \dfrac{1}{2}c+1 \left(\dfrac{1}{2} \leq a < b \leq \dfrac{3}{2}\right) \cdots \bigcirc$일 때이고 그래프 개형은

다음 그림과 같다.

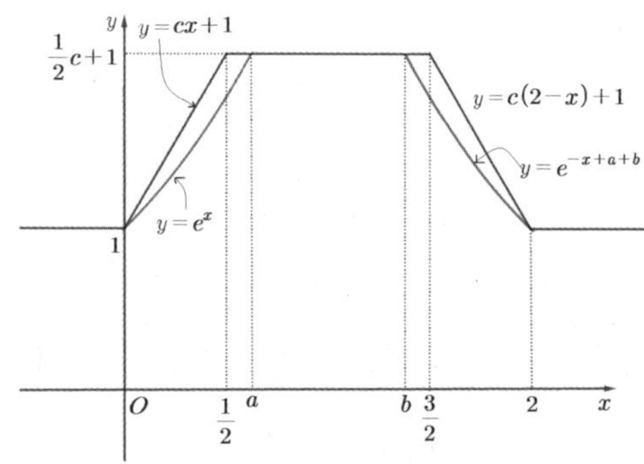

$b-a$의 값이 최대가 될 때는 $a=\dfrac{1}{2}$, $b=\dfrac{3}{2}$

따라서 $\bigcirc$에서 $e^{\frac{1}{2}} = \dfrac{1}{2}c+1 \Rightarrow c = 2\sqrt{e}-2$

따라서

$m = \displaystyle\int_0^2 \{k(x)-h(x)\}dx$

$= 2\displaystyle\int_0^{\frac{1}{2}} \{(2\sqrt{e}-2)x+1-e^x\}dx + \int_{\frac{1}{2}}^{\frac{3}{2}} 0 \, dx$

$= 2\left[(\sqrt{e}-1)x^2 + x - e^x\right]_0^{\frac{1}{2}}$

$= 2\left\{\dfrac{\sqrt{e}-1}{4} + \dfrac{1}{2} - \sqrt{e} + 1\right\} = \dfrac{5}{2} - \dfrac{3}{2}\sqrt{e}$

$a = \dfrac{1}{2}$, $b = \dfrac{3}{2}$, $c = 2\sqrt{e}-2$, $m = \dfrac{5}{2} - \dfrac{3}{2}\sqrt{e}$

$3(a+b+c)+4m = 3 \times 2\sqrt{e} + 10 - 6\sqrt{e} = 10$

[검토자 : 정찬도T]

조건 (가)에서

$0 \leq x \leq 1$일 때, $f(x) = (x^2+ax+b)e^x$이고

$f(0) = b$, $f(1) = (1+a+b)e$

조건 (나)에서

$1 \leq x \leq 2$일 때, $f(x) - ef(x-1) = 0$이므로

$x=1$일 때, $f(1) - ef(0) = 0$

$(1+a+b)e - eb = 0$에서 $a = -1$

따라서 $f(x) = (x^2-x+b)e^x \ (0 \leq x \leq 1)$이다.

$g(x) = \displaystyle\int_0^x f(t)\,dt \ (1 \leq x \leq 2)$

$= \displaystyle\int_0^1 f(t)dt + \int_1^x f(t)dt$

$= \displaystyle\int_0^1 f(t)dt + \int_1^x ef(t-1)dt$

$= \displaystyle\int_0^1 f(t)dt + e\int_0^{x-1} f(t)dt$

$g'(x) = ef(x-1)$

$= e \times \{(x-1)^2 - (x-1) + b\}e^{x-1}$

$= (x^2-3x+2+b)e^x$

$= \left\{\left(x-\dfrac{3}{2}\right)^2 - \dfrac{1}{4} + b\right\}e^x$

에서 $b \geq \dfrac{1}{4}$이므로 $g'(x) \geq 0$으로 함수 $g(x)$는 구간

$(1, 2)$에서 증가한다.

따라서

$\alpha = g(2) = \displaystyle\int_0^1 f(t)dt + e\int_0^1 f(t)dt = (e+1)\int_0^1 f(t)dt$

$0 \leq x \leq 1$일 때

$\displaystyle\int_0^1 f(t)\,dt$

$= \displaystyle\int_0^1 (t^2-t+b)e^t dt$

$= \left[(t^2-t+b)e^t\right]_0^1 - \displaystyle\int_0^1 (2t-1)e^t dt$

$= be - b - \left\{\left[(2t-1)e^t\right]_0^1 - \displaystyle\int_0^1 2e^t dt\right\}$

$= be - b - \left\{e + 1 - 2\left[e^t\right]_0^1\right\}$

$= be - b - (e + 1 - 2e + 2)$

$= be - b + e - 3$

$= (b+1)e - b - 3$

따라서

$$\frac{\alpha}{e+1}=(b+1)e-b-3=-2e$$에서 $b=-3$이다.

$$\therefore \ f(x)=(x^2-x-3)e^x \ (0 \le x \le 1)$$
$$\therefore \ f(1)=-3e$$

$1 \le x \le 2$에서 $f(x)-ef(x-1)=0$이므로
$$f(2)=ef(1)=-3e^2$$
이다.

118 정답 155

최고차항의 계수가 1인 이차함수 $f(x)=(x-a)^2+b$라 하면
$g(x)=e^{-(x-a)^2-b}$이다.

$g(2a-x)=e^{-(a-x)^2-b}=g(x)$이므로 함수 $g(x)$는 $x=a$에 대칭이고

$$\lim_{x\to\infty}g(x)=\lim_{x\to-\infty}g(x)=0$$에서 함수 $g(x)$는 $x=a$에서

최댓값 $g(a)=e^{-b}$ 을 갖는다.

(가)에서 $e^{-b}=3$

따라서 $b=-\ln3$

$f(x)=(x-a)^2-\ln3$, $f'(x)=2(x-a)$, $f''(x)=2$이므로

$g(x)=e^{-f(x)}$에서

$g'(x)=e^{-f(x)}\{-f'(x)\}=e^{-f(x)}\{-2(x-a)\}$ ⇨

$g'(a)=0$이고 $x=a$에서 함수 $g(x)$가 극대임을 알 수 있다.

$$g''(x)=e^{-f(x)}\{f'(x)\}^2+e^{-f(x)}\{-f''(x)\}$$
$$=e^{-f(x)}\left[\{f'(x)\}^2-f''(x)\right]$$
$$=e^{-f(x)}\{4(x-a)^2-2\} \ ⇨ \ g''(x)=0$$

의 해가 $x=a\pm\dfrac{\sqrt2}{2}$이므로

함수 $g(x)$의 변곡점의 x좌표는 $x=a-\dfrac{\sqrt2}{2}$,

$x=a+\dfrac{\sqrt2}{2}$이다.

함수 $g(x)$의 그래프처럼 봉우리 모양의 그래프는 접선의 기울기의 최대 또는 최소가 변곡점에서 생기므로 각 변곡점에서의 접선의 방정식을 구해보자.

(i) $t=a-\dfrac{\sqrt2}{2}$일 때,

$$f\left(a-\frac{\sqrt2}{2}\right)=\frac{1}{2}-\ln3=\ln\frac{\sqrt e}{3}, \ f'\left(a-\frac{\sqrt2}{2}\right)=-\sqrt2$$이므로

$$g\left(a-\frac{\sqrt2}{2}\right)=e^{-f\left(a-\frac{\sqrt2}{2}\right)}=e^{-\ln\frac{\sqrt e}{3}}=\frac{3}{\sqrt e}$$

$$g'\left(a-\frac{\sqrt2}{2}\right)=e^{-f\left(a-\frac{\sqrt2}{2}\right)}\left\{-f'\left(a-\frac{\sqrt2}{2}\right)\right\}$$

$$=e^{-\ln\frac{\sqrt e}{3}}=\frac{3\sqrt2}{\sqrt e}$$

따라서 접선의 방정식은
$$y=\frac{3\sqrt2}{\sqrt e}\left(x-a+\frac{\sqrt2}{2}\right)+\frac{3}{\sqrt e}=\frac{3\sqrt2}{\sqrt e}x-\frac{3\sqrt2}{\sqrt e}a+\frac{6}{\sqrt e}$$

따라서 $h(t)=-\dfrac{3\sqrt2}{\sqrt e}a+\dfrac{6}{\sqrt e}⇨m$

(ii) $t=a+\dfrac{\sqrt2}{2}$일 때,

$$f'\left(a+\frac{\sqrt2}{2}\right)=\sqrt2, \ f\left(a+\frac{\sqrt2}{2}\right)=\frac{1}{2}-\ln3=\ln\frac{\sqrt e}{3}$$이므로

$$g\left(a+\frac{\sqrt2}{2}\right)=e^{-f\left(a+\frac{\sqrt2}{2}\right)}=e^{-\ln\frac{\sqrt e}{3}}=\frac{3}{\sqrt e}$$

$$g'\left(a+\frac{\sqrt2}{2}\right)=e^{-f\left(a-\frac{\sqrt2}{2}\right)}\left\{-f'\left(a+\frac{\sqrt2}{2}\right)\right\}$$

$$=-e^{-\ln\frac{\sqrt e}{3}}=-\frac{3\sqrt2}{\sqrt e}$$

따라서 접선의 방정식은
$$y=-\frac{3\sqrt2}{\sqrt e}\left(x-a-\frac{\sqrt2}{2}\right)+\frac{3}{\sqrt e}=-\frac{3\sqrt2}{\sqrt e}x+\frac{3\sqrt2}{\sqrt e}a$$
$$+\frac{6}{\sqrt e}$$

따라서 $h(t)=\dfrac{3\sqrt2}{\sqrt e}a+\dfrac{6}{\sqrt e}⇨M$

(나)에서 $Mm=\dfrac{36}{e}-\dfrac{18}{e}a^2=-\dfrac{28}{e}$

$$\frac{18}{e}a^2=\frac{64}{e}$$

$$a^2=\frac{32}{9}$$

$$\therefore \ a=\pm\frac{4\sqrt2}{3}$$

축에 대칭인 함수의 구간의 길이가 1인 정적분 값의 최대 최소는

축의 좌우 $\dfrac{1}{2}$인 거리의 값에서 생기므로 $k=a+\dfrac{1}{2}$이다.

따라서 $\alpha=\dfrac{1}{2}+\dfrac{4\sqrt2}{3}$, $\beta=\dfrac{1}{2}-\dfrac{4\sqrt2}{3}$라 할 수 있다.

$$\alpha^2+\beta^2=(\alpha+\beta)^2-2\alpha\beta$$
$$=1-2\left(\frac{1}{4}-\frac{32}{9}\right)$$
$$=1-\frac{1}{2}+\frac{64}{9}$$
$$=\frac{1}{2}+\frac{64}{9}=\frac{9+128}{18}=\frac{137}{18}$$

$p=18$, $q=137$이므로
$p+q=155$

119 정답 15

(나)에 주어진 등식에 $x=0$을 대입하면
$$f(0)=2 \quad \cdots \text{㉠}$$
(나)에 주어진 등식의 양변을 x에 대하여 미분하면
$$f'(x)=\sqrt{4f(x)-\{f(x)\}^2-3}$$
에서 $f'(x) \ge 0$, $1 \le f(x) \le 3 \cdots \text{㉡}$
임을 알 수 있다.

$0 \le x \le \dfrac{\pi}{2}$일 때 $f(x)=a\sin bx+c$이고 $f(0)=2$

에서 $c=2$
$$f'(x)=ab\cos bx \quad \cdots \text{㉢}$$
$4f(x)-\{f(x)\}^2-3=-\{f(x)-1\}\{f(x)-3\}$이므로
$$ab\cos bx = \sqrt{-(a\sin bx+1)(a\sin bx-1)}$$
$$= \sqrt{1-a^2\sin^2 bx} \text{ 양변 제곱하면}$$
$a^2b^2\cos^2 bx = 1-a^2\sin^2 bx$ 이고
$a^2b^2\cos^2 bx = a^2b^2-a^2b^2\sin^2 bx$ 이므로 $b^2=1$
(i) $b=1$일 때 ㉢에서 $f'(x)=a\cos x$

$-\dfrac{\pi}{2} \le x \le \dfrac{\pi}{2}$에서 $a\cos x \ge 0$이기 위해서는 $a>0$이다.

또한 ㉡에서 $f(x)=a\sin x+2$가 $1 \le f(x) \le 3$에서
$0 < a \le 1$이다.
$|a|$의 값이 최대일 때는 $a=1$일 때다.

따라서 $-\dfrac{\pi}{2} \le x \le \dfrac{\pi}{2}$일 때, $f(x)=\sin x+2$

그런데 $f'\left(\dfrac{\pi}{2}\right)=\cos\left(\dfrac{\pi}{2}\right)=0$, $f\left(\dfrac{\pi}{2}\right)=\sin\left(\dfrac{\pi}{2}\right)+2=3$이므로

$f'(x) \ge 0$이고 $f(x) \le 3$이기 위해서는

$x > \dfrac{\pi}{2}$일 때 $f(x)=3$이다.

(ii) $b=-1$일 때 ㉢에서 $f'(x)=-a\cos(-x)$

$-\dfrac{\pi}{2} \le x \le \dfrac{\pi}{2}$에서 $-a\cos(-x) \ge 0$이기 위해서는

$a<0$이다.
또한 ㉡에서 $f(x)=a\sin x+2$가 $1 \le f(x) \le 3$이기 위해서는
$-1 \le a < 0$이다.
$|a|$의 값이 최대일 때는 $a=1$일 때다.

따라서 $-\dfrac{\pi}{2} \le x \le \dfrac{\pi}{2}$일 때,

$f(x)=-\sin(-x)+2=\sin x+2$ 이므로 (i)과 같은 경우가
된다.

따라서 (i), (ii)에서
$$f(x)=\begin{cases} \sin x+2 & \left(-\dfrac{\pi}{2} \le x \le \dfrac{\pi}{2}\right) \\ 3 & \left(x > \dfrac{\pi}{2}\right) \end{cases}$$

$$\therefore \int_{-\frac{\pi}{2}}^{2\pi} f(x)dx = \int_{-\frac{\pi}{2}}^{\frac{\pi}{2}}(\sin x+2)dx + \int_{\frac{\pi}{2}}^{2\pi} 3dx$$

$$= \Big[-\cos x+2x\Big]_{-\frac{\pi}{2}}^{\frac{\pi}{2}} + \Big[3x\Big]_{\frac{\pi}{2}}^{2\pi}$$

$$= 2\pi + \frac{9\pi}{2} = \frac{13}{2}\pi$$

따라서 $p=2$, $q=13$이므로 $p+q=15$

> **[랑데뷰팁]**
> $y=\sin x+2$가 $(0,2)$에 대칭인 것을 이용하면 계산
> 과정이 훨씬 간단하다.

120 정답 16

$a_1=0$, $a_{n+1}=a_n+2^n$에서
$a_2=2$, $a_3=2+4$, $a_4=2+4+8$, $\cdots$이고
$$f(x)=\frac{1}{2^{n-2}}\sin\left(\frac{\pi(x-a_n)}{2^{n-1}}\right) \ (a_n \le x \le a_{n+1})\text{에서}$$

$f(x)$는 주기가 $\dfrac{2^{n-1}\times 2\pi}{\pi}=2^n$인 함수이다.

(i) $n=1 \Rightarrow 0 \le x \le 2$, $f(x)=2\sin(\pi x)$

(ii) $n=2 \Rightarrow 2 \le x \le 6$, $f(x)=\sin\left(\dfrac{\pi(x-2)}{2}\right)$

(iii) $n=3 \Rightarrow 6 \le x \le 14$, $f(x)=\dfrac{1}{2}\sin\left(\dfrac{\pi(x-6)}{2^2}\right)$

$\cdots \qquad \cdots \qquad \cdots$

따라서 $y=f(x)$의 그래프는 다음과 같다.

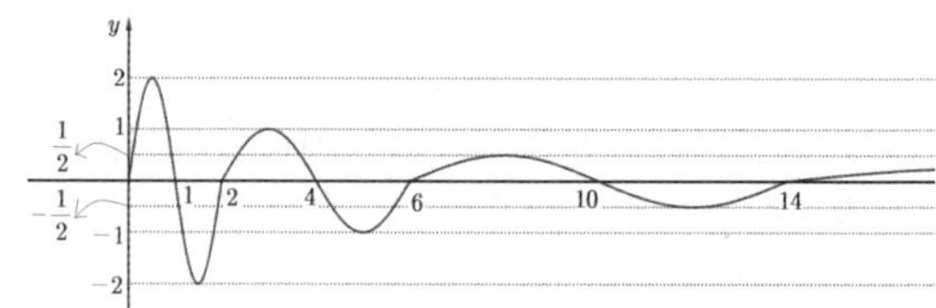

따라서 최댓값이 $\dfrac{1}{2}$배씩 줄고 폭이 2배씩 늘어나서 곡선과

x축으로 둘러싸인 각 부분의 넓이는 항상 같다.

즉, $\displaystyle \int_{a_n}^{\frac{a_n+a_{n+1}}{2}}|f(x)|\,dx = \int_{\frac{a_n+a_{n+1}}{2}}^{a_{n+1}}|f(x)|\,dx$이다.

직접 계산해 보면

$$\int_0^1 |2\sin(\pi x)|\,dx = \int_1^2 |2\sin(\pi x)|\,dx =$$

$$\int_2^4 \left|\sin\left(\frac{\pi(x-2)}{2}\right)\right|dx = \cdots = \frac{4}{\pi}$$ 임을 알 수 있다.

조건 (가)에서 $g(x)$는

$$g(x)=f(x)=\frac{1}{2^{n-2}}\sin\left(\frac{\pi(x-a_n)}{2^{n-1}}\right)\ (a_n \le x \le a_{n+1})$$

이거나

$$g(x)=-f(x)=-\frac{1}{2^{n-2}}\sin\left(\frac{\pi(x-a_n)}{2^{n-1}}\right)\ (a_n \le x \le a_{n+1})$$

이다.

조건 (나)에서 $a_1 \le x \le a_2$일 때

$$g(x)=f(x)=2\sin(\pi x)$$ 이다.

$x > 0$인 모든 실수 x에 대하여 $h(x) \ge 0$ 이 성립하기

위해서는 $h(x)=(x-k)\displaystyle\int_k^x g(t)dt \ge 0$ 이므로

(1) $0 < x \le k$일 때, $x-k \le 0$ 이므로

$$\int_k^x g(t)dt \le 0$$ 이다.

(2) $x \ge k$일 때, $x-k \ge 0$ 이므로 $\displaystyle\int_k^x g(t)dt \ge 0$이다.

조건 (나)에서 $g(x)$는 $x=1$에서 감소하고 있어야 하므로
$0 \le x \le 2$에서는 $g(x)=f(x)$이다.

$x \ge 2$일 때는 $g(x)=|f(x)|$로 보면 (가), (나) 조건을
모두 만족할 수 있다.

따라서 모든 $g(x)$중 k가 최소가 될 때, $g(x)$의 그래프는
다음 그림과 같다.

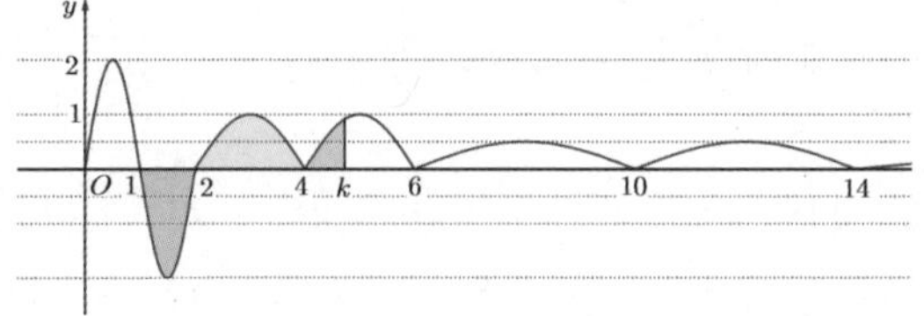

$$\int_1^2 2\sin(\pi x)dx = -\frac{4}{\pi},\quad \int_2^4 \sin\left(\frac{\pi(x-2)}{2}\right)dx = \frac{4}{\pi}$$

따라서 $k \ge 4$ 이면 (1), (2)를 모두 만족한다.

$k > 4$

따라서 $m = 4$

$m^2 = 16$

$k=3$이라면 $h(x)=(x-3)\displaystyle\int_3^x g(t)dt$에서

$x \ge 3$일 때, $h(x) \ge 0$이지만

$x < 3$일 때는 $h(x) < 0$일 수 있다.

예를 들어 $k=3$, $x=1$일 때,

$$\int_2^3 g(t)dt = \frac{1}{2}\int_2^4 g(t)dt = \frac{2}{\pi}$$ 이므로

$$h(1)=(1-3)\int_3^1 g(t)dt$$

$$=-2\int_3^1 g(t)dt$$

$$=2\int_1^3 g(t)dt$$

$$=2\left\{\int_1^2 g(t)dt+\int_2^3 g(t)dt\right\}$$

$$=2\left\{\left(-\frac{4}{\pi}\right)+\left(\frac{2}{\pi}\right)\right\}=-\frac{4}{\pi}<0$$

121 정답 38

함수 $f(x)$의 그래프는 다음 그림과 같다.

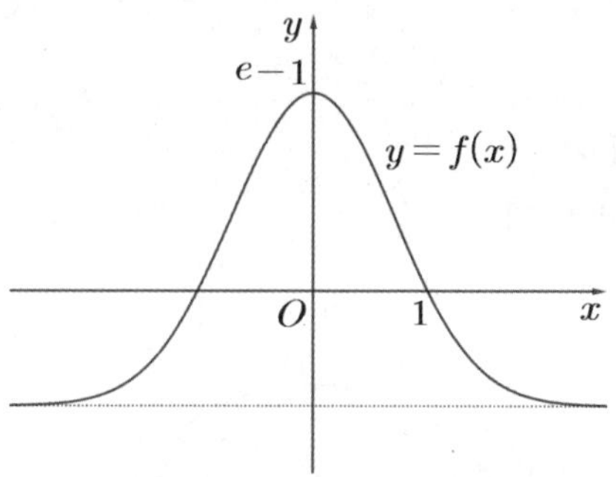

함수 $g(x)$가 정의되는 범위가 $0 < x < 3\ln 2$이고

$x = \ln(t-2)$이므로

$0 < \ln(t-2) < \ln 8$에서 $1 < t-2 < 8 \to 3 < t < 10 \cdots \bigcirc$이다.

함수 $f(x-k)$는 $f(x)$를 x축으로 k만큼 평행이동한

그래프이므로 $y = \displaystyle\int_k^t f(x-k)dx$의 그래프 개형은 다음과 같다.

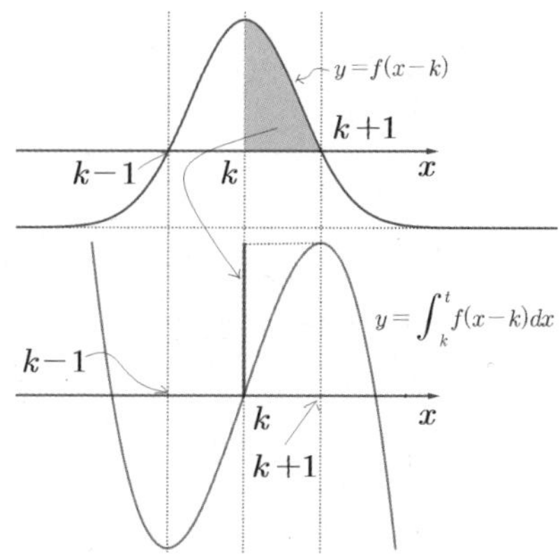

따라서 함수 $g(x)$는 $t=k+1$일 때 극댓값을 갖고, $t=k-1$일 때 극솟값을 갖는다.

㉠에서 $3<k+1<10 \rightarrow 2<k<9$

$3<k-1<10 \rightarrow 4<k<11$

그러므로 극댓값과 극솟값을 모두 갖도록 하는 k범위는 $4<k<9$이다.

따라서 $k=5, 6, 7, 8$로

$m=4$이고 $\displaystyle\sum_{i=1}^{m} k_i = 5+6+7+8 = 26$이다.

한편 극댓값은 $\displaystyle\int_{k}^{k+1} f(x-k)dx = \int_{0}^{1} f(x)dx$이고

극솟값은 $-\displaystyle\int_{k-1}^{k} f(x-k)dx = -\int_{-1}^{0} f(x)dx$이므로

극댓값과 극솟값의 차이는

$\displaystyle\int_{0}^{1} f(x)dx - \left(-\int_{-1}^{0} f(x)dx\right) = \int_{-1}^{1} f(x)dx$이다.

$f(x)$는 y축 대칭이므로 $\displaystyle\int_{-1}^{1} f(x)dx = 2\int_{0}^{1} f(x)dx$

따라서 $k=5, 6, 7, 8$에 극대 극소가 각 한 쌍씩 나타나므로

$\displaystyle\sum_{i=1}^{4} h(k_i) = 4 \times 2\int_{0}^{1} f(x)dx$

$\therefore \ \alpha = 8$

$\alpha + m + \displaystyle\sum_{i=1}^{m} k_i = 8+4+26 = 38$이다.

122 정답 ②

[출제자 : 서태욱T]

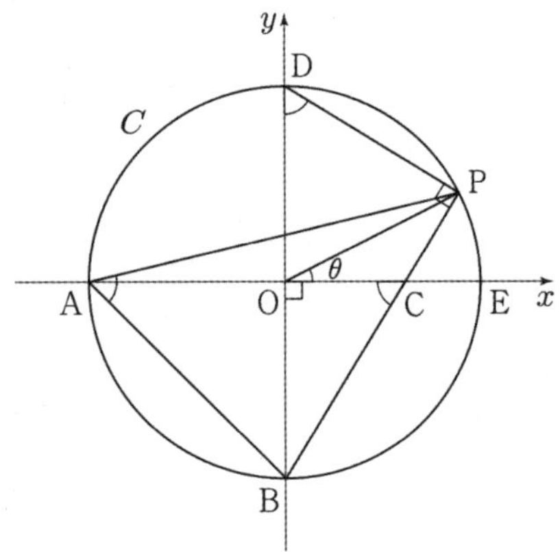

D$(0, 1)$, E$(1, 0)$이라 하고 $\angle POC = \theta$라 하면 점 P는 $(\cos\theta, \sin\theta)$이다. 따라서

$t=\cos\theta$이다. $\qquad$ …… ㉠

호 PB에 대한 중심각의 크기는 $\dfrac{\pi}{2}+\theta$이고

호 PB의 원주각의 크기는 모두 같으므로

$\angle PAB = \angle PDB = \dfrac{\pi}{4}+\dfrac{\theta}{2}$이다.

또 두 삼각형 BPD, BOC는 닮음이므로

$\angle BCO = \dfrac{\pi}{4}+\dfrac{\theta}{2}$이다.

따라서

$$f(t) = \overline{BC} = \dfrac{\overline{BO}}{\sin(\angle BCO)}$$

$$= \dfrac{1}{\sin\left(\dfrac{\pi}{4}+\dfrac{\theta}{2}\right)}$$

$$= \dfrac{1}{\sin\dfrac{\pi}{4} \times \cos\dfrac{\theta}{2} + \cos\dfrac{\pi}{4} \times \sin\dfrac{\theta}{2}}$$

$$= \dfrac{1}{\dfrac{\sqrt{2}}{2} \times \left(\cos\dfrac{\theta}{2} + \sin\dfrac{\theta}{2}\right)}$$

이다.

한편 ㉠에 의하여 $\dfrac{dt}{d\theta} = -\sin\theta$이므로 $dt = -\sin\theta \, d\theta$이고

$t=\dfrac{1}{2}$일 때 $\theta=\dfrac{\pi}{3}$, $t=\dfrac{\sqrt{3}}{2}$일 때 $\theta=\dfrac{\pi}{6}$이다.

또한 $\{f(t)\}^2 = \dfrac{1}{\dfrac{1}{2} \times \left(1+2\sin\dfrac{\theta}{2}\cos\dfrac{\theta}{2}\right)} = \dfrac{2}{1+\sin\theta}$이므로

$$\int_{\frac{1}{2}}^{\frac{\sqrt{3}}{2}} t \times \{f(t)\}^2 dt = \int_{\frac{\pi}{3}}^{\frac{\pi}{6}} \left\{\cos\theta \times \dfrac{2}{1+\sin\theta} \times (-\sin\theta)\right\} d\theta$$

이때 $\sin\theta=u$로 치환하면 $\cos\theta \, d\theta = du$이고

$\theta=\dfrac{\pi}{3}$일 때 $\dfrac{\sqrt{3}}{2}$, $\theta=\dfrac{\pi}{6}$일 때 $u=\dfrac{1}{2}$이다.

따라서

$$\int_{\frac{\pi}{3}}^{\frac{\pi}{6}} \left\{\cos\theta \times \dfrac{2}{1+\sin\theta} \times (-\sin\theta)\right\} d\theta$$

$$= -2\int_{\frac{\sqrt{3}}{2}}^{\frac{1}{2}} \dfrac{t}{1+t} dt$$

$$= 2\int_{\frac{1}{2}}^{\frac{\sqrt{3}}{2}} \left(1 - \dfrac{1}{1+t}\right) dt$$

$$= 2 \times \left[t - \ln|1+t|\right]_{\frac{1}{2}}^{\frac{\sqrt{3}}{2}}$$

$$= 2 \times \left(\left(\dfrac{\sqrt{3}}{2} - \ln\dfrac{2+\sqrt{3}}{2}\right) - \left(\dfrac{1}{2} - \ln\dfrac{3}{2}\right)\right)$$

$$= \sqrt{3} - 1 + 2\ln\dfrac{3}{2+\sqrt{3}}$$

$$= \sqrt{3} - 1 + 2\ln(6-3\sqrt{3})$$

123 정답 335

[그림 : 최성훈T]

$$\int_0^2 f(|x+a|)dx=4$$

$x+a=s$라 두면

$$\int_a^{2+a} f(|s|)ds=4 \cdots \text{㉠이다.}$$

㉠에 $a=-1$을 대입하면 $\displaystyle\int_{-1}^1 f(|s|)ds=4$이고

함수 $f(|s|)$의 그래프는 y축 대칭이므로

$$\int_0^1 f(s)ds=\frac{1}{2}\int_{-1}^1 f(|s|)ds=2$$

따라서 $\displaystyle\int_0^1 (4x^3+k)dx=\big[x^4+kx\big]_0^1=1+k=2$

$\therefore k=1$이다.

한편, ㉠의 양변을 미분하면

$f(|2+a|)-f(|a|)=0 \Rightarrow f(|a|)=f(|a+2|)$

(i) $a \geq 0$일 때, $f(a)=f(a+2)$이므로

함수 $f(a)$는 주기가 2인 함수이다.

(ii) $-2 \leq a < 0$일 때, $f(-a)=f(a+2) \Rightarrow a=-1+x$을
대입하면 $f(1-x)=f(1+x)$이므로 함수 $f(a)$는 $a=1$에
대칭인 함수이다.

(iii) $a < -2$일 때, $f(-a)=f(-a-2) \Rightarrow a=-x-2$을
대입하면 $f(x+2)=f(x)$이므로 함수 $f(t)$는 주기가 2인
함수이다.

(i), (ii), (iii)에서

$$f(x)=\begin{cases} 4x^3+1 & (0 \leq x < 1) \\ 4(2-x)^3+1 & (1 \leq x < 2) \end{cases}, \quad f(x)=f(x+2)$$를

만족한다.

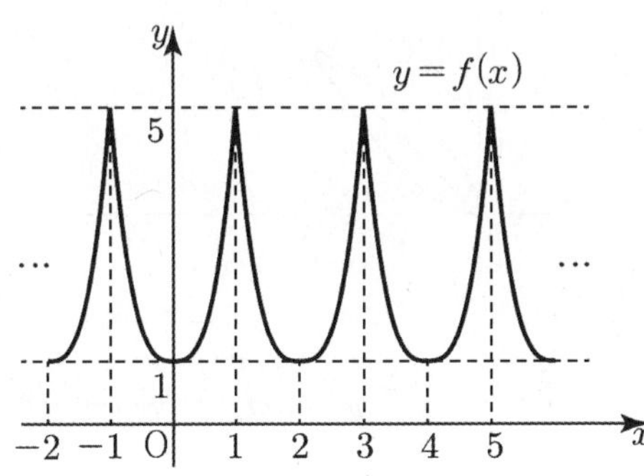

$c_n=\displaystyle\int_{\frac{17}{16}}^{\frac{3}{2}} \frac{t}{f'(x_n)}dt$에서 $n=1$을 대입하면

$c_1=\displaystyle\int_{\frac{17}{16}}^{\frac{3}{2}} \frac{t}{f'(x_1)}dt$이고 $f(x_1)=t$라 두면

$f'(x_1)dx_1=dt$이고 $f(x_1)=\dfrac{17}{16}$을 만족하는 $x_1=\dfrac{1}{4}$,

$f(x_1)=\dfrac{3}{2}$을 만족하는 $x_1=\dfrac{1}{2}$이므로

$$=\int_{\frac{1}{4}}^{\frac{1}{2}} f(x_1)dx_1$$

$$=\int_{\frac{1}{4}}^{\frac{1}{2}} (4x_1^3+1)dx_1$$

$$=\Big[x_1^4+x_1 \Big]_{\frac{1}{4}}^{\frac{1}{2}}$$

$$=\frac{1}{16}+\frac{1}{2}-\left(\frac{1}{256}+\frac{1}{4}\right)$$

$$=\frac{9}{16}-\frac{65}{256}$$

$$=\frac{144-65}{256}=\frac{79}{256}$$

$c_2=-c_1$

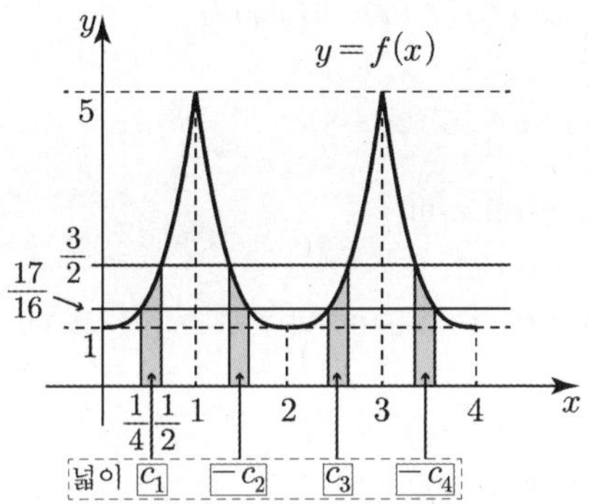

따라서 $c_1+c_2=0$, $c_3+c_4=0$, $\cdots$

$$\sum_{n=1}^{99} c_n=c_{99}=c_1=\frac{79}{256}$$

따라서 $p=256$, $q=79$

$p+q=335$

[보충 설명]–김종렬T

$\displaystyle\int_0^2 f(|x+a|)dx=\int_a^{a+2} f(|x|)dx=4$이므로 양변을 a에

관해 미분하면

$f(|a+2|)-f(|a|)=0$

$f(|a+2|)=f(|a|)$

즉, $f(|x|)$는 주기가 2인 주기함수라는 뜻이다.

124 정답 16

(가)에서 $x=-a$를 대입하면

$\displaystyle\int_a^a g(t)dt=0$이므로 $\displaystyle\int_{3a}^{4a+2} g(t)dt=0$이어야 한다.

함수 $g(x)$는 모든 실수 x에 대하여 $g(x)>0$이므로

$\displaystyle\int_{3a}^{4a+2} g(t)dt=0$이기 위해서는 $3a=4a+2$이어야 한다.

$\therefore a=-2$

(가)에서 $\displaystyle\int_{-2}^{-4+x} g(t)dt=\int_{-4-x}^{-6} g(t)dt$이고

양변을 x에 대하여 미분하면

$g(-4+x)=g(-4-x)$

따라서 함수 $g(x)$는 $x=-4$에 대칭이다.

최고차항의 계수가 1인 이차함수 $f(x)=x^2+px+q$라 하면

$f'(x)=2x+p$이므로

$g(x)=e^{x^2+(p+2)x+q+4}$이고 $g(x)$가 $x=-4$에 대칭이기

위해서는 $2+p=8$이어야 한다.

따라서 $p=6$

$g(x)=e^{x^2+8x+q}=e^{(x+4)^2+q-16}$

(나)에서 함수 $g(x)$의 최솟값이 1이므로

$g(-4)=e^{q-16}=1$에서 $q=10$이다.

$f(x)=x^2+6x+10,\ f'(x)=2x+6,\ g(x)=e^{x^2+8x+16}$이다.

그러므로

$\displaystyle\int_{-4}^{0}\{f(x)-ax+6\}\{f'(x)-a\}g(x)dx$

$\displaystyle=\int_{-4}^{0}\{(x^2+8x+16)(2x+8)e^{x^2+8x+16}\}dx$

$x^2+8x+16=t$라 하면

$(2x+8)dx=dt$이고

$x:-4\to0$일 때, $t:0\to16$이다.

$\displaystyle=\int_{0}^{16}te^t dt$

$\displaystyle=\Big[\ te^t-e^t\ \Big]_{0}^{16}$

$=15e^{16}+1$

$m=15e^{16}+1$이므로 $\dfrac{m-1}{15}=e^{16}$이다.

따라서 $\ln\left(\dfrac{m-1}{15}\right)=\ln e^{16}=16$

125 정답 163

$g(x)=-2x^3+3x^2$

$g'(x)=-6x^2+6x=-6x(x-1)\Rightarrow g(0)$

:극소, $g(1)$:극대

$g''(x)=-12x+6=-6(2x-1)\ \Rightarrow\ g\left(\dfrac{1}{2}\right)$:변곡점

따라서 $y=g(x)$와 $y=g^{-1}(x)$의 그래프는 다음과 같다.

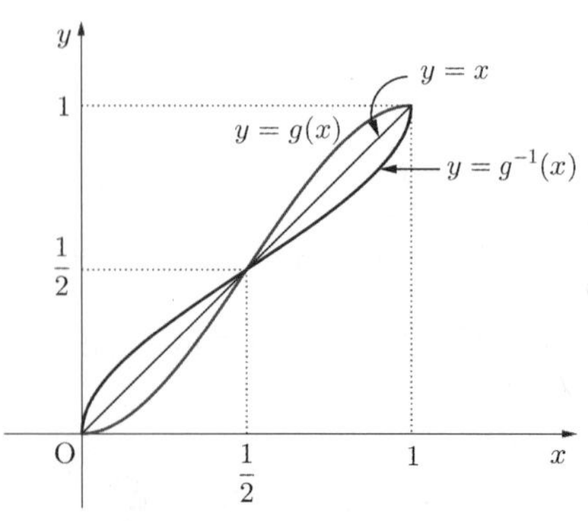

삼차함수는 변곡점에 대칭이므로

$\displaystyle\int_{0}^{1}g(t)\,dt=\dfrac{1}{2},\ \int_{0}^{1}g^{-1}(t)\,dt=\dfrac{1}{2}$이다.

다음 그림과 같이 $t-y$평면에서 $y=g^{-1}(t)$와

상수함수 $y=x$의 교점의 t좌표를 k라 두면

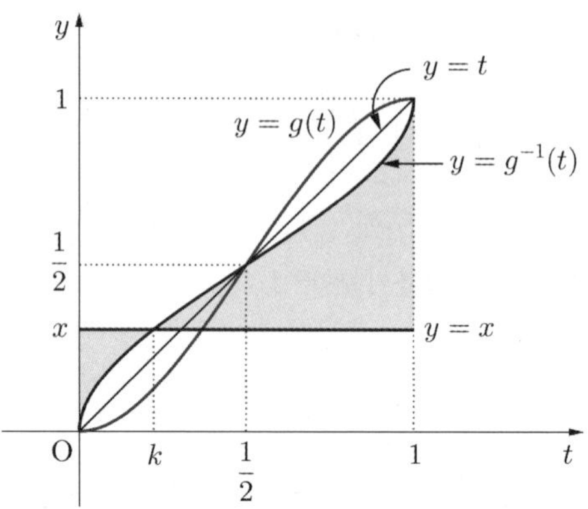

$\displaystyle f(x)=\int_{0}^{k}\{x-g^{-1}(t)\}dt+\int_{k}^{1}\{g^{-1}(t)-x\}dt$

$\displaystyle=\int_{0}^{k}(x)\,dt+\int_{k}^{1}(-x)\,dt+\int_{0}^{k}\{-g^{-1}(t)\}dt+\int_{k}^{1}\{g^{-1}(t)\}dt$

$\displaystyle=[xt]_{0}^{k}+[-xt]_{k}^{1}+\int_{0}^{1}\{g^{-1}(t)\}dt-2\int_{0}^{k}\{g^{-1}(t)\}dt$

$\displaystyle=(2k-1)x+\dfrac{1}{2}-2\int_{0}^{k}\{g^{-1}(t)\}dt\cdots\text{㉠}$

한편, $\displaystyle S=\int_{0}^{k}\{g^{-1}(t)\}dt$라 두면 다음 그림의 색칠

한 부분의 넓이와 같으므로

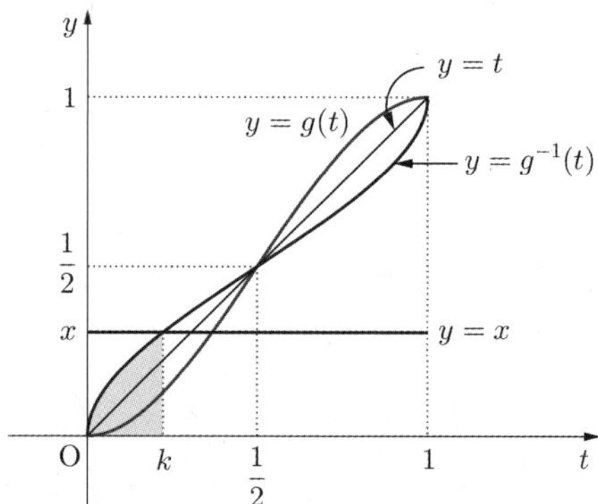

$\displaystyle S=kx-\int_{0}^{x}\{g(t)\}dt=kx-\int_{0}^{x}(-2t^3+3t^2)dt$

$\displaystyle=kx-\left[-\dfrac{1}{2}t^4+t^3\right]_{0}^{x}=kx+\dfrac{1}{2}x^4-x^3$

을 ㉠에 대입하면

$f(x)=(2k-1)x+\dfrac{1}{2}-2\left(kx+\dfrac{1}{2}x^4-x^3\right)$

$\quad=-x^4+2x^3-x+\dfrac{1}{2}\ (0<x<1)$

$f'(x)=-4x^3+6x^2-1=-(2x-1)(2x^2-2x-1)$

이므로 열린구간 $(0, 1)$에서 함수 $f(x)$는 다음 그림과 같은 개형이며 $f\left(\dfrac{1}{2}\right) = \dfrac{3}{16}$인 극솟값을 갖고

$x = \dfrac{1}{2}$에 대칭인 함수이다.

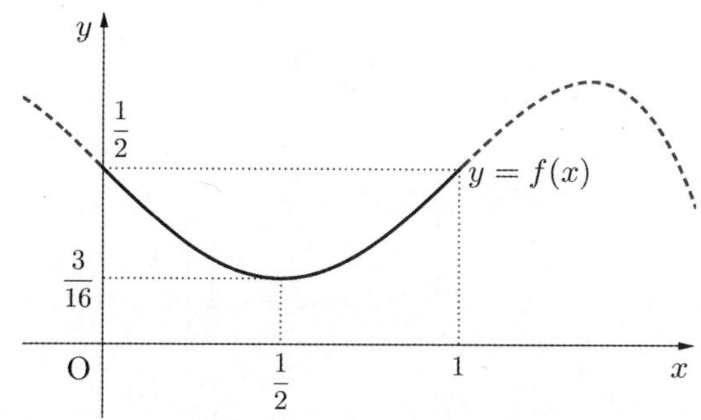

$$h(x) = \int_0^x |f(x) - f(s)|\, ds$$

$s - y$축으로 그래프를 옮겨 생각해 보자.

(i) $0 < x \le \dfrac{1}{2}$일 때, 함수 $h(x)$는 다음 그림과 같이 색칠된 영역의 넓이를 나타낸다.

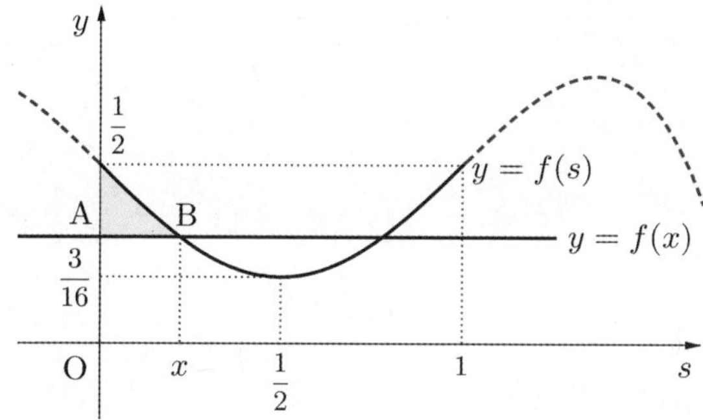

따라서 x가 커짐에 따라 $h(x)$는 증가하고 넓이의 증가율은 선분 AB의 길이에 비례한다.

(ii) $\dfrac{1}{2} < x < 1$일 때, $h(x)$는 다음 그림과 같이 색칠된 두 영역의 넓이를 나타낸다.

x값이 증가함에 따라 $s = 1 - x$를 기준으로 왼쪽 부분은 넓이가 감소하고 있고 오른쪽 부분은 넓이가 증가하고 있다.
또한 감소율과 증가율은 각각 선분 AB, BC의 길이에 비례한다.

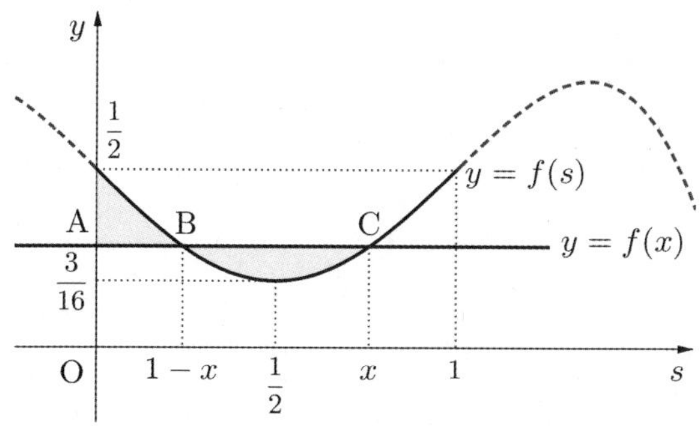

x가 증감함에 따라

$$\overline{AB} > \overline{BC} \ \rightarrow\ \overline{AB} = \overline{BC} \ \rightarrow\ \overline{AB} < \overline{BC}$$

가 되므로 $h(x)$는 감소하다 극소가 된 뒤 다시 증가하는 그래프가 된다.

따라서 극소가 되는 x값은
$\overline{AB} = \overline{BC}$가 성립할 때이다.

따라서 $1 - x = x - (1 - x)$에서 $x = \dfrac{2}{3}$

그러므로 $x = \dfrac{1}{2}$일 때 극대, $x = \dfrac{2}{3}$일 때 극소가 된다.

또한,

$$M = \int_0^{\frac{1}{2}} \left(-s^4 + 2s^3 - s + \frac{1}{2} \right) ds - \left(\frac{1}{2} \times \frac{3}{16} \right)$$

$$= \left[-\frac{1}{5}s^5 + \frac{1}{2}s^4 - \frac{1}{2}s^2 + \frac{1}{2}s \right]_0^{\frac{1}{2}} - \frac{3}{32}$$

$$= \frac{9}{160}$$

따라서 $\alpha = \dfrac{1}{2}, \ \beta = \dfrac{2}{3}, \ M = \dfrac{9}{160}$

$\alpha \times \beta \times M = \dfrac{1}{2} \times \dfrac{2}{3} \times \dfrac{9}{160} = \dfrac{3}{160}$

$p + q = 163$